南京水利科学研究院出版基金资助出版

河湖水生态系统健康评价研究——以江宁区为例

李美香　赵志轩　陈晓燕　王怡宁　佘礼晔　著

中国三峡出版传媒
中国三峡出版社

图书在版编目（CIP）数据

河湖水生态系统健康评价研究：以江宁区为例／李美香等著．—北京：中国三峡出版社，2019.12

ISBN 978－7－5206－0130－6

Ⅰ．①河…　Ⅱ．①李…　Ⅲ．①河流-水环境质量评价-江宁区②湖泊-水环境质量评价-江宁区　Ⅳ．①X824.02

中国版本图书馆 CIP 数据核字（2020）第 010121 号

责任编辑：彭新岸

中国三峡出版社出版发行

（北京市海淀区复兴路甲 1 号　100038）

电话：（010）57082642　57082640

http://media.ctg.com.cn

北京虎彩文化传播有限公司印刷　新华书店经销

2020 年 8 月第 1 版　2020 年 8 月第 1 次印刷

开本：787×1092 毫米　1/16　印张：18.25

字数：422 千字

ISBN 978－7－5206－0130－6　　定价：78.00 元

前　言

水是生态环境的控制性要素，河湖是水资源的载体，维护河湖水生态系统健康，是生态文明建设的基础内容。2010 年 3 月，时任水利部部长陈雷签发了《关于开展全国重要河湖健康评估工作的请示》，这标志着河湖健康评估工作全面启动，河湖水生态系统保护正式纳入了水利部门的管理工作。2011 年，中央一号文件《关于加快水利改革发展的决定》明确提出要力争通过 5 年到 10 年的努力，基本建成水资源保护和河湖健康保障体系。2012 年，国务院发布《国务院关于实行最严格水资源管理制度的意见》（国发〔2012〕3 号），明确提出“定期组织开展全国重要河湖健康评估”“维护河湖健康生态”的要求。为落实最严格的水资源管理制度，推进考核工作，江苏省政府于 2012 年发布了《省政府关于实行最严格水资源管理制度的实施意见》（苏政发〔2012〕27 号），并明确提出加强水生态系统的保护和修复，定期开展重要河湖健康评估并公布评价结果。为做好对目标任务完成情况的考核工作，南京市政府于 2014 年印发了《市政府办公厅关于实行最严格水资源管理制度考核事项的通知》（宁政办发〔2014〕42 号），明确要求推进水生态系统的修复与保护，定期开展重要河湖健康评估工作。

江宁区位于长江下游南岸、江苏省西南部，地理坐标为东经 118°28′～119°06′、北纬 31°37′～32°07′；境内秦淮河贯穿南北，河湖水系发达。作为南京市经济最具活力的地区和南京市中心城区的重要组成部分，近年来随着区内工业化、城镇化进程的快速推进，污染排放量不断增加，河湖水域被侵占、水质污染、生态退化、功能衰减等问题日益凸显，影响了河湖水生态系统各项服务功能的持续有效发挥，并对区内的生态安全和水安全构成了严重威胁。为了落实国家、江苏省和南京市的有关要求，保障河湖健康，江宁区自2015年开始正式启动河湖水生态系统健康评估工作。在三年多的时间里，先后对辖区内秦淮河、牛首山河、云台山河3条河流以及百家湖、九龙湖、梅龙湖、安基山水库和横山水库等5座湖（库）开展了健康评估。

本书通过对已有河湖水生态系统健康评估成果的系统总结和提炼，探讨了河湖水生态系统健康的基本概念和内涵，在此基础上构建了河湖水生态系统健康评估模型，并分别按照《河湖健康评估技术导则》（征求意见稿）和《江苏省重要河湖健康状况报告》确定的河湖健康评价指标体系和评价标准，对上述3河5湖（库）进行了健康评估，并探讨了导致河湖不健康的原因，提出了相应的治理对策和措施，以期为江宁区、南京市乃至全国类似地区的河湖健康科学管理和健康保障提供技术支撑。

尽管作者竭力想在河湖健康基本理论、指标选择、指标阈值等问题上阐述清楚，但因水平所限，有些方面难免会出现偏颇。不当之处，敬请读者批评指正。

目　录

第 1 章　绪　论

1.1　相关背景、目的和意义

1.1.1　相关背景

水是生态环境的控制性要素，河湖是水资源的载体，也是地球生态系统的重要组成部分，河湖健康是人与自然和谐共生的重要标志。根据生态系统生态学的基本观点，河流的水流流动性或水流更新速度相对较大，属于流水生态系统（lotic ecosystem），是陆地和海洋联系的纽带，在生物圈的物质循环中起着主要作用（Dhuru，et al.，2015）；湖泊的水体流动性或水体更新速度通常较小，甚至为静水，属于静水生态系统（Han，et al.，2014）。两类生态系统在组成、结构、功能方面均存在较大差异，受自然扰动或人类活动干扰的性质、强度以及系统自身对外界干扰的响应过程与机制也不尽相同。因此，河流健康问题与湖泊健康问题既有联系又有区别，如何围绕河流、湖泊生态系统的自身特征，科学、客观地评价河湖的健康状况，诊断河湖存在的健康问题，已成为河湖管理者和相关领域学者共同关注的热点之一（Xu & Liu，2014；Zhang，et al.，2013）。

为了维系河湖健康，保障水安全和生态安全，近年来我国围绕河湖健康保障开展了一系列工作。党的十七大提出建设生态文明，同期开展的全国流域综合规划提出“要坚持人与自然和谐，维护河流健康”“维护河流的生态平衡，创建和谐、优美、健康的水生态和水环境”等加强河流生态保护的工作要求（唐克旺，2016）。党的十八大以后，我国河湖健康评价和保障工作进入高潮，水利部《关于加快推进水生态文明建设工作的意见》（水资源〔2013〕1 号）、水利部《关于加强河湖管理工作的指导意见》（水建管〔2014〕76 号）均明确提出：到 2020 年，基本建成水资源保护和河湖健康保障体系，保障水资源和水生态系统的良性循环，最终以水资源的可持续利用支撑经济社会的可持续发展。2016 年，中共中央办公厅和国务院办公厅印发《关于全面推行河长制的意见》的通知（厅字〔2016〕42 号），明确指出全面推行河长制是解决我国复杂水问题、维护河湖健康生命的有效举措，提出了立足不同地区不同河湖实际，实行一河一策、一湖一策，解决好河湖管理保护的突出问题的要求。

2010 年 3 月，时任水利部部长陈雷签发了《关于开展全国重要河湖健康评估工作的请示》，标志着我国河湖健康评估工作全面启动，河湖生态系统保护正式纳入了水利部门的管理工作中，并提出用 6 年左右时间构建全国重要河湖健康评估工作制度，为定期开展我国重要江河湖库“健康诊断”提供坚实基础，为实现水利部及其流域机构“成为河流代言人”的职责提供技术支撑，为基本建成河湖健康保障体系提供强有力支持。随后，水利部组织我国七大流域成立了以流域委（局）副主任（局长）为组长的领导小组和以流域水资源保护管理、研究及监测机构为主体，以水文水资源及水工程管理机构、大专院校等为成员的技术小组，编写了《全国重要河湖健康评估（试点）工作大纲》（办资源〔2010〕484 号），并分两期在七大流域共选择 36 个试点河湖开展了健康评估工作。截至 2016 年底，36 个试点河湖健康评估工作已经全部完成，为我国河湖健康评估工作积累了重要的技术经验。

2011 年，中共江苏省委、江苏省人民政府发布了《关于加快水利改革发展　推进水利现代化建设的意见》（苏发〔2011〕1 号），要求力争通过 5 年左右的努力，初步建成包括有效控制、河湖健康的水生态保护体系在内的现代化的水利综合保障体系。按照水利部的要求，结合区域河湖特点，江苏省实施了重要河湖健康评估工作，经过几年的发展，目前已经积累了丰富的实践经验。

江宁区位于长江中下游南岸，区内秦淮河贯穿南北，水系发达，有主要河流 32 条、主要湖泊 6 个、中小水库 72 座，截至目前已创建成为国家生态文明区、江苏省节水型社会建设示范区、江苏省水资源管理示范县（区），并列入省级水利现代化和水资源管理现代化试点。尽管区内水资源管理工作取得了诸多成就，但作为南京经济最具活力的地区以及南京市中心城区的重要组成部分，近年来随着区内工业化、城镇化进程的快速推进，河湖水域侵占、环境杂乱、水质污染、生态退化、功能衰减等问题日益凸显，导致区内河湖健康状况受到不同程度的威胁。在此背景下，按照江苏省和南京市的统一部署和安排，近几年来江宁区对辖区内秦淮河干流、牛首山河、云台山河 3 条河流以及百家湖、九龙湖、梅龙湖、安基山水库和横山水库等 5 座湖（库）开展了健康评估，旨在评估这些河湖的健康整体状况，揭示导致其不健康的原因，进而提出河湖健康管理的对策措施，为落实河长制、推进生态文明建设提供支撑。

1.1.2　目的和意义

以生态系统健康理论为基础，分别以河流、湖库两类水生态系统为对象，在归纳基础上梳理当前国际上河湖健康评价的内涵、指标和评估方法，结合江宁区河湖水生态系统特征，按照系统、客观、实用的原则，研究建立以水量、水质和水生态为核心的河湖水生态健康评价指标体系，提出健康评价标准与评价方法，选择秦淮河、牛首山河、云台山河 3 条河流以及百家湖、九龙湖、梅龙湖、安基山水库、横山水库 5 座湖（库）开展案例研究，为江苏省乃至全国的河湖健康评估和科学管理提供技术支撑。

本书试图通过揭示河流、湖泊生态系统的基本构成要素、系统结构和功能特征，揭示影响或制约河湖健康的关键因子，在此基础上，参考《河湖健康评估技术导则》（征求意见稿）和《江苏省重要河湖健康状况报告》确定的河湖健康评价指标体系、评价标准和评价方法，通过实地调查采样、资料收集等手段，获得指标数据，并对江宁区3河5湖（库）的健康状况进行诊断，从而进一步完善了河湖健康评价的基础理论和技术方法，丰富了江苏省乃至全国河湖健康评价的案例资料，因此具有重要的理论意义。此外，通过对江宁区内主要河湖进行健康诊断，有助于查明这些河湖所面临的健康问题，进而为制定针对性的健康保障对策及措施提供科学依据，从而具有重要的现实意义。

1.2 国内外相关研究进展

1.2.1 河湖健康的概念和内涵

早在20世纪30年代，Tansley就提出了“生态系统”的概念，并将其定义为生物复合体和环境复合体构成的复合系统。1941年，Leopold提出“土地健康”的概念，并将其定义为土地的自我更新能力。1971年，联合国教科文组织科学部门启动了“人与生物圈计划”，该计划将“人类活动对湖泊、沼泽、河流、三角洲、河口、海湾和海岸地带的价值和资源的生态影响”列为14个研究项目之一。此后，各国政府对河湖水生态系统的健康问题日益重视，如美国国会于1972年通过的《清洁水法》，其中一项基本内容是规定了国家控制水污染的目标，即恢复和维护国家水体化学、物理和生物完整性。到了20世纪80年代初期，“生态系统健康”的概念被首次提出，随后国内外学者围绕生态系统健康的概念展开了广泛的讨论，如Rapport认为：健康的生态系统是指该系统是活跃的、可维持组织结构和在压力下能够自我恢复的，体现了该生态系统是稳定和可持续的（Rapport，1998）；Megeau将生态系统健康归纳为内稳定、没有疾病、多样性或复杂性、有活力或有增长空间、稳定性或可恢复性、系统要素之间保持平衡等6项基本特征（Megeau，et al.，1998）；Vilchek认为生态系统健康可以拆分为以自然生态系统为核心的地球中心论方法（geocentric approach）和更加注重系统健康对人类自身及其环境作用的人类中心论方法（anthropocentric approach）（Vilchek，1998）。上述生态系统健康概念的提出为河湖健康概念的提出奠定了理论基础。

20世纪90年代，国外学者在水生生态系统健康与生态稳定性理论的基础上，首先明确提出了河流健康（River health）的概念，该概念一经提出，便迅速成为河流保护与修复领域的研究热点。与生态系统健康概念类似，不同学者对河流健康概念和内涵的理解也不同。Schofield和Davies认为河流健康是指与相同类型的未受干扰（原始）河流的相似程度，尤其是在生物完整性和生态功能方面（Schofield & Davies，1996）；Meyer认为能维持河流生态系统的结构与功能，同时满足人类与社会的需要和期望，在健康概念中涵盖了生态完整性与对人类的服务价值（Meyer，1997）；Karr认为只要河流水生态系统能保持当前与未来的使用价值不退化，并且不影响与之相连的其他系统的正常功能，即使河流水生态系统完整性有所破坏，也可认为此系统是健康的（Karr，1999）；Simpson 等认为健康的河流应能维持主要的生态过程，并具有一定种类组成以及多样性，功能组织群落应尽可能地接近受扰前的原始状态（Simpson，et al.，1999）；Rapport 提出健康的河流水生态系统不仅可以保持化学、物理及生物完整性，还能维持其正常的各种服务功能的良好状态（Rapport，1999）；Fairweather 认为，河流健康除包含着活力、生命力、功能未受损害及其他表述健康的状态外，还应包含公众对河流的环境期望（Fairweather，1999）；Vugteveen 等人也认为健康的河流需具备能维持生态系统的结构和功能（活力和恢复力），同时满足社会经济需要的能力（Vugteveen，et al，2006）。

2002 年，我国学者唐涛等人也提出了河流健康的概念，他们对河流健康的认识与国外学者基本一致，也是从生态系统健康的角度出发，重点关注河流的水质和水生态问题。2003 年，首届黄河国际论坛提出了“维持河流健康生命”理念，所谓健康生命，不仅针对河流水质与水生态问题，更注重“水量”这一河流健康的基本构成要素，将河湖健康研究关注的重点由“水质、水生态”扩展为“水量、水质、水生态”统筹兼顾，从而为河流健康概念的本土化奠定了基础。此后，我国水利工作者结合我国水资源管理的实践，就河流健康概念展开了深入细致的讨论，极大地丰富了河湖水生态系统健康的内涵。如 2007 年《水科学进展》组织相关领域多名专家就河流健康展开大讨论，其中刘昌明认为健康的河流表现在河流的自然功能能够维持在可接受的良好水平，并能够为相关区域经济社会提供可持续的支持；李国英认为河流健康是指在河流生命存在的前提下，河流的社会功能与自然生态功能能够取得平衡；陈吉余认为河流健康可以从自然河流的角度和社会需求的角度去理解，二者结合成为人与河流和谐相处，才是健康的河流；胡春宏认为河流健康的概念应涵盖河道、流域生态环境系统和流域社会经济发展与人类活动 3 个方面；文伏波认为健康的河流应该既是生态良好的河流，又是造福人类的河流，是水资源可持续利用的河流；韩其为认为河流健康是指能正常发挥其功能，也是人类的索取与保护的平衡；董哲仁认为河流健康实质上是河流管理工作的工具，它提供一种社会认同的、在河流生态现状与水资源利用现状之间进行折中的标准，力图在河流保护与开发利用之间取得平衡；刘晓燕认为河流健康是相对意义上的健康，不同背景下的河流健康标准实际上是一种社会选择。

随着对生态系统健康理解的不断深入，越来越多的学者认识到不考虑社会、经济与文化的生态系统健康讨论是不全面的，河湖健康概念中应该包括人类价值，即认为河湖健康应既包括河湖生态系统能维持自身结构的完整性，同时也能维持正常的服务功能和满足人类社会发展的合理需求。目前，这种体现人类价值取向的河湖健康概念逐步开始得到广泛认同，如我国“河湖健康行动计划”明确提出了河湖健康的概念：所谓健康的河湖是指河湖生态及社会服务功能均达到良好状况，并从水文完整性、物理结构完整性、化学完整性、生物完整性和社会服务功能完整性等 5 个方面进行评估。

1.2.2 河湖健康评价指标及评价方法

河湖水生态系统健康评价是指选取有效的指标和科学的方法，对河湖水生态系统的健康状况进行准确诊断，摸清河湖的健康状况，揭示存在的健康问题，并为河湖水生态系统保护和科学修复提供支撑，最终实现人与自然协调发展。其中评价指标体系和评价方法是河湖健康评估研究和实践中的两大重点和难点问题。

1.2.2.1 评价指标体系构建

为了科学诊断河湖的健康状况，要求构建的河湖健康评价指标体系必须能够真实客观、完整准确地反映河湖的健康状况，同时应有助于揭示导致河湖不健康的原因，以便能够为河湖健康维护提供科学依据。本次研究共收集了当前国内外广泛采用的多种河湖健康评价方法，并对各种方法的指标体系进行了分析，其中国外常用方法有17种，国内方面则主要收集了我国河湖健康评价实践的相关资料。

（1）国外河湖健康评价指标体系

在国外常用的17种河湖健康评价方法中，除欧盟的水框架指令和美国EPA采用的方法可对湖泊进行评价外，其他15种方法均针对河流健康评价而开发。各评价方法对应的评价指标体系及其构成要素见表1-1。

可见，不同评价方法的指标体系之间存在较大差异。其中IBI、B-IBI仅采用生物指标进行河流健康评价。除上述2种方法外，其余15种方法在构建评价指标体系时大部分都考虑了河道物理结构、河湖岸带状况、水文情势、水质特征等要素。水文情势和水质特征也是诊断河流健康状况的重要指标，这两个指标分别从水文（水量）、水质方面表征河流的健康状况。在生物指标中，多数评价方法将底栖动物作为代表物种纳入了评价指标体系，少数方法选择鱼类（如RCE、SERCON等）、鸟类（如SERCON）、浮游植物（如USHA、EU-WFD、EPA等）作为评价对象。此外，在17种评价方法中，仅SERCON、SRS、IHI三种方法考虑了河流的生态服务功能。

总体而言，早期国外在构建河流健康评价指标体系时，多注重河湖水生态健康方面，强调维持河湖水生态系统的生物多样性，较少考虑河湖的其他功能如供水、景观娱乐等指标，多数方法在物理结构、水文、水质等这些类别指标的选择上也多针对特定物种的栖息地环境、水质条件等方面。总体而言，这些方法比较缺乏对河湖物理形态、水量、水质、水生态等方面的综合考虑。

（2）国内河湖健康评价指标体系

我国河湖健康研究起步相对较晚，但发展很快，并取得了诸多研究成果：在2005—2014年间，我国黄河、长江、珠江等几大流域先后建立起本流域的河湖健康评价指标体系，其中黄河流域包括低限流量、河道最大排洪能力、河槽过流能力、滩地横比降、水质类别、水生生物、湿地规模、可供水量等8个指标（彭勃等，2014）；长江流域包括河道生态需水量满足程度、水功能区水质达标率、水土流失比例、血吸虫传播

表 1－1　17 种国外河流健康评价方法对应的评价指标体系构成要素

方法名称	水文情势	水质特征	河道/滨湖带物理结构			河湖岸带状况				生物指标				生态服务功能		
			物理形态	底质类型	生境质量	河湖岸带物理结构	河湖岸带植被	人工干扰强度	流域特征	浮游植物	鱼类	底栖动物	鸟类	防洪	水资源利用	旅游
IBI											√					
B-IBI												√				
RCE			√	√	√	√	√				√	√				
RBPs	√	√	√	√	√	√	√		√							
RHS	√		√		√	√	√	√								
SERCON	√	√	√	√	√	√	√	√			√	√	√	√	√	
RIVPACS	√	√	√	√	√	√	√	√				√				
AUSRIVAS	√	√	√	√	√	√	√	√				√				
ISC	√	√	√			√	√					√				
GRS			√				√		√							
SRS	√		√		√	√	√	√								√
HPM		√	√	√	√	√	√	√	√							
USHA	√	√	√	√	√	√	√	√		√		√				
URS			√			√		√								
IHI	√	√	√			√	√								√	
EU-WFD	√	√	√	√			√			√	√	√				
EPA		√				√	√			√		√				

阻断率、水系连通性、湿地保留率、优良河势保持率、通航水深保证率、鱼类生物完整性指数、珍稀水生动物存活情况、防洪工程措施完善率、防洪非工程措施完善率、水资源开发利用率、水能资源利用率等14个指标（许继军等，2011；郭建威和黄薇，2008；郑江丽等，2007）；珠江流域包括河流形态、生态功能、社会服务和社会影响等4大类14个指标（李向阳等，2007；金占伟等，2009）；太湖流域包括物理化学指标、生物指标等2大类13个指标（胡志新等，2005）；松辽流域包括水质、生物学、栖息地等3大类23个指标（张远等，2008；张楠等，2009）。

2010年，水利部启动了全国重要河湖健康评估试点工作，旨在用6年左右时间构建全国重要河湖健康评估试点工作制度，为定期开展我国重要江河湖库“健康诊断”提供坚实基础，为在2020年基本建成河湖健康保障体系提供强有力支持。试点工作共分为两期，一期（2010—2012年）、二期（2013—2015年）试点分别从七大流域中选择了18个河湖开展试点研究，并分别编制了《河流健康评估指标、标准与方法》和《湖泊健康评估指标、标准与方法》，用于指导河湖健康评估工作。截至目前，各大流域已完成了两期共36个试点河湖评估工作。全国也从2014年开始开展重要江河湖泊健康定期评估工作。

河湖健康评价一期试点的指标体系采用目标层、准则层和指标层3级体系，其中准则层包括水文完整性、物理结构完整性、化学完整性、生物完整性和服务功能完整性5个方面，指标层包括全国基本指标（必选指标）和各流域根据流域特点增加的指标（个性指标）。具体见表1-2、表1-3。

纵观国内外河湖健康评价指标体系的研究状况，国外往往基于生态分区和水体类型构建评价指标，以便最大限度地减少因时空分异而对河湖健康参照状态的影响，且指标多基于生态完整性，更强调生物完整性对于河湖健康的决定性作用（Kennard，et al.，2006；Mwinyihija，et al.，2006；Kennard，et al.，2005；Oberdorff，et al.，2002）。与国外相比，我国在构建河湖健康评价指标体系过程中具有以下两个方面的特点：① 更为关注河湖生态服务功能。在我国，水资源供需矛盾问题十分突出，经济社会用水与生态用水竞争激烈，这种高度的用水竞争性凸显了人类社会对河湖的开发利用，因此，我国在河湖健康评价指标上不仅注重维持河湖自身健康，同时也注重其功能健康，更加突出和注重人水和谐。② 更加注重河湖健康评价的可操作性，但也有个别指标尚需进一步优化。我国河湖水生态监测基础相对薄弱，在指标筛选时注重充分利用水文、水资源、水质等方面的资料优势；同时，也选择了若干具有代表性的、监测技术成熟的生态指标，并通过野外调查获取相关数据，有效地弥补了我国水生态指标监测方面的不足，但个别指标如底栖动物完整性指数由于计算过程中的理想参考点难以确定，需要进一步优化（冯彦等，2012；王宏伟等，2011；王淑英等，2011；高永胜等，2007；吴阿娜等，2005）。

1.2.2.2 评价指标计算方法

评价指标监测和指标值的获取是开展河湖健康评价的重要步骤之一，河湖健康评价

表 1-2　我国不同流域河流健康评价指标体系构成及对比

区域	水文水资源		水质特征			物理结构				生物指标					河流功能			
	流量过程	生态流量	DO	耗氧有机物	重金属污染状况	河流连通度	河岸带状况	天然湿地保留率	输沙能力	浮游植物	浮游动物	底栖动物	鱼类	珍稀动物	防洪	水资源利用	水功能区指标	公众满意度
黄河	√	√	√	√		√	√	√*	√*			√	√		√	√	√	√
长江	√	√	√	√	√*	√	√	√*				√	√		√	√	√	√
海河	√	√	√	√		√	√			√		√	√		√	√	√	√
淮河	√	√	√	√	√	√	√	√	√	√	√	√	√	√	√	√	√	√
珠江	√	√	√	√	√	√	√					√			√	√	√	√
松辽	√	√	√*	√*		√	√	√*				√	√		√	√	√	√
太湖																		
西南诸河																		
江苏		√	√	√		√	√								√	√	√	√

注：√*为个性指标。

表1-3 我国不同流域湖泊健康评价指标体系构成及对比

区域	水文水资源		水质特征			物理结构			生物指标					湖泊功能			
	入库流量	生态水位	DO	耗氧有机物	富营养状况	河湖连通状况	湖滨带状况	湖泊萎缩状况	浮游植物	大型植物	浮游动物	底栖动物	鱼类	防洪	水资源利用	水功能区指标	公众满意度
黄河	√		√	√	√	√		√	√		√		√	√	√	√	√
长江	√	√	√	√	√	√	√		√	√		√	√	√	√	√	√
海河	√	√	√	√	√	√	√	√*	√	√	√	√	√	√	√	√	√
淮河	√	√	√	√	√	√	√	√*	√	√	√	√	√	√	√	√	√
珠江	√	√	√	√	√*		√		√*				√	√	√	√	√
松辽	√	√	√	√	√*	√	√	√*	√	√	√	√	√	√	√	√	√
太湖		√	√	√	√	√	√		√	√	√	√	√	√	√	√	√
西南诸河					√	√			√			√		√	√	√	
东南诸河																	
江苏			√	√	√	√			√			√		√		√	

注：√*为个性指标。

指标一般可分为定量指标和定性指标两大类，其中定量指标通常需要来自历史观测数据、现场调查采样、遥感定量解译或实验室定量分析结果。对于水质、水生态等指标，大多数需要通过野外调查采样的方法获取，这类指标的具体监测要求和采样方法，可参考《水环境监测规范》（SL 219—2018）。此外，水利部水资源司印发了《全国河湖健康评估调查监测技术细则》，对河湖分段分区原则、调查监测点位选择、调查范围确定，以及水文水资源、物理形态、水质监测、水生态等各类指标的调查监测进行了详细的规定和说明，在此基础上，可根据给定的指标计算公式，对各项指标的现状值进行定量分析计算。若定量指标是基于历史观测数据计算得到的，则对历史数据系列的长度、精度、代表性等方面均有严格要求，以保证数据质量满足评价要求；若定量指标是依据遥感定量解译结果计算得到的，则对遥感数据解译精度有严格要求，对于这类指标而言，随着评价尺度增大，解译工作量急剧上升，导致评价周期延长、成本增加，因此该类指标不宜用于大尺度的河湖健康评价（张哲等，2012）；对于由实验室定量分析检测获取的指标而言，对实验人员的专业知识要求较高，部分指标可能存在分析周期长、成本高等缺点，因此，如何选取有代表性的指标，在保证评价精度的前提下，尽可能缩短分析周期、降低成本，提高评价指标的可操作性，是河湖健康评价工作需要解决的关键问题之一（Leigh，et al.，2013；Torress，et al.，2014；Jia & Chen，2013；Growns，et al.，2013）。

对于定性指标而言，主要通过专家咨询、经验判断、问卷调查等方式确定其实际取值，这类指标多没有明确的计算公式，在评价过程中首先需要利用统计分析或借助专家经验定性地给出指标的理论取值区间（评价等级），以此为依据，根据对指标特征的定性描述，将其归入对应的区间。因此，评估人员需具备相关的专业知识与技能，为了提高健康评估的科学性和客观性，通常会针对定性指标制定详细的评价规程或指导手册，并对评估人员进行指导和培训，从而保证评价精度。由于没有明确的计算公式，这类指标的健康等级划分往往带有一定的主观色彩（任黎等，2012）。但与定量指标相比，定性指标在野外调查即可现场获得，不需要经过室内分析，因此，这类指标更加易于获取。

1.2.2.3 评价方法与评价标准

河湖健康评价的最基础方法是参照状态法，即通过将待评价河湖水生态系统的现状（组成、结构、功能）与历史某一时期的参照状态进行对比，判断其现状与参照状态的偏离程度，作为河湖水生态系统健康程度的度量。可见，从某种意义上讲，参照状态的选取就是评价标准的确定。

（1）参照状态法及其分类

河湖健康评估的参照状态法最早是为落实清洁水法中的生物完整性评价提出的（Hughes，et al.，1982），此后，随着河湖水生态学理论的发展和河湖健康评价的实践而日臻完善，并已经成为河湖水生态系统健康评价的重要内容。河湖水生态系统参照状态最初是指一种原始的、未被人类活动干扰或改变的系统状态。

然而，20 世纪以来人类活动影响的深度和广度都达到了前所未有的程度，现有的河湖淡水生态系统中几乎很少能有接近于原始状况的河湖存在，造成了难以根据参照状态的原始定义来确定参照状态的具体指标。特别是考虑到人类活动干扰的普遍性和影响的严重性，因此陆续对原始的参照状态概念进行了修正和完善，如 Stoddard 等对参照状态的概念进行了系统的梳理，并建议用“生物完整性的参照状态”代替最早提出的原始参照状态概念，根据河湖水生态系统所承干扰的程度和可能达到的恢复目标，将参照状态分为四类：最轻微干扰状态（MDC）、历史状态（HC）、最少干扰状态（LDC）和最佳可达状态（BAC）。其中，最轻微干扰状态是指没有明显人类活动干扰下的状态，是一种对生态完整性的最佳估计；历史状态是历史上某一时刻下河流的状态，如果所选择的历史时刻下还没有人类活动干扰，将是对最轻微干扰状态的准确界定；最少干扰状态是指现状条件下受人类活动干扰强度最低的状态，通常是现存的最佳状况；最佳可达状态则是指现状经济社会条件下，通过采用生态系统保护和恢复后，系统能达到的最佳状态。

（2）参照状态的确定方法

参照状态的确定方法主要有现场调查法、专业判断法、历史数据分析法、经验模型外推法、预测模型法等（中国水利水电科学研究院水环境研究所，2010）。其中，现场调查法主要用于最轻微干扰状态的确定，通常针对自然保护区或已经从过去干扰状态中得到很好恢复的河湖水生态系统，通过开展野外调查取样，获取这些河湖水生态系统的组成、结构、功能、多样性等方面的特征，进而确定其最轻微干扰参照状态。专业判断法是评估在未受到人类活动干扰情况下的河湖水生态系统状况，作为最轻微干扰状态或最少干扰状态。在资料允许的情况下，可以通过对较早期开展的调查记录、相关资料的收集整理，以待评价河湖的历史长系列监测资料为依据，选定历史上受人类活动干扰相对较小的某一历史时段，获取目标河湖水生态系统在某一历史时期的状态，将该历史时段内的指标实测值作为参考点，这就是所谓的历史数据分析法。如澳大利亚“维多利亚河流健康战略”把欧洲移民前的河流作为基本状态，并在此基础上确定指标的评价标准；海河流域典型河流卫运河、北运河、永定河的健康评价选择未受水利工程影响的 20 世纪 60 年代各项指标的均值作为基准，确定评价标准。在没有最轻微干扰状态点位的情况下，通过建立人类干扰梯度和生物指示指标之间的经验关系，并采用经验模型外推法，也可以获得未受人类活动干扰下的参照状态。相对而言，预测模型法较为复杂，该方法主要基于以下假设，即在未受人类活动干扰条件下，生境特征一致的样点应该具有相似的生物区系构成，该方法需要采用大量未受干扰样点的生物群落结构和生境资料为基础，根据生物种类组成相似性用聚类分析等方法建立参照点群，并用逐步判别功能分析法筛选出与各参照点群底栖动物群落组成有密切相关的变量，建立判别函数，并最终判断参照状态。

（3）评价标准的确定

评价标准不仅取决于河湖自身的自然属性，更取决于人类在一定时期内对河湖的认知水平和价值取向，河湖健康本质是在河流的自然功能和社会功能之间寻求一种动态平衡，因此，健康评价标准是动态的，并具有明显的时代和地域特征（孙雪岚和胡春宏，2007；吴阿娜等，2005）。评价等级划分主要是指对各参评指标进行分级赋分，具体操作时需依据评价指标的实际取值范围，充分利用已出台的相关标准、规范以及国内外已有研究成果，给指标制定相应的分级赋分要求（表1－4）。目前，国家层面上已经发布的《河湖健康评估技术导则》（征求意见稿）中，将河湖健康划分为理想状况、健康、亚健康、不健康、病态5级，并根据评估指标综合赋分确定，具体采用百分制，并针对我国南方、北方等不同地区河湖给出了各指标的评分标准；此外，部分地区也发布了适用于本地区的地方标准，如辽宁省于2017年印发了《辽宁省河湖（库）健康评价导则》（DB21/T 2724—2017）。

1.2.3 不同河湖健康评价方法的比较分析

近年来，随着国际上河湖健康研究的不断深入，河湖健康评价方法也日趋多元化，如英国淡水生态研究院为评价本国河流生态质量而开发了河流无脊椎动物预测与分类模拟系统（Wright & Sutcliffe，2000），该系统只适用于河流生态系统健康评估，由于需要通过对比参考点位与待评价河流内大型无脊椎动物的生物量，对河流水生态系统的健康状况进行评估，如果被评价河段的变化不能反映在这一物种的变化上时，就无法进行评估，这也是这类方法的最主要缺点。该系统目前的最新版本为RIVPACS IV，模型的数据库可以从英国自然环境研究委员会生态与水文中心（https：//www.ceh.ac.uk/services/rivpacs-reference-database）获取。

澳大利亚于1992年开展国家河流健康计划（National River Health Program，NRHP），从物理、化学、生物生境等层面出发而建立了河流评价系统（AUSRIVAS），用于监测和评价澳大利亚河流的健康状况，评价现行水管理政策及实践的有效性，并为管理决策提供更全面的生态学及水文学数据。该系统与RIVPACS类似，是针对澳大利亚河流的特点对前者的改进，它们都属于预测模型法，均是以大型底栖无脊椎动物作为监测对象，对河流健康状况进行对比和评价（Beyene et al.，2009）。此外，澳大利亚自然资源和环境部共同开发了溪流状态指数评价法（ISC），该方法主要适用于非城市河流，具体以10～30km长的河段为评价单元，评价指标包括河流水文、物理形态特征、河岸带状况、水质、水生生物5部分，每部分又划分为若干项目，评价标准大部分采用5级评分制，通过将实测断面与参照系统对比的方法对评价项目赋值，然后将评价项目和指标逐层累加，计算出评价河段的总评分值。

南非水务及森林部（DWAF）于1994年发起了河流健康计划（RHP），该计划选用河流无脊椎动物、鱼类、河岸植被、生境完整性、水质、水文、形态等河流生境状况作为河流健康的评价指标，提供了可广泛用于河流生物监测的框架。RHP中还有针对调查河流形态和栖息地指数的方法，即河流地貌指数法（ISG）。此外，随着国家快速生物评价计划，南非还发展了栖息地整体评价系统（IHAS）和栖息地完整性指数（IHI），

表1－4 我国河湖健康评价标准制定方法和依据

目标层		准则层	河流指标	湖泊指标	标准建立方法	标准制定依据	适用范围
河湖健康	生态健康	水文水资源	流量过程变异程度	最低生态水文满足状况	模型推算法	全国水资源综合规划中约600个径流控制站50年（1950—2000）数据系列	全国
			生态流量保障程度	入湖流量变异程度	专家判断	Tennant	全国
		物理结构	河流连通阻隔状况	河湖连通状况	专家判断	澳大利亚河流健康评价相关技术标准	全国
			天然湿地保留率	湖泊萎缩状况	历史状态法	水资源综合规划全国调查评价数据/1980s以前的调查统计数据	全国
			河岸带状况	湖滨带状况	参考系/专家判断	美国、澳大利亚河湖健康评价标准	区域/全国
		水质	水温变异状况		现有标准	过于低温水的技术规定	全国
			溶解氧水质状况		现有标准	GB 3838—2002	全国
			有机污染水质状况		现有标准	GB 3838—2003	全国
			重金属污染状况		现有标准	GB 3838—2004	全国
				富营养状况	现有标准/模型推算	《全国地表水资源质量评价技术规程》（SL 395—2007）/全国约300个湖泊营养状况调查评价数据	全国
		生物		浮游植物密度	历史状态法/专家判断	参考美国等国的河湖调查评价标准	区域/全国
				浮游动物损失指数	历史状态法	参考美国等国的河湖调查评价标准	区域/全国
				大型水生植物覆盖度	历史状态法/专家判断	参考美国等国的河湖调查评价标准	区域/全国
			大型底栖动物生物完整性指数		参考系	karr	区域
			鱼类生物损失指数		历史状态法	参考美国等国的河湖调查评价标准	区域/全国
	功能健康	社会服务功能	水功能区达标率	水功能区达标率	管理预期/专家判断	《全国地表水资源质量评价技术规程》（SL 395—2007）	全国
			水资源开发利用率		管理预期/专家判断	水文水资源调查评价相关技术标准	全国
			防洪指标	防洪指标	管理预期/专家判断	防洪相关技术标准	全国
			公众满意度指标	公众满意度指标	管理预期/专家判断		全国

系统中包括了与生境相关的大型无脊椎动物、底泥、植被及河流物理形态等。总体来说，南非的河湖健康评价重视监测和揭示生物指标的变化。

美国早在1972年的清洁水法中就明确提出恢复和维护水域生态完整性的目标，之后，关于生态完整性的定义和评价方法成为生态学家们关注的热点。美国国家环境保护局（EPA）及美国各州环境保护局针对河湖水生态系统健康评价开展了大量研究。EPA于1989年提出了旨在为全国水质管理提供基础水生生物数据的快速生物监测协议（RBPs）。经过10年的发展和完善，EPA于1999年推出了新版的RBPs，该协议以河流着生藻类、鱼类、大型底栖动物作为评价对象，提出了相应的监测评价方法和标准（Barbour，et al.，2006）。此外，EPA在1998年提出了湖泊、水库生物评价及生物标准的技术导则，随后，又在2006年提出了不可徒涉河溪的生物评价概念和方法，同时也提出了大型河流生态系统的环境监测与评价计划，并在2007年发布了美国湖泊调查的现场操作手册。2004年EPA首先进行了西部可徒涉河溪的试点研究，之后正式启动了美国全国性的可徒涉河流、湖泊、湿地、沿海水体的生态状态调查评价。其中，对于可徒涉河流、湖泊已经分别在2006年及2009年发布了首期评价报告。总体而言，美国水体健康评价发展状况具有理念超前、起步早、积累深厚的特点，近年来在全国尺度的河湖健康评价中积累了丰富的实践经验，在建立标准化调查评价规程、建立参照状态方面又走到了世界的前列。

日本环境省于2009年以河流、湖泊为评价对象，根据自然生态系统与人类活动的关系，从自然形态、生物多样性、水体利用的可能性、水边舒适性、河道与坡面关系5方面出发，提出了水环境健康指标，在这5个方面下分别设置了多个调查项目，各评价项目均以5分为满分，根据评价项目的分值计算出每个指标的分数，并用雷达图标示评价河段或流域的水环境特征。

除世界各个国家及河湖管理部门层面外，相关领域的专家学者也提出了诸多对于河流健康的评价方法，如：Karr等利用对河流健康状况反应敏感的生物群落（如鱼类）对水生生态系统质量进行评价的生物完整性指数（IBI）（Karr，1981）；Robert和Petersen提出了适用于农业景观的溪流岸边与河道环境细则评价法（RCE），并分别在瑞典南部的Scania、意大利的Trentino和Livorno、美国的Idaho进行了成功应用（Robert & Petersen，1992）；Raven探讨了河流生境调查（RHS）方法的技术框架，并在英国选择了若干河流进行了案例应用（Raven et al.，1998）；Ladson等利用河流状况指数（ISC）对澳大利亚维多利亚州4条河流80多个河段的河流状况进行了评价（Ladson et al.，1999）；Fryirs等在伊比利亚河流上提出多尺度植物参数法评价河流的生物完整性（Fryirs，2003）；Brierley等基于河流地貌过程与生态水文和河流系统变化等之间的密切关系提出生态水文评价法，从流域、河段和水文单元3个尺度对河流状况进行评价（Brierley et al.，2010）；Tiner在美国特纳华州Nanticoke河上利用遥感指数法评价流域自然生境总体状况（Tiner，2004）；Scardi等基于神经网络将鱼类组成与环境因子进行关联分析，开发出河流生态质量评价法（Scardi，et al.，2008）等。

不同评价方法之间在基础理论、指标体系、评价标准等方面均存在差异，通常情况下，根据评价原理的差异，可将河湖健康评价方法划分为预测模型法（Predictive Model）和多指标评价法（Multimetrics）两类。其中预测模型法的原理是首先选择参考河湖，并建立起参考河湖的物理化学特征及其生物群落间的经验模型，然后调查待评价河湖的物理化学特性，根据建立的经验模型预测得到待评价河湖的生物组成（E），最后通过调查待评价河湖实际的生物组成（O），计算 O/E 的值，该值越接近 1，表明待评价河湖水生态系统健康状况越好。RIVPACS、AUSRIVAS 和 HPM 均属于这类方法。该方法主要依赖于利用大量调查监测资料建立起来的经验模型，对于我国而言，河湖水生态监测近年来方兴未艾，不同流域的监测能力和水平也存在差异，全国层面上的推广应用在资料方面尚难以达到模型应用要求。

多指标评价法能够全面客观地反映河湖物理化学环境及水生态系统的组成、结构及功能，相对预测模型法而言，对河湖水生态监测资料的要求相对较低，同时能够反映河湖物理结构、水文水资源、水环境等方面的特征，因此在河湖健康评价中应用较为广泛，IBI、RCE、RBPs、RHS、SERCON、GRS、SRS、ISC、USHA、URS、IHI 以及我国的河湖健康一期试点评价等都属于这类方法。该方法的评价标准多采用分级法确定，主观性较大，此外，综合评价指数可能会在一定程度上掩盖单个指标的信息（高永胜等，2007）。

总体而言，当前国内外已提出了诸多河湖健康评价方法，这些评价方法在提出背景、理论原理、适用条件等方面均存在较大差异，通过查阅文献及收集资料，本研究针对上述多种国内外主流的河湖健康评价方法进行了细致的分析。

1.2.4 河湖健康研究趋势

近年来，国际上开展了大量河湖水生态系统健康评价的研究和实践，取得了诸多成果，但是由于河湖水生态系统自身组成与结构十分复杂，不同区域、不同类型河湖所遭受的健康威胁也不尽相同，使得河湖水生态系统健康评价领域仍存在不少问题有待进一步研究。总体而言，未来河湖健康研究还需从以下几个方面做进一步的探索。

（1）评价指标优化筛选

当前诸多的河湖健康评价指标体系与评价方法是针对不同尺度、不同对象建立起来的，面对纷繁庞杂的指标体系，能否找到一些基本的、易于理解和观测的关键指标来表征河湖健康的总体状况，诸如用体温等值可大概描述人体基本健康水平一样（冯彦等，2012）。为此，需要从河湖健康的基本概念出发，分析河湖健康的影响因子和基本构成要素，在此基础上通过野外实验或现场试验，揭示在影响因子作用下河湖健康状况的响应过程，并采用指标优化的方法筛选出河湖健康评价的关键指标，这将有助于提高河湖健康评价结果的科学性和客观性，同时也有利于降低河湖健康评价成本、提高工作效率。

（2）评价标准制定

制定河湖健康的评价标准是河湖健康评价过程中极为重要的一环，其中各表征指标的标准和阈值的确定通常需要建立在大量观测结果的基础上，且需要对河湖水生态系统对外界扰动的响应机制和响应过程有深刻的理解和认识。当前，虽然河湖健康评估取得了诸多进展，但针对河湖水生态系统的水文、物理形态、水质、水生生物等不同类型指标的健康阈值方面的基础研究成果尚不多见。未来，随着相关基础研究的不断深入，揭示并确定不同类型指标的健康阈值将成为河湖健康评估领域的一个新的重点和热点。

（3）新的评价方法和技术

随着现代信息系统的不断发展，开展基于3S技术的河湖健康评价将是未来河湖健康评价研究与实践的发展方向之一。一方面，3S技术为大尺度河湖水生态系统的动态监测提供了新的技术手段；另一方面，也为空间信息的提取、处理以及分析提供了先进的操作平台。目前，利用多波段、多时相遥感影像数据评估大尺度流域生态环境状况已经成为研究热点，这不仅可为不同时空尺度指标数据的快速、准确获取提供便捷；同时，还可以将评价结果在空间上予以展示，为不同时空尺度和空间分异较大的河湖健康动态评估提供支撑。

1.3 研究内容与技术路线

1.3.1 研究内容

本书以推进生态文明建设、保障江宁区河湖健康、促进人水和谐为目标和出发点，在吸收当前国内外河湖健康评价相关理论和方法的基础上，重点开展以下三个方面的研究。

（1）河湖水生态系统健康评价基础理论探讨

系统整理分析国内外河湖健康评价研究及实践工作的最新进展，梳理相关理论与方法体系的发展历程。以生态学、水文学、水资源学等理论为基础，以河流、湖泊水生态系统保护和修复相关理论和技术为支撑，在有关河湖水生态系统健康评价、生态安全评价、生态需水保障等研究基础上，从系统角度出发，阐述河湖健康评价的概念和内涵，分析河湖水生态系统健康的影响因素，探讨河湖水生态系统健康评价的基础理论。

（2）河湖水生态系统健康评价指标体系及评价方法研究

梳理我国河湖水生态系统健康评价实践工作的现状、特征和发展趋势，在已有七大流域、江苏省和辽宁省河湖水生态系统健康评价相关成果的基础上，结合江宁区河流、湖泊、水库等水生态系统的独特特征，构建符合江宁区实际的河湖健康评价指标体系和评价方法。

（3）河湖水生态系统健康评价案例研究

以江宁区3河5湖（库）为目标，通过实地调查采样、实验室分析、专家咨询、历史数据资料收集等方式获取相关指标数据，分别采用全国河湖健康评价指标体系、江苏省河湖健康评价指标体系，对各个河湖的健康状况进行评估，揭示江宁区典型河湖的健康现状。之后结合评价结果，分析诊断导致河湖不健康的原因，并提出相应的措施建议。

1.3.2 技术路线

本研究将在国内外河湖健康评价领域已有研究成果的基础上，以水文学、水资源学、生态学为理论基础，综合运用遥感技术、地理信息技术、水文分析计算、生态统计分析等技术，采用理论分析、规律识别、数值分析、现场调查相结合的方法开展研究，按照“概念与内涵界定—指标选择—模型构建—标准阈值确定—问题识别—保障体系构架”的思路予以完成。本研究的整体技术路线如图 1－1 所示。

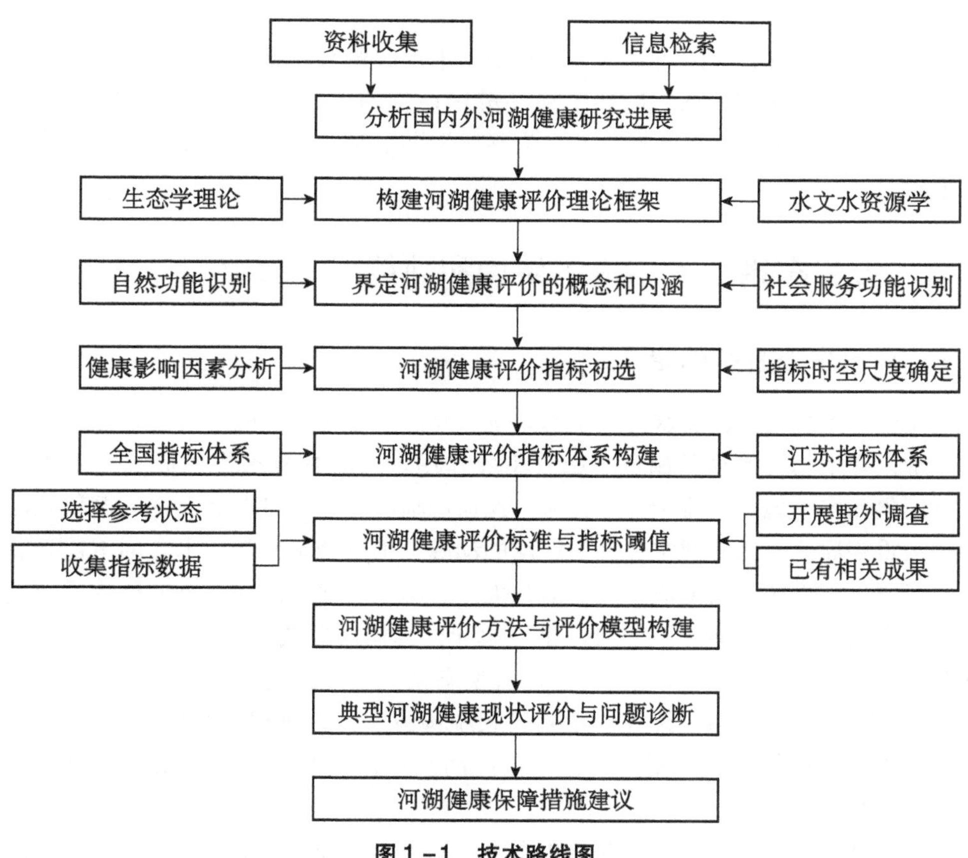

图 1－1 技术路线图

第 2 章　河湖健康评价的基础理论

本章分析了河流、湖泊的基本定义和最基本构成要素以及河流、湖泊生态系统的基本特征和生态服务功能，系统阐述了河湖健康评价的地域分异理论、河流系统等级理论、系统整体性理论等相关基础理论，为确定河湖水生态系统健康评价的指标体系奠定科学基础。

2.1　河流生态系统的组成、结构和功能

2.1.1　河流生态系统的定义

河流生态系统是指河流水体的生态系统，属流水生态系统的一种，是陆地和海洋联系的纽带，在生物圈的物质循环中起着主要作用。河流是流水作用形成的主要地貌类型，其汇集和接纳地面径流和地下径流，沟通内陆和海洋，是自然界物质循环和能量流动的一个重要通途，因此通常被称为地球的动脉。根据全国科学技术名词审定委员会的定义，河流生态系统是指河流生物群落与大气、河水及底质之间连续进行物质交换和能量传递，形成结构、功能统一的流水生态单元，其构成要素包括水生生物、河流水体、河床和洪泛平原（赵银军等，2013）。河流生态系统由陆地河岸生态系统、水生生态系统、相关湿地及沼泽生态系统等一系列子系统构成，具有典型的结构特征和服务功能，作为河流内部生物群落和河流环境相互作用的统一体，河流水生态系统又是一个开放的、动态的复合系统。

作为一类典型的生态系统，河流生态系统是由生物与非生物环境两大部分构成的统一整体。非生物环境主要由能源（太阳辐射等）、气候因子（降水、温度、湿度、风等）、基质和介质（岩石、砂砾、泥土等）、物质代谢原料（参加物质循环的无机物、联系生物和非生物的有机物等）等因素组成，这些非生物成分是河流生态系统中各种生物赖以生存的基础。生物部分则由生产者、消费者和分解者所组成。其中，生产者是能用简单的无机物制造有机物的自养生物，主要包括绿色植物、藻类和某些细菌等，这些自养生物主要通过光合作用制造碳水化合物，并进一步合成脂肪和蛋白质；消费者是不

能用无机物制造有机物质的生物，称为异养生物，主要包括浮游动物、鱼类、水禽或水鸟等水生或两栖动物，它们直接或间接地利用生产者制造的有机物，起着对初级生产物质的加工和再生产作用；分解者也是异养生物，主要指细菌、真菌、放线菌等微生物及原生动物等，它们把复杂的有机物逐步分解为简单的无机物，并最终以无机物的形式还原到河流生态环境中。

通过梳理河流生态系统的相关定义，特别是厘清河流的基本概念和内涵，有助于理解河流生态系统的概念和内涵。当前国内外针对河流给出的主要定义见表 2－1。可见，所有定义中均提到了两个重要的要素，即宣泄水流的通道和水流，其中《麦克米伦百科全书》和《大不列颠百科全书》还特别指出了堤岸这一要素。总体而言，从概念上看，河流生态系统最基本构成要素包括两部分：一是拥有足够的水流（包括季节性的水流）；二是拥有供水流正常宣泄的通道。

表 2－1　河流的定义

定义	出处
河流是指在重力作用下，经常或间歇性地沿地表或地下长条状槽型洼地流动的水流	全国科学技术名词审定委员会
河流是陆地表面宣泄水流的通道，是溪、川、江、河的总称	《中国水利百科全书》
由一定区域内地表水和地下水补给，经常或间歇地沿着狭长凹地流动的水流	《中国大百科全书・大气科学　海洋科学　水文科学》
陆地表面上经常或间歇有水流动的天然水道	《中国成人教育百科全书・地理　环境》
在重力作用下，集中于地表线形凹槽内的经常性或周期性天然水道的通称	《中国大百科全书・地理学》
由地表水和地下水补给，经常或间歇沿地表线形低凹部分流动的水流	《科学技术社会辞典・地理》
陆地表面上经常或间歇有水流动的天然水道	《中国中学教学百科全书・地理学卷》
具有相当容量的自然水流；通常由堤岸限制在通道内，最终汇入海洋、湖泊或其他河流；其源头可以是泉、湖、众多小溪流或冰川	《麦克米伦百科全书》
在由固定堤岸形成的渠道中自然流动的水流的统称	《大不列颠百科全书》

河流是在一定地质和气候条件下形成的，由地壳运动形成的线形槽状凹地为河流提供了水流通道，大气降水则为河流提供了水源。在河床与水流相互作用下河流的形态特征也随之不断发生动态变化，一般有侵蚀、搬运和堆积的过程。侵蚀产生的物质（包括流域坡面上的物质）被水流携带搬运，并在中下游堆积，形成深厚的冲积层。通常情况下，河流发展到一定阶段，河床的侵蚀与堆积达到了平衡状态，即水流的能量正好消耗于搬运水中泥沙和克服其所受阻力，此时河流既不侵蚀，也不堆积。在一定的地质和气候条件下，河床的纵剖面表现为一条较光滑均匀的曲线，称为平衡剖面，一旦条件发生

变化，这种平衡即被破坏，河流便又向着新的平衡剖面发展。

2.1.2 河流生态系统的结构和功能

2.1.2.1 河流生态系统的物理结构

(1) 纵向结构

尽管河流有多种类型，但大多数河流的纵向剖面上从源头到河口都可以概括地分为三个带，即源头带（侵蚀带）、搬运带和沉积带。从源头到河口，河流的纵向结构如图2-1所示。

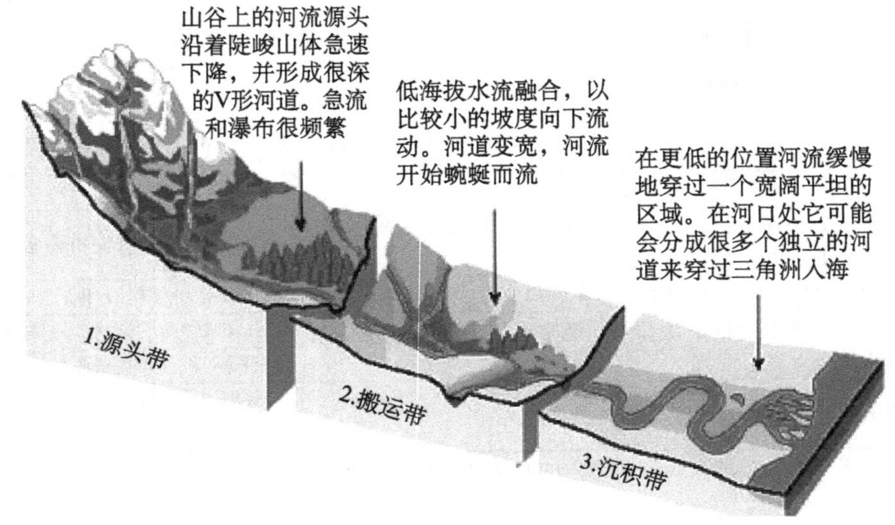

图2-1 河流的纵向结构

源头带通常位于山区，河床质主要由大石块、卵石或裸露的基岩构成，河床较窄、河水流速大，流域中的大颗粒泥沙从陡坡冲刷下来并向下游移动。一般来说，在河流上游地区，人类活动的影响较小，水质优良、生物栖息地条件良好、生物多样性高。

搬运带通常处于流域中游，连接上游侵蚀带和下游沉积带，通常也称为过渡带。随着河床宽度和河水深度增加，河水流速下降，自上游搬运而来的大颗粒物质开始沉积，因此搬运带可以接收上游的部分侵蚀产物，但大部分细颗粒泥沙仍随河水迁移至下游。总体而言，搬运带内通常能够维持输沙平衡，底质多为粗沙和细沙。同时，搬运带内的流量、水位等水文要素随季节发生有节律的变化，为不同生物提供了适宜栖息地。因此，该区域内陆生有机质输入的比例降低，河流生态系统中自养生物生产的有机质比例增加。

沉积带处于河流下游，河道比降小、河道宽阔、水流流速进一步下降，水体携带的细颗粒泥沙开始大量沉积，因此沉积带是流域的主要沉积区。沉积带内的河床底质为细沙或粉沙，流量相对稳定，通常是河流中生物多样性最高的区域。

另外，从较微观的层面看，河流一般有两个主要带，即急流带和水池带。其中，急流带水浅，水流速度大，能把底部的细沙和其他疏松物质冲刷干净，因而形成坚硬的底质。这个带主要由特化的底栖生物或附生生物所占据，它们牢固地附着或缠绕在坚硬的底质上，此外，还有强有力的游泳者。而水池带水较深，水流速度缓慢，泥沙和疏松物质能在底部沉积，因而形成松软的底部，不适合于底栖生物生存，但适合于挖掘类型的生物、自游生物以及浮游生物。

通过对急流带和水池带的特征分析，要求在河流健康评价时，就要选择好相应的评价指标。否则以水池带的生物指标来评价急流带的健康状况，必然会违背客观规律，使得评价结果失真。

（2）横向结构

在河流的横向剖面上，大多数河流生态系统也包含 3 个部分，即河槽（Stream channel）、河漫滩（Flood plain）和高地过渡带（Transitional upland fringe）。由于土壤类型、洪水频率和土壤湿地不同，不同高度的河漫滩通常具有不同的植物群落，三个部分可以借助结构特征与植被群落来区分，典型的河流横向结构如图 2－2 所示。

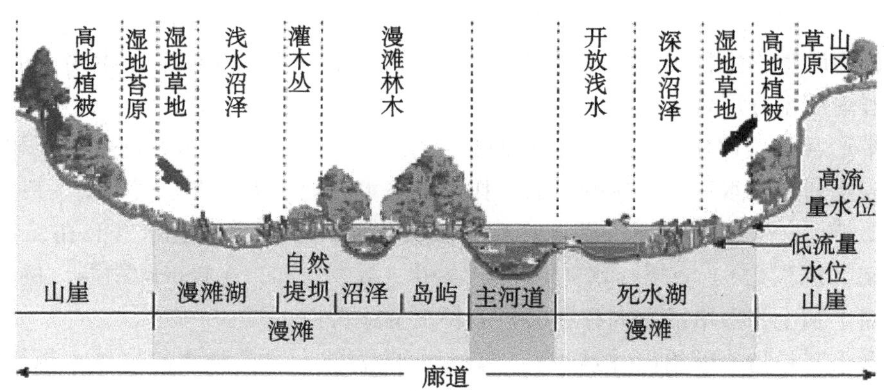

图 2－2　典型的河流横向结构

河槽：河谷中平水期水流所占据的谷底部分。河槽不是固定不变的，随着时间的流逝，经过人为、风化作用、流水作用、地震等作用，河槽的位置、宽度、长度都会发生变化。河槽按形态可分为顺直型、弯曲型、汊河型、游荡型等不同类型，它对河流水体起调蓄作用。不管河槽是什么类型，大多数河流都具有交替的、距离匀称的深水区和浅水区，即深潭（Pools）与浅滩（Riffles）。

河漫：在河道一侧或两侧，宽度变化范围非常大，在洪水时段常被淹没，其他时段又出露形成滩地。河漫滩通常由河流的横向迁移和洪水漫堤的沉积作用形成，由于横向环流作用，V 字形河谷展宽，冲积物组成浅滩，浅滩加宽，枯水期大片露出水面成为雏形河漫滩，之后洪水携带的物质不断沉积，形成河漫滩。河漫滩分为水文河漫滩和地貌河漫滩 2 种类型，其中水文河漫滩与基流河槽相邻，且低于满槽标高，约 2～3 年淹没一次；地貌河漫滩一侧与河槽相邻，另一侧地面标高通常按照某一洪水频率下洪峰标高来划定（如百年一遇河漫滩）。

高地过渡带：河漫滩一侧或两侧的一部分丘陵山地，作为河漫滩和周围景观之间的过渡区或边缘，它的外围边界通常是河流廊道本身的外围边界。高地过渡带通常没有典型的剖面，在图 2－2 中，漫滩季节性地被淹没，具有漫滩植被、自然沼泽和湿地苔原等特征。高地过渡带包括高地植被和山区草原。在地形上，天然冲积堤主要是洪水期的侵蚀和沉积形成的，而不同的植物群落具有特定的耐湿性和需水要求，因此呈现地带性分布特征。

（3）垂向结构

河流生态系统垂向结构包括河道内水体、潜流带（Hyporheic zone）以及地下含水层 3 部分。其中，河道水体又可分为表层、中层、底层 3 个层次。在表层，由于河水的流动、掺气，与大气接触面大，水气交换良好，特别是在急流、跌水和瀑布河段，曝气作用更为明显，因而水体中溶解氧含量较高，从而有利于喜氧型水生生物的生存与好气型微生物的分解作用。此外，河水表层光照充足，有利于植物的光合作用，因而河水的表层通常分布有丰富的浮游植物，这使得河水表层成为河流初级生产力最为集中的区域。在水体中下层，太阳光照强度随水深的增加而逐渐减弱，水温也逐渐变化，溶解氧浓度下降，浮游生物生物量随之逐渐减少，由于光照、水温、浮游生物生物量的变化，导致生物群落产生分层现象。

潜流带通常位于河流河床之下并延伸至河流河滨带和两侧的水分饱和的沉积物层，是河流地表水和地下水相互作用的界面。作为地表水和地下水的生态交错带，潜流带具有 3 个重要特征：地下水（通过沉积物孔隙媒质流动）和河道地表水（自由流动）的界面；固相（沉积物）、液相（水体）和生物相（微生物群、无脊椎动物群）的多相空间；环境因子和生物群落沿垂向存在明显的梯度变化特征。

地下含水层是指能够给出并透过相当数量水的岩体，这类含水的岩体大都呈层状，所以称为含水层，如砂层、砾石层等。根据地下水含水层中的含水空隙形状和特征，可以分为孔隙水、裂隙水、喀斯特水等不同类型。

2.1.2.2 河流生态系统的生物结构

生物是河流生态系统的核心成分，生物多样性是其生物结构的一种重要的属性。作为一类典型的生态系统，河流生态系统的生物组分也包括生产者、消费者、分解者，具有其自身的特点：河流生态系统中的生产者包括藻类和水生维管束植物，其中，藻类是最主要的生产者，其生产力远比陆地植物高，而生物量显著地低于陆地植物。水生维管束植物通常分布在河流的河滨带，以挺水植物居多。河流生态系统的初级消费者主要是浮游动物，其种群组成和结构、数量及其分布等主要受营养盐、水温、浮游植物等因素影响。河流生态系统的消费者除浮游动物外，还包括底栖动物、鱼类、水鸟和水禽等。

按照河流生物群系划分，河流生态系统的生物组分通常分为 7 大类，即细菌、藻类、大型植物（高等植物）、原生动物（变形虫、鞭毛虫、纤毛虫等）、微型无脊椎动物［长度小于 0.02in（1in = 2.54cm），如轮虫类、桡足类甲壳动物、介形亚纲动物、线虫类等］、大型无脊椎动物（如蜉蝣类等）、脊椎动物（如鱼类、两栖动物、爬行动物以及哺乳动物）。

河流生态系统 7 大类生物具有各自的特点。通常，微生物（真菌类和细菌类）和底栖无脊椎动物能够加速有机物质的分解，如从外部进入河流的凋落的叶片。一些无脊椎动物可以起到粉碎机的作用，它们的咀嚼进食活动会把较大的有机物如枯枝烂叶嚼碎为更小的颗粒物。还有一些无脊椎动物可以从水中滤过较小颗粒的有机物，或是从物体表面刮擦有机物，或者以沉积在底层的物质为食。这些进食活动结果会分解有机物质，满足其生长需要，进而成为其他消费者（如鱼类）的食物。

在没有受人类活动干扰的自然河流中，生物多样性丰富，生产者以藻类和苔藓类为主，水生植物通常分布在河流底质适宜且不会被湍流扰动的地方，维管束植物多分布在水体透明度高、水质良好、河流底质营养丰富且流速平缓的河段。此外，还有各种形式的微型和大型无脊椎动物分布于河床基岩或岩石或卵石底质上（Ruttner，1963）。

河流中底栖无脊椎动物群落包含多种生物群系，如细菌、原生动物、轮虫类、苔藓虫类、蠕虫类、甲壳类动物、水生昆虫幼虫、贝类、蚌类、蛤类等。无脊椎动物多栖息在河流的微生境中，比如植物体、木头碎片、岩层、坚硬底质的空隙裂缝以及柔软底质（砾石、沙子以及垃圾物）等。无脊椎动物可存在于水体沿纵向各个层次中，包括水面、水体、底部表层以及潜流带的最深处。

单细胞生物和微型无脊椎动物是河流中种群数量最大的两类生物，但就生物量而言，大型无脊椎动物通常占据绝对优势，它们对于河流生态系统也更加重要。多数底栖动物长期生活在底泥中，具有区域性强、迁移能力弱等特点，对于环境污染及变化通常少有回避能力，其群落的破坏和重建需要相对较长的时间；且多数种类个体较大，易于辨认；同时，不同种类底栖动物对环境条件的适应性及对污染等不利因素的耐受力和敏感程度不同。因此底栖动物（尤其是水生昆虫幼虫和甲壳类动物等大型底栖无脊椎动物）被广泛用作河流健康状况的指示物种。

鱼类在河流生态系统中具有很重要的生态作用，它们通常是最大的脊椎动物，而且是水生生态系统中的顶级消费者。在河流中，鱼类的数量和物种构成主要取决于其所处的地理位置、进化历程以及其他一些内在因素，如物理栖息环境（水流、深度、底质状况、深槽和浅滩比例、木头阻碍物和下切的河岸等）、水质（温度、溶解氧、悬浮固体、营养物质、有毒化学物质）以及生物间的相互作用（获利、猎食和竞争等）。

河流生态系统的生物结构（图 2 - 3）具有尺度特征，按照由小到大的尺度，包含生物个体、物种、种群、群落、生态系统 5 个等级。对于生物多样性保护而言，在物种等级上通常具有更为重要的意义。不同物种对于河流生态系统功能的正常发挥具有不同的作用，对于维护系统生物多样性的重要性也有所不同。其中某些物种一旦缺失，就可能对整个生态系统的过程与功能造成严重影响，导致生态系统的严重退化或崩溃，这类物种通常被称作关键物种，在实际的河流生态保护和生态修复中，识别关键物种具有十

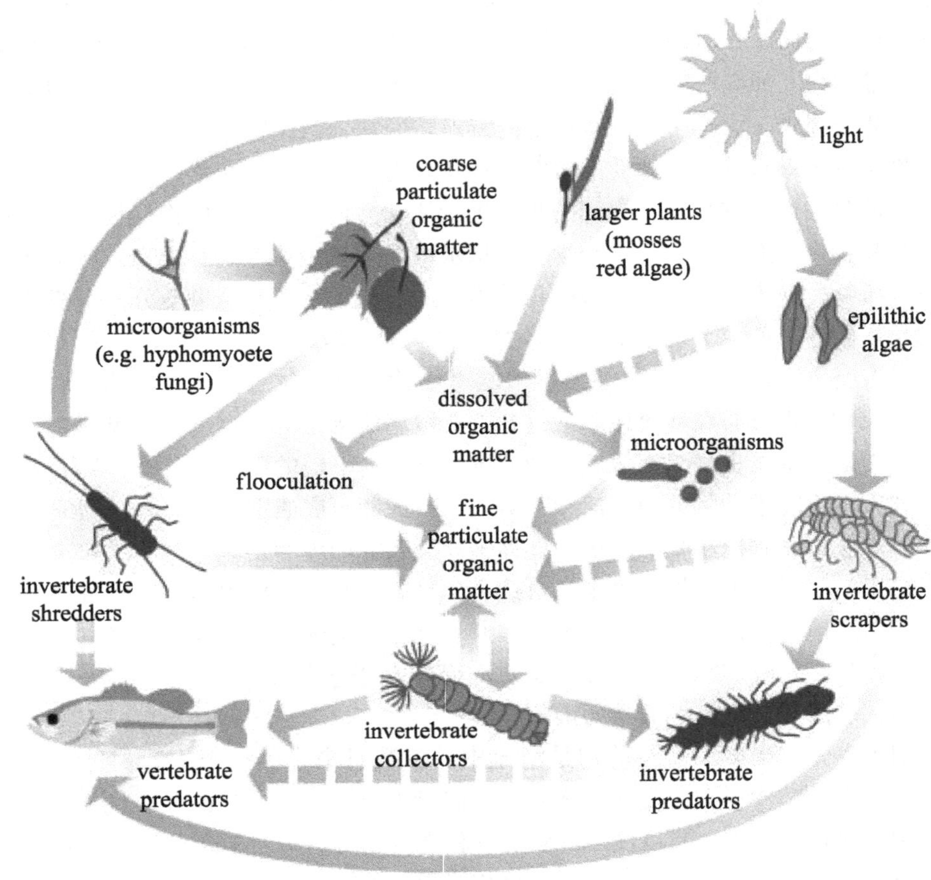

图2－3　河流生态系统的生物结构

分重要的意义。

2.1.2.3　河流生态系统组成的作用关系

河流生态系统是指河流生物群落与大气、河水及底质之间连续进行物质交换和能量传递所形成的结构与功能统一的流水生态单元。不同尺度上的环境因子之间、环境因子与生物群落之间及生物群落内部之间的关系错综复杂（倪晋仁和高晓薇，2011）。环境因子主要包括气候因子和地质因子两大类。其中，气候因子包括光照、温度和降水因子等；地质因子中构造因子和岩石岩性因子是影响流域与水系发育的主要因子。与两类环境因子相关的还有地形、植被、土壤因子等。环境因子还包括河段尺度上的水温、泥沙含量、离子浓度、酸碱性、水流条件、底质和断面形态等。在宏观尺度上的环境因子决定小尺度级别的边界条件和物理过程（Brierley & Fryirs，2000），气候、地质、地形、土壤和植被因子等流域尺度上的环境因子控制河流和河段尺度上环境因子的表现。可见，流域尺度上的气候、地质因子控制着河流的形成、发育、演变及发展规律，可以看作形成流域与水系的两大独立因子；同一尺度上的地形因子、土壤因子和植被因子是非独立因子（倪晋仁和马蔼乃，1998）。其中，地形因子受气候因子与构造因子控制；气候和岩石岩性影响作用于植被因子，而土壤是气候、地质和植被因子共同作用的产物。根据河流系统的尺度效应，流域尺度上的环境因子分别决定着对应级别河流的各类环境因子。

河流生态系统由于其复杂性，导致生物群落组成和结构变化无法明确地归结于某个特定的环境因子变化，而通常是多个环境因子共同作用的结果。河流上特定河段对应的环境因子直接作用于水生生物群落，并且受生物群落反作用影响，如底栖生物能够改善河道底质条件等；人为因子影响各尺度上的环境因子，直接或间接作用于水生生物群落。

2.1.2.4　河流生态系统的功能特征

河流生态系统服务功能是指河流生态系统与生态过程所形成和维持的人类赖以生存的自然环境条件与效用（Daily，1997）。随着人们对生态系统服务功能认识的不断深入，人们开始认识到河湖不仅是可供开发的物质资源，更是水生生态系统的载体；不仅直接提供诸多物质产品，还具有维持生物多样性、景观娱乐等多种生态服务功能。因此，河流生态系统的功能包括河流生态系统自身功能和河流生态服务功能两大类（董哲仁，2003）。其中，河流生态系统自身功能是指河流的物理形态、生物种群和结构、水质对河流物种迁徙的演变、能量流动和物质循环的功能。由于河流的蜿蜒廊道特征和流动特征，其生物种群为喜氧性生物。在蜿蜒廊道河床形态制约下，河流的半开放性生境条件是生物种群相对稳定的生存区域，也是其生命主体的生产者、消费者、分解者进行物质循环和能量转换的基础。生物种类的多样性是以不同食物链结构稳定与健康为核心的，从而提高了生态系统的自身功能（胡凤启等，2017）。

另一方面，随着社会经济的不断发展及生活质量的不断提高，人类对河流所提供的生态服务功能也越加重视。河流的生态服务功能实际上就是河流服务和造福人类的功能，主要包括 4 大类功能：一是提供产品，包括淡水资源、水力发电、内陆航运、水产品生产、基因资源等；二是调节功能，包括水文调节、河流输送、侵蚀控制、水质净化、空气净化、区域气候调节等；三是支持功能，包括土壤形成与保持、光合产氧、氮循环、水循环、初级生产力、提供生境等；四是文化功能，包括文化多样性、教育价值、美学价值、文化遗产价值、娱乐和生态旅游价值等。

2.1.2.5　河流生态系统结构功能模型

河流生态系统是一个复杂、开放、动态、非平衡和非线性的系统，认识河流的本质特征，核心问题是认识河流生态系统的结构与功能，特别是需要研究河流生命系统和生命支持系统的相互作用及耦合关系（董哲仁等，2010）。近 30 年来，国际国内生态学家提出了多种河流生态系统结构与功能的概念模型，目的是基于对不同自然区域不同类型河流的调查，分别在不同的时空尺度上研究河流生命系统变量与非生命系统变量之间的相关关系（Lorenz，et al.，1997）。在众多河流生态系统结构与功能的概念模型中，具有代表性的概念模型包括地带性概念模型（Zonation concept）、河流连续体概念模型

(River continuum concept)、溪流水力学概念模型（Stream hydraulics concept）、资源螺旋线概念模型（Spiralling resource concept）、串连非连续体概念模型（Serial discontinuity concept）、洪水脉冲概念模型（Flood pulse concept）、河流生产力模型（Riverine productivity model）、流域概念模型（Catchment concepts）、自然水流范式模型（Nature flow paradigm）、近岸保持力概念模型（Inshore retentivity concept）、河流生态系统结构功能整体性概念模型（Holistic concept model for the structure and function of river ecosystems, HCM）等。

在上述概念模型中，河流生态系统结构主要针对河流中水生生物的区域特征及其演变规律、流域内生物多样性、食物链和食物网的构成及其随时间变化的规律、负反馈调节等方面进行研究。生态系统功能则主要考虑鱼类、大型底栖动物、浮游生物和着生藻类等不同类型的生物对各种环境因子的适应性，在外界环境因子驱动下的物质循环、能量流动、信息流动、物种演化的方式，生物生产量与栖息地质量的关系等。绝大多数概念模型是针对自然河流，少数模型则考虑了人类活动的影响。不同概念模型的空间尺度也存在较大差异，从流域、河流到河段，其空间维数从沿河流向的一维空间到纵向、横向和垂向三维空间，以及考虑时间变量的四维。不同模型采用的环境因子有不同侧重点，主要包括水文学、水力学两大类参数。尽管这些模型各自有其局限性，但是它们提供了从不同角度理解河流生态系统的概念框架（董哲仁等，2010）。

2.1.3 河流分类与生态特征

2.1.3.1 河流分类

河流分类是对河流形成、发育、演变认识的归纳，也是深入研究河流发展规律及开展河流系统保护、治理及修复的基础（倪晋仁和高晓薇，2011）。从20世纪初Cotton提出河流分类以来，已经有多种分类方法相继出现，例如，基于侵蚀旋回假说的河流分类、基于气候区的河流分类、依据泥沙沉积速率的河流分类以及按河流平面形态的分类等。总体而言，由于缺乏生物监测和调查，以往的河流分类较少考虑河流的生态特征，因此，这些分类方法难以揭示河流生态系统的现状和演变趋势。近年来，随着河流生态系统研究的不断深入，部分学者开展了以生物群落为基础的河流类型划分研究，试图揭示典型水生生物与主要环境因子的压力响应关系（倪晋仁和高晓薇，2011）。

由于河流系统的复杂性和研究出发点的多样性，目前已有的河流分类研究成果分散且不便于系统比较，各自适用范围尚无清晰的界定。尤其是面向生态的河流分类方法研究较少，将河流分类与河流生态特征结合的研究则更加缺乏。按照面向生态的理念，我们亟需了解：① 不同地质历史时期形成的河流系统的结构特征；② 不同尺度上决定河流独特特征的环境因子；③ 不同河流之间如何在同一分类体系下进行系统比较并找到在体系中合适的分类位置；④ 同一类型河流的生物群落结构与时空分布特征；⑤河流生态修复的目标和条件；⑥ 不同受损程度的河流应该如何治理和修复；等等。这些问题的探讨都与河流系统分类密切相关（倪晋仁和高晓薇，2011）。

2.1.3.2　不同类型河流的生态特征（倪晋仁和高晓薇，2011）

近年来，随着河流生态系统研究的不断深入，学者们尝试将河流分类与河流生态系统的组成、结构和特征结合起来进行分析，并提出了由环境因子到生物群落的演绎分类法、从生物群落到环境因子的归纳分类法以及综合考虑河流自然地理特点与分尺度环境因子的综合分类法。其中，演绎分类法基于环境特征决定水生生物群落组成的生态假设，并且以生物群落的组成和分布检验河流分类对于生态系统差异的辨识能力；归纳分类法则根据生物群落的组成、结构和特征等方面的差异进行分类；综合分类法认为河流所处的地理气候、河水补给、地貌条件和河流形态，从较大尺度上控制特征河段的水动力条件、底质特征、河水物理化学特征与河道形态等生境特征，最终决定生物群落的组成、结构和功能。但在不同空间尺度上，各类环境因子的生态效应不同，其中，地理气候因子和地形地貌因子是决定河流水生生物群落结构组成的主要影响因子，而河水补给和河流形态仅对个别物种的丰富度和分布产生作用。

（1）不同地理气候区河流的生态特征

按照河流所处的地理环境，可分成热带亚热带湿润区河流、温带河流、寒带河流和高山高原区河流四大类。热带亚热带湿润区河流全年水温较高，水量充沛，无结冰期，河岸带大型水生植物发育，底质多为细砾石、沙和黏土有机质，代表性大型水生植物有芋属、赤箭莎属、田基麻属、水竹叶属、凤眼莲属、水鳖科、隐棒花属等；代表性浮游植物以硅藻门中的舟形藻属、圆筛藻属、根管藻属和角毛藻属，甲藻门中的角藻属、原甲藻属等；代表性鱼类以鲤科骨唇鱼属和圆唇鱼属、鳅科花鱼属和小吻鱼属、斗鱼科斗鱼属等；代表性大型底栖动物以蜉蝣目四节蜉属、襀翅目石蝇属、鞘翅目小划蝽属、毛翅目纹石蛾属等。温带河流水温年变化幅度较大，有结冰期，水量变化受降水季节性变化影响，水流泥沙含量由地表覆被条件决定：河流水生生物多样性丰富，优势种多为广温种，代表性大型水生植物有驴蹄草属、泽泻科、萍蓬草属、黑三菱属、眼子菜科、毛茛属、芦苇属等；代表性浮游藻类有硅藻门中的曲壳藻属、菱形藻针杆藻属等；代表性鱼类以鲤科鲤属、鲫属、鳊属，草鱼属、鲢属、鳙属等为主；大型底栖动物以蜉蝣目和毛翅目为主。寒带河流全年水温较低，结冰期长于 5 个月，河道流量少，河流流经多年冻土层，河道下切较浅，地表水与地下水交换较少；主要分布耐寒性水生生物，其中大型水生植物以睡莲科慈姑属、沼生荧属、睡莲属等为主，代表性浮游植物以伊乐藻属、杉叶藻属、轮藻属和狐尾藻属为主；代表性鱼类以刺鱼科、鲟科、鳅科、八目鳗科、狗鱼科等为主；大型底栖动物以蜉蝣目、横翅目、广翅目和蜻蜓目等为主。高山高原区河流分布的地理位置和气候类型多样，并且存在垂向气候和生态系统分层现象，水生生物多为适应极端气候物种和耐盐碱种，大型水生植物以苦草、海菜花属、金鱼藻属、莲子草属、灯心草属等为主；浮游藻类以硅藻门桥弯藻、短缝藻属、舟形藻属为主；鱼类以鲤科奇鳞鱼属、细鳞鱼属、裸鲤属、沙鳅属、黄瓜鱼属为主；大型底栖动物以鞘翅目的异翅亚目、毛翅目和双翅目为主。

（2）不同水源补给类型河流的生态特征

河流水源的补给方式较多，包括冰川融雪补给、雨水补给、地下水补给等。其中，热带亚热带湿润区河流的主要补给方式是降水和地下水补给；温带河流补给方式以冰川融雪补给和雨水补给为主，寒带河流以冰川融雪补给为主，高山高原区的部分河流以湖泊沼泽为水源地。对于热带亚热带和温带地区河流而言，降水季节变化造成河流水量的季节性丰枯变化，大规模的降水会造成河道水位的快速涨落，并形成洪水。地下水补给与河流所在地区的降水量有一定关系，也与河流流经的地貌条件有关。黄土高原地区地表覆被松散，地下水系广泛发育，河床下切较深，因此地下水补给量较大；岩溶地貌区河流，地下水系丰富，地下水补给量是河道径流量主要来源。对于高山高原区的部分河流以湖泊沼泽作为河水补给来源，河流水量、流速和水质等均受到补给湖泊和沼泽条件的影响，流量变幅较小。冰川融雪也是河流的一种重要补给方式，补给量大小受气温影响很大。

（3）不同地貌条件河流的生态特征

部分河流流经岩溶地貌区，由于水流的侵蚀作用，加速岩溶地貌的发育，水流下渗形成丰富的地下水系；水体中的离子浓度高，喜碳酸钙物种广泛分布。流经黄土高原地貌区的河流，由于黄土颗粒粒径小且松散易于侵蚀和搬运，水流泥沙含量较高，造成水体透明度下降，细沙底质营养相对贫瘠，减少了底栖生物的生存空间，造成底栖生物多样性较低，进而影响整个河流生态系统的生物多样性。对于寒带河流，由于多年冻土层的存在，河流下切深度一般不大，较少出现峡谷型河流，河道底质多为碎屑物质组成，大小混杂缺乏分选，河滨带缺少大型维管束植物，苔藓类植物广泛发育。

（4）河道形态与生态特征

顺直型河流通常发育在河岸侧向侵蚀受限的区域，多为强制形态或暂存形态。弯曲型河流是最为常见和稳定的河型，断面形态多分布凸岸浅滩和凹岸弯顶处附近冲刷型深槽；浅滩为鱼类等水生生物提供觅食和产卵场所，而深潭多作为营养物质的储存区和鱼类庇护区。网状河流水量较为稳定；而游荡河流多呈现沙洲密布、流路散乱甚至多汊交错的状况，冲淤变化剧烈。

2.2 湖泊生态系统的组成、结构和功能

2.2.1 湖泊生态系统的定义

2.2.1.1 相关定义

湖泊生态系统是由湖盆及其承纳的水体、水中所含物质以及各种生物组成的综合系统。与河流生态系统类似，湖泊生态系统也是由生物和非生物环境两部分构成的统一整体。与河流生态系统不同的是，湖泊属于静水生态系统，其基本特征是水体流动性小或

为静水，因此底部沉积物通常大量堆积，在深水湖泊中，水体温度、溶解氧、营养盐等环境因子的分层现象明显。受此影响，湖泊生态系统通常拥有丰富的生物多样性，且不同生物群落存在着明显的分层与分带现象。在阳光能投射到的沿岸带浅水区，其生产者以有根的底栖植物或漂浮植物为主，随着水深的增加，通常依次为挺水植物带、漂叶植物带和沉水植物带，消费者主要为浮游生物和鱼类、两栖类及昆虫。在水面开阔的敞水带，生产者主要是硅藻、绿藻和蓝藻等浮游植物，消费者由浮游动物鱼类组成，其中鱼类为优势种群。在深水带，由于阳光难以透射，消费者主要从沿岸带和湖沼带获得食物，并且以生活在水和淤泥中间的细菌、真菌和无脊椎动物等物种为主，这些消费者都有在缺氧环境下生活的能力。

为了更加深入地了解湖泊生态系统，首先有必要界定湖泊的概念。实际上，在湖泊研究及相关实践过程中，产生了多种湖泊的定义（表 2 -2）。

表 2 -2　湖泊的定义

定义	出处
湖盆及其承纳的水体	《科普中国》
陆地上洼地积水形成的、水域比较宽广、换流缓慢的水体	《中国大百科全书 · 大气科学　海洋科学　水文科学卷》
陆地上相对封闭的洼地中蓄积的水体	《中国大百科全书 · 地理学卷》
湖泊是大陆封闭洼地的一种水体，并参与自然界的水分循环	《中华人民共和国资料手册》
陆地上比较宽阔的天然洼地中蓄积着停滞或缓慢流动的水体，称为湖泊	《地学辞典》
地表洼地积水形成的水面宽阔、流速缓慢的水体	《环境科学大辞典》
湖泊是湖盆、湖水、水中所含物质（矿物质、溶解质、有机质以及水生生物等）所组成的自然综合体，并参与自然界的物质和能量循环	《中国湖泊志》
湖泊是内陆地区具备一定规模的洼地及其中蓄积的缓慢流动或停滞的水体	《大不列颠百科全书》

由表 2 -2 可见，《中国大百科全书 · 大气科学　海洋科学　水文科学卷》《中国大百科全书 · 地理学卷》《中华人民共和国资料手册》《地学辞典》《环境科学大辞典》《大不列颠百科全书》中对湖泊的定义，均针对水体进行界定。《科普中国》则均指出了湖泊另一个重要构成要素——湖盆，但并未针对湖泊的其他构成要素，如水体中所含物质进行细致的描述，也未指出湖泊另一个重要特征，即参与自然界的物质和能量循环。

以上定义均从某个或某些侧面反映了湖泊的特征，不能完整、全面地概括湖泊区别于其他地表水体（如沼泽、池塘）的独特特征。相对而言，《中国湖泊志》中的定义更为准确。该定义指出了构成湖泊的两个最为关键的要素：湖盆和湖水，同时，指出了湖泊作为一个相对独立的生态系统，通过物质循环和能量流动而与周边环境产生相互作用的动态特征。该定义在一定程度上代表了我国湖泊学家对湖泊定义的主流认识。

2.2.1.2 湖泊的分类

(1) 湖盆

湖盆是指蓄纳湖水的地表洼地。根据湖盆的成因，湖泊可以分为构造湖、火山口湖、冰川湖、河成湖、岩溶湖、堰塞湖、风成湖、海成湖等不同类型。

① 构造湖

构造湖的湖盆是地壳运动（如断层、倾斜、折叠和翘曲等）产生的内力作用形成的构造盆地。通常情况下，地壳运动过程中会在地表产生一系列平行的地垒以及与山脉交替的细长盆地，这些地垒或盆地破坏了原有的排水系统，经过储水进而形成湖泊。构造湖一般具有鲜明的形态特征，即湖岸陡峭且沿构造线发育，湖水一般都很深。同时，还经常出现一串依构造线排列的构造湖群。

② 火山口湖

火山喷发后，喷火口内，因大量浮石被喷出来和挥发性物质的散失，引起颈部塌陷形成漏斗状洼地，火山休眠后，这些火山口就慢慢成为火山口湖的湖盆；随后，由于降雨、积雪融化或者地下水使火山口逐渐储存大量的水，从而形成火山湖。火山口湖形状多为圆形或椭圆形，湖岸陡峭，湖水通常都比较深。

③ 冰川湖

冰川湖的湖盆是由冰川和大陆冰盖挖蚀形成的岩石盆地和洼陷，以及冰碛物堵塞冰川槽谷而形成的。

④ 河成湖

由于河流摆动和改道而形成的湖泊。可分为三类：一是由于河流摆动，其天然堤堵塞支流而潴水成湖，如鄱阳湖、洞庭湖等；二是由于河流本身被外来泥沙壅塞，水流宣泄不畅，潴水成湖，如南四湖等；三是河流截弯取直后废弃的河段形成牛轭湖，如乌梁素海等。

⑤ 岩溶湖

岩溶湖也称为喀斯特湖，在岩溶地区，碳酸盐类地层很容易受到地表水和地下水的溶蚀，岩层经溶蚀后形成空洞，随着溶蚀越来越严重，空洞也越来越大，当溶洞难以承受地上植被与泥沙碎石的压力时，便发生崩塌而形成湖盆，而后逐渐积水、储水，进而形成岩溶湖。岩溶湖泊排列无一定方向，形状为圆形或椭圆形，有时也可呈长条形。岩溶湖一般面积不大，水深也较浅。

⑥ 堰塞湖

堰塞湖湖盆是由火山熔岩流、滑坡或由地震活动使山体岩石崩塌下来等原因引起山崩滑坡体等堵截山谷、河谷或河床而形成的积水盆地，水流被截断后，在新形成的湖盆中储积进而形成湖泊。

⑦ 风成湖

风成湖多形成于沙漠中，在风力的作用下，沙丘逐渐流动，形成沙丘链，沙丘链与沙丘链之间形成链间盆地或洼地，从而形成湖盆。如果湖盆低于浅水面，或因降水补给逐渐积水，便形成风成湖。风成湖由于缺少出口和入口，水体流动性通常很低，甚至为死水，湖水面积较小、水深较浅，通常是季节性出现。

⑧ 海成湖

海成湖又称为潟湖。由于海岸线经常受海浪的冲击、侵蚀，其形态不断发生变化，逐渐形成海湾，海湾口两旁往往由狭长的沙嘴组成，随着狭长的沙嘴越来越接近，海湾渐渐与海洋失去联系，从而形成潟湖。

（2）湖水

湖水是湖泊的重要组成部分之一。湖水中溶解了各种矿物质、营养盐和污染物。湖水含盐量不仅是划分湖泊类型的重要依据，也对湖泊生态系统的组成、结构和功能有重要影响。

2.2.2　湖泊生态系统的结构和功能

2.2.2.1　湖泊生态系统的物理结构

湖盆、湖水及水生生物共同构成了完整的湖泊生态系统，湖泊内的生物群落同其生存环境之间以及生物群落内不同种群生物之间不断进行着物质交换和能量流动，并处于相互作用和相互影响的动态平衡之中，从而形成了湖泊生态系统特有的组成、结构和特征。

（1）湖泊的物理特征

湖泊的基本物理特征主要包括湖盆的物理形态、光照强度、温度分布、水文循环特征、湖泊沉积等多个方面，其中湖盆形态特征是湖泊最基本的物理特征，并在很大程度上影响和制约着其他物理特征。

① 湖盆的物理形态

主要决定于湖盆成因和演化过程，通常采用面积、容积、长度、宽度、岸线长度、岸线发展系数、湖泊补给系数、湖泊岛屿率、最大深度、平均深度等来表征（表 2 -3）。

表 2 -3　湖泊的形态参数及其含义

参数名称	含义
面积	通常是指最高水位时的湖泊水面面积
容积	相应水位下湖盆储水的总体积
长度	沿湖面测定湖岸上相距最远两点之间的最短距离，根据湖泊形态可能是直线长度，也可能是折线长度
宽度	分最大宽度和平均宽度，前者是近似垂直于长度线方向的相对两岸间最大的距离，后者为面积除以长度
岸线长度	最高水位时的湖面边线长度
岸线发展系数	岸线长度与等于该湖面积的圆的周长的比值
湖泊补给系数	湖泊流域面积与湖泊面积的比值

续表

参数名称	含义
湖泊岛屿率	湖泊岛屿总面积与湖泊面积的比值
最大深度	最高水位与湖底最深点的垂直距离
平均深度	湖泊容积与相应的湖面积的比值

表2-3中的湖泊形态参数能够较为完整地描述湖盆的形态特征。一个典型的湖盆地貌中，沿着湖岸带至湖心的横向梯度，湖底高程逐渐降低，根据湖盆的这种特征，通常将其分为湖岸、湖岸带、岸边浅滩、水下斜坡、湖盆底等5部分，每个部分的光照强度、温度分布、水深、沉积物颗粒粒径等均有明显差异，表现为上述各要素在自水体表面至湖底的垂向梯度上的变化，并最终形成了湖泊内部水平向和垂向的高度异质性的复杂生境，并发育了与之对应的生物群落和种群类型。

② 光照强度

太阳光到达湖泊水体表面之后，由于受到水体及水中物质、水生生物的反射和吸收，随着水深的增加，光照强度会逐渐降低，直至消失，通常用光合有效辐射衰减系数表征。光照不仅控制着水体温度的垂向分布，也控制着湖泊光合自养生物如浮游植物、着生藻类、水生维管束植物等主要生产者的光合作用强度，而这些生产者不仅是支撑湖泊生态系统的基础，同时也是溶解氧的重要释放源（Kalff，2002）。

水下的光衰减由光在水体中的吸收效应和散射效应造成，光照强度随水深递减的速率依赖于湖泊中水体溶解的吸光物质（通常为流域内的植物腐烂分解后形成的有机碳复合物）以及由湖水中的悬浮物质（如来自流域的土壤颗粒、藻类和腐殖质）的浓度，当上述物质的浓度越大，湖泊水体透明度越低，光照强度随水深递减的速率越快，太阳光能够达到的深度也越浅。此外，浮游植物和附着藻类分别造成水体光衰减和叶片表面光衰减，从而影响到达沉水植物叶片的光照强度。随着富营养化的加剧，水体中的营养盐增多，藻类生产繁殖增加，加剧水下光的衰减，透明度减小。同时，沉水植物的自遮阴作用也会对水下光照强度造成衰减。在深水湖泊中，由于沿湖滨至湖心的水平梯度水深逐渐增加，太阳辐射强度也逐渐降低，在湖泊底部的某个位置，仅剩余1%的太阳辐射，由于当太阳辐射强度小于湖泊表面的1%时，水生维管束植物和着生藻类的净光合作用将变得十分微弱甚至为0，因此湖泊学家通常将该位置作为湖泊湖滨带与深水带的分界线。在深水带，由于太阳辐射强度低，水生维管束植物和着生藻类不能生存，通常仅出现浮游植物。而在湖滨带，三类生产者均可出现（Wetzel，2001）。

当湖盆的大小和形状一定的情况下，湖滨带的宽度主要依赖于水体的透明度和湖盆的地形坡度，在贫营养湖泊中，由于营养物质浓度低，浮游植物的生物量小，湖滨带可延伸至水深4~20m，甚至更大；在中度营养湖泊中，仅1%太阳辐射能够到达2~4m的深度，而在富营养湖泊中，这一深度仅为0.1~2m。湖泊水体透明度的剧烈变化多是由人类活动引起的，这些人类活动通常与流域尺度的土地利用变化有关（Kalff，2002；Wetzel，2001）。

③ 温度分布

湖水因吸收太阳能而获得热量，通过水面蒸发、水面有效辐射以及水面与大气的对流热交换等失去热量。湖泊水相对运动较小，它受气温变化的影响较为显著。一方面，气温的变化改变了湖泊温度场分布，使其出现温度衰减现象；另一方面，湖泊水温的变化改变了湖泊生态系统（Justin，2009）。水体密度主要受控于温度、盐度以及压力，对于较浅湖泊而言，压力影响可以忽略，因此，淡水湖湖水密度主要受温度控制，在 4℃时纯水密度最大，当水温高于或低于 4℃时，水体密度变小。由于水体密度具有随温度而变化的特征，在温带、亚热带地区，当湖泊深度足够使湖泊垂向温度分布出现差异时，湖水将出现分层现象，并随季节变化而变化。

冬季，湖泊表面水体温度较低，而湖底水体的温度通常接近 4℃，从而出现分层现象；春季，由于太阳辐射增强，气温升高，湖体表层湖冰融化，水体温度升高，密度也随之增大，当表层水体密度与底层水体密度接近一致时，只需要很小的扰动即可使上下层水体混合，湖泊垂向温度分布趋于一致；夏季，随着气温的持续增加，表层水温继续上升，密度也随之降低，继而又出现分层现象，通常将其分为表水层（epilimnion）、变温层（metalimnion）和均温层（hypolimnion）；秋季，太阳辐射强度减弱，气温下降，湖泊表层水体温度降低，表水层水体密度与均温层水体密度差异逐渐减小并最终区域一致，同春季类似，只需要强度很小的风力扰动，即可使整个湖泊水体混合。湖水混合对湖泊水文特性和水生生物的生长均具有重要意义，是温带、亚热带地区深水湖泊的重要物理特征之一（Reynolds，2006；Hudson，et al.，2000；Huisman，et al.，1999）。总体而言，湖水的翻转与分层主要受上下层湖水密度差异和风力作用影响，而水体密度差异又是控制湖水垂直运动的主要因素（Dietz，et al.，2012）。

④ 水文循环特征

湖泊的水文循环特征是湖泊的重要物理特征之一，由于湖泊直接与大气水、地表水和地下水产生相互作用，因此，湖泊水文循环过程同时受到湖泊所处地区的地形地貌和气候条件控制，其中地形地貌主要通过控制地表水汇集和地下水运动，进而决定湖泊的集水方式和过程；而气候条件则直接反映在大气水汽含量、降水和蒸发等湖泊水文循环要素过程中（Sullivan & Reynolds，2003；Wetzel，2001）。

从水文循环的角度考虑，天然情况下，湖泊水量的输入项主要包括以下四个方面：一是降水，二是河水入流，三是地下水渗漏补给，四是冰雪融水补给。湖水输出项主要包括以下三个方面：一是蒸散发，二是河水出流，三是地下水出流（渗漏）。对于某一具体的湖泊而言，其水量往往来源于上述 4 种输入项之中的两种及两种以上的组合，水量的消耗同样也包含 3 种输出项中的两种以上的组合。

通常情况下，对于一个稳定的湖泊而言，其多年平均水量输入与水量输出应相等，因此有：

$$P + R_{in} + G_{in} + S = ET + R_{out} + G_{out} \qquad (2-1)$$

式中：P 为降水量；R_{in}、R_{out} 分别为河水入流量和河水出流量；G_{in}、G_{out} 分别为地下水入流量和地下水出流量；S 为冰雪融水量；ET 为蒸散发量。

式（2－1）即为湖泊水量平衡方程的通用形式，由于湖泊水收支过程是湖泊水沙过程、水化学过程和水生态过程的基础，因此该表达式也能用于描述湖泊的某些基本特征与演化趋势，例如湖泊的集水形式，湖水的理化性质（若 R_{out} 为 0 则可初步判断为咸水湖），湖泊的扩张或萎缩趋势等。

2.2.2.2　湖泊的化学特征

湖泊中的化学特征主要表现在湖泊天然化学组分、溶解氧和营养物质三个方面。

（1）湖泊天然化学组分

湖泊的天然化学组分具体是指湖水中所含的各类离子的总和，这些化学物质主要来自流域土壤、大气及底泥，湖水的化学组分是湖泊所在区域气候与流域土壤地质综合作用的结果。湖泊水体中的化学离子被视为天然的“示踪剂”，能够反映湖泊水循环过程、流域水岩作用以及湖泊演化历史（周嘉欣等，2014）。人类活动可对湖水的化学组分产生极为深远的影响，例如：毁林毁草开荒使得自然植被破坏、土壤裸露，导致土壤侵蚀和化学淋滤作用增强；农业中化肥、农药的使用及工业、生活中的污水排放使得大量污染物质随河流进入湖泊；化石燃料的大量使用增加了大气中 SO_2 的含量，并随降水进入湖泊水体。

目前，我国湖泊水化学特征的研究大多集中在长江中下游湖泊群、西南岩溶湖、青藏高原湖区和新疆湖区，研究成果较多（胡春华等，2011；白占国等，1998；侯韶华等，2009）。在湖水化学指标方面，通常采用总溶解性固体（TDS）、主要离子（如 K^+、Ca^{2+}、Na^+、Cl^-、SO_4^{2-}、HCO_3^-）质量浓度等指标表征湖泊水化学特征。其中，总溶解性固体一般以溶解于水中的主要离子总量表示，受降水量、蒸发量、流域岩石成分等因素影响。

（2）溶解氧

水体中溶解氧（DO）是指溶解在水中的分子态氧，通常用每升水中氧气的毫克数表示。水体中溶解氧的多少是衡量水体自净能力的一个生化指标，Hutchinson 曾指出：“比起其他任何化学参数，娴熟的湖泊学家能从溶解氧数据中更多地了解到湖泊特性。”它跟空气里的氧的分压、大气压以及水温、水质有着密切的关系，在 20℃、100kPa 下，纯水里饱和溶解氧应为 9.08mg/L。清洁的地表水中所含的溶解氧常接近饱和状态，但在水体中含有大量藻类的水质呈富营养化的静水或流速小于 0.3m/s 的水体中，水体中 DO 又和水体中藻类微生物以及光照长度和强度密切相关。

天然水体中溶解氧含量受两种作用影响：一种是使 DO 下降的耗氧作用，包括好氧有机物降解的耗氧、生物呼吸耗氧等；另一种是使 DO 增加的复氧作用，主要有空气中氧的溶解，水生植物光合作用释放的氧等，这两种作用的相互消长，使得水体中的溶解氧处于一种非稳定状态。

水体中溶解氧的测定对于了解水体的生态作用有着十分重要的意义，水体中溶解氧降到 lmg/L 时与此相关鱼类就会因呼吸困难而浮头；当溶解氧低于 0.5mg/L 时，鱼虾类生物就会窒息而死亡，因此水中的溶解氧是水生动植物生存及生长的重要限制因素。

湖泊中的光合自养型生物的光合作用往往在春、秋季时达到顶峰，相应地，氧气的释放量在这两个时段也最高；此外，夏季时温带气候区内的湖泊通常会产生热力分层现象。基于以上两个原因，湖水中的溶解氧会呈现出某些典型特征，在春、秋两季贫营养湖与富营养湖沿水深梯度均呈现出混合状态，温度与溶解氧含量均无变化。在夏季形成热力分层后，在贫营养湖中，沿水深梯度溶解氧呈增加趋势；而在富营养湖中沿水深梯度溶解氧则呈下降趋势（Wetzel，2001）。

（3）营养物质

湖泊水体中的营养物质主要为 N、P 等营养盐，按其来源可以分为外源和内源。其中外源氮、磷污染主要是指来自于某水体以外的氮磷污染，包括上游来水、地表径流、沿途排水、降雨降尘等；内源氮、磷污染主要是指水体自身底泥等沉积物经厌氧分解释放进入水中的氮、磷。以安徽巢湖为例，分析 1986—1995 年巢湖流域各环境保护监测站水质监测数据发现，流入到巢湖的氮磷营养性污染物中，来源于地表径流、水土流失等外源污染的氮占 69.54%，磷占 51.71%。一般认为外源污染是引起水体富营养化和蓝藻水华的主要原因，而在一些研究中，在控制外源污染的情况下，内源氮磷污染也可以是湖泊蓝藻水华暴发的关键因素。

水生生物一方面受到湖泊水化学成分的影响，另一方面，通过自身的新陈代谢影响湖泊的水化学成分。如浮游植物从湖水中汲取营养物质，而浮游动物和虑食性鱼类则通过控制和影响浮游植物的生物量而对湖水化学成分产生影响，此外，当浮游植物死亡后，营养物质将在湖泊内进行重新分配，并从湖泊表面逐渐转移到湖底后分解。

与溶解氧不同，湖泊中重要的营养物质，如有效磷与有效氮含量在春季湖水混合期间将增加；夏季，在分层湖泊的表水层中，由于藻类的吸收及下沉，表层水体中有效磷和有效氮的浓度将降低，在此期间，外源营养物质的输入往往会导致藻类暴发，这些外源营养物质可能来自湖泊上游支流，也可能来自风力扰动导致的湖泊均温层中的营养物质再悬浮。

流域尺度上的高强度人类活动，尤其是大规模的农业开发以及城镇工业、生活污水的大量排放往往导致湖泊的富营养化问题，给湖泊生态系统组成、结构和功能造成不可逆的负面影响。

2.2.3 湖泊分区与生态特征

湖泊的物理结构特征与气候条件决定了光照强度、水体温度、水体盐度、溶解氧及营养物质在湖泊内部分布的高度异质性特征，进而决定了湖泊生物类群的水平向和垂向的空间分布特征。

2.2.3.1 水平分区

在水平方向上，沿湖滨至湖心水深逐渐增加，太阳辐射强度随之逐渐减弱，当能够到达湖底的太阳辐射衰减为湖面的1%以下时，光合自养型生物的光合作用将停止，因此通常将该位置作为湖泊湖滨带与浮游带的分界线（图2-4）。在湖滨带，浮游植物、水生维管束植物均可生存，从而形成了复杂的生境，为浮游动物、底栖动物、鱼类、水鸟等提供高质量的生境和丰富的食物，因而湖滨带是湖泊生态系统中最富生物多样性的区域（Likens，2010）。

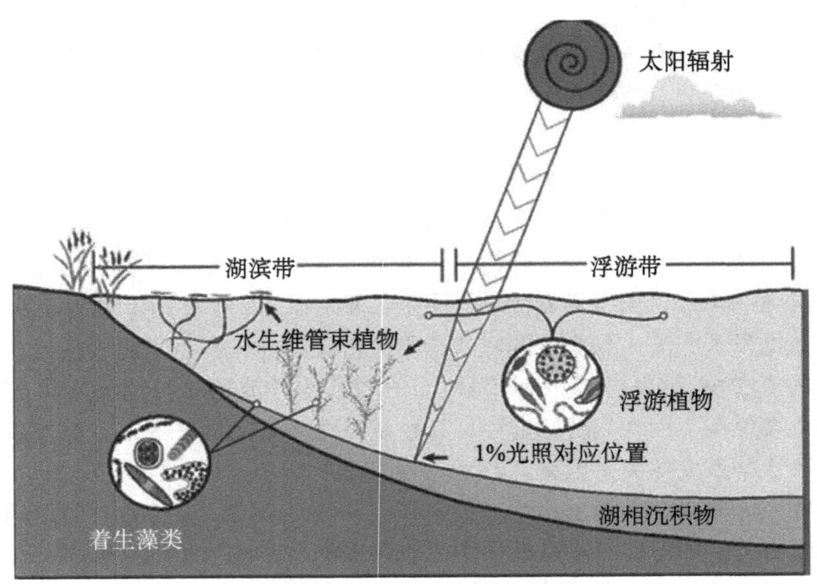

图2-4　湖泊水平生态分区示意图（改自Likens，2010）

2.2.3.2　垂向分区：水体、底栖生物带、湖相沉积带

在垂向，自上而下可以将湖泊划分为水体、底栖生物带和湖相沉积带。其中水体的分布范围覆盖了湖滨带和浮游带，风生流能够使湖滨带和浮游带的水体及其中溶解和悬浮的营养物质、氧气相互交换，因此，仅在风生流作用较弱的区域才能导致两个区域水体中的物理、化学成分出现差异。

底栖生物带位于水体与湖相沉积带的交界面，通常厚度只有20cm，但在有氧环境下，底栖生物带通常是底栖动物类群分布最丰富的区域，其中某些物种对维系整个湖泊生态系统具有至关重要的作用。

湖相沉积物主要包括泥沙和有机物两种物质，两种沉积物均产自湖泊所在的流域。泥沙主要由无机矿物构成，多产自湖泊集水区内的岩石碎屑和土壤，湖泊水文特征及其集水区范围内的气象条件、地形地貌、土壤类型、人类活动等对泥沙沉积均具有重要的影响。对于通河湖泊，尤其是对于连河湖与河口湖而言，位于湖泊上、中游的河流的侵蚀作用对下游湖泊的泥沙沉积过程起着支配作用，因而在很大程度上决定着湖泊的演化进程，流域尺度上的不合理人类活动，如陡坡开荒、以耕代林代草均会加剧坡面的土壤侵蚀，最终加速湖泊的消亡。

湖相沉积物中的有机物主要来自动物粪便排泄物、腐殖质和动物残骸等，这些有机物是湖泊底层藻类、原生动物、底栖动物和脊椎动物的重要食物来源。但只有当湖泊沉积层中含有足够的氧气供上述各类真核生物呼吸时，它们才能够生存繁衍。通常情况下，当湖泊均温层的水体含有氧气时，湖泊沉积物的表面很薄的一层通常也是有氧环境，由于好氧生物的有氧呼吸作用，随着深度的增加，沉积物中的氧气浓度会迅速降低，但由于底栖动物会将表层氧气通过小型的孔洞输送到深层沉积物中，因此深层湖泊沉积物中氧气含量仍可保持在一定浓度（如表层含量的 50%），输送的深度通常可达 10～20cm，该深度以下的沉积物中通常不再含有氧气，仅能供厌氧型生物生存。当湖泊均温层的水体不含氧气时，湖泊沉积物表层及以下均为无氧环境，因此自表层及以下仅能供厌氧型生物生存（Likens，2010）。湖泊垂向生态分区示意图如图 2－5 所示。

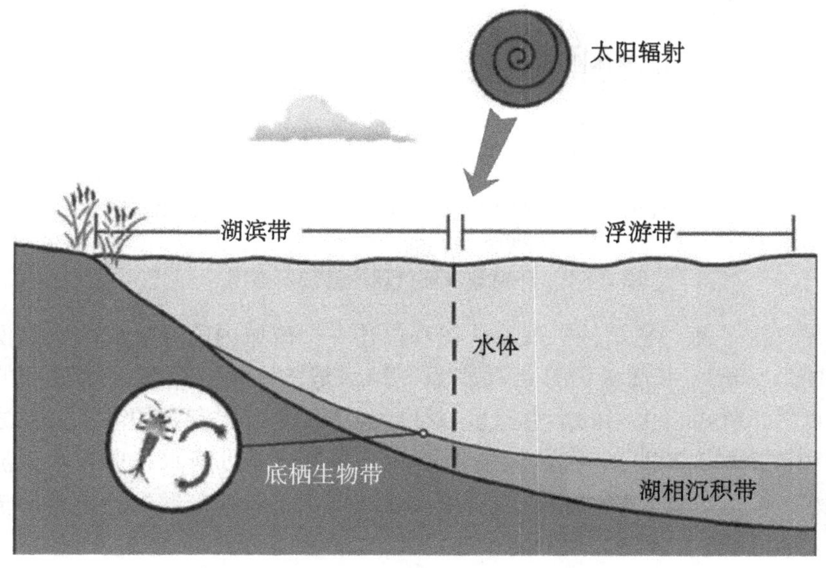

图 2－5　湖泊垂向生态分区示意图（改自 Likens，2010）

2.3　相关基础理论

河湖健康评价涉及河湖的物理结构完整性、水文完整性、化学完整性、生物完整性、社会服务功能完整性等多个方面，各个方面都有相应的理论支撑（图 2－6）。

2.3.1　水量平衡理论

水量平衡理论是水文科学的基本理论之一。在流域/区域尺度上，水量平衡理论通常包含三个方面的含义：第一是降水径流平衡，即降水量与蒸发量、径流量的平衡，即流域/区域尺度上总的水量平衡关系，也是水文循环意义上的水量平衡；第二是水资源

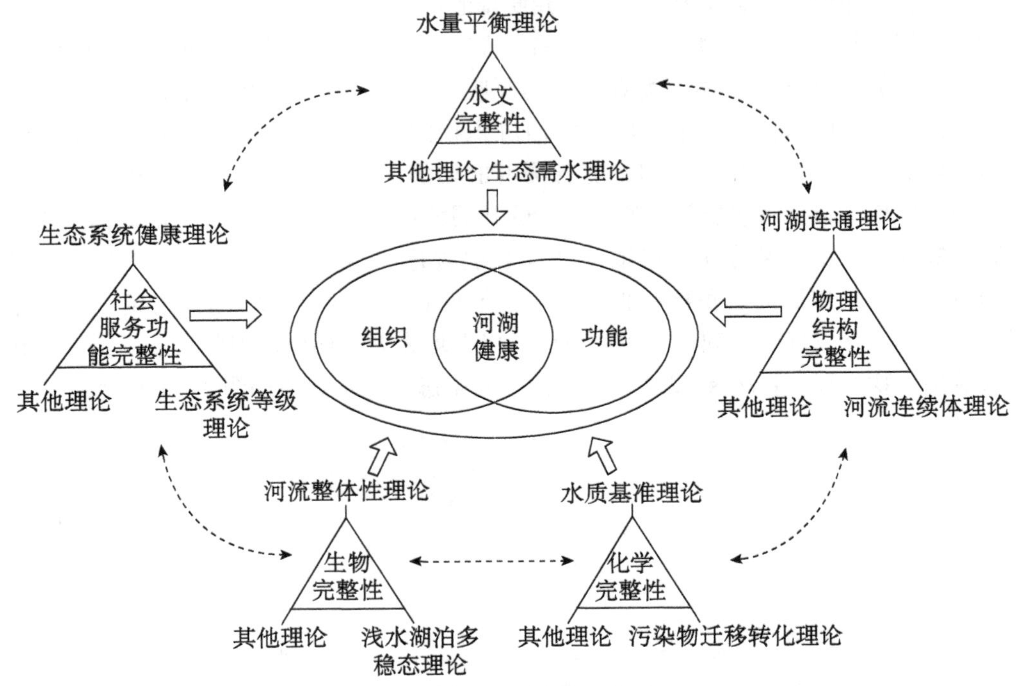

图 2－6　河湖健康评价理论基础示意图

的供、用、耗、排平衡，它是从机理上认识和描述一个流域内已经形成的水资源量收支平衡关系，即来水量（水资源量）与耗水量、排水量的平衡；第三是水资源的供需平衡关系，即自然条件可以供给的水资源量与社会经济环境对水资源的需求关系之间的平衡（张士峰和贾绍凤，2003）。在自然条件下，河湖主要通过降水、地表水入流、冰雪融水、地下水入流等方式集蓄水量；水量损失途径则主要包括蒸散发、地表出流、地下水出流、人工取水等。

充足的水量供给是维系河湖健康的基本条件之一。对于健康的河湖而言，应具备水文完整性，即能够进行其正常的水文循环，而且能够维持其自身的水量平衡。具体而言，对于一个健康的河流，在不同的水文年，尽管同一断面的径流量存在一定差异，但丰水年、平水年、枯水年对应的径流量应能够维持相对稳定，无明显的径流量衰减、流速减缓或水位下降现象；一个健康的湖泊，其多年平均水量输入与水量输出应相等，无明显的水位下降、面积萎缩现象。作为水文科学最基本的理论之一，水量平衡理论为生态需水理论等奠定了基础，也为河湖健康评价过程中水文水资源属性层指标的筛选提供了支撑。

2.3.2　生态需水理论

通常，生态需水可理解为在特定的生态目标下，维持特定时空范围内的生态系统水分平衡所需要的总水量。维持生态系统水分平衡所需用的水分一般包括维持水热平衡、水沙平衡、水盐平衡等方面的内容。生态系统作为一个有机体，具有一定的自我调节功能。因此，维持生态系统健康所需的水分不是在一个特定的点上，而是在一定范围内变化的，变化的范围就构成了生态系统水分需求的阈值区间。

通常情况下，将用以维持生态系统物质、能量输入输出平衡的最小水分状况称为最小生态需水量。随着水量条件进一步得到满足并达到最佳生态需水量时，生态系统的生产潜力将得以最大限度的发挥。当水分条件超过生态需水的上界，过多的水分条件可能反过来抑制生态系统的健康发展。因此，实现生态目标，保护生态系统，必须综合考虑生态需水的阈值，以根据实际情况加以控制和调整。对于河流这类流水生态系统来说，流量、流速等水文指标是系统组成、结构和功能等状况的决定性因子，因此，在讨论河流生态系统的健康状况时，通常需要对生态流量进行描述和刻画；对于湖泊这类静水生态系统来说，水位及其波动过程则是系统的决定性因子，因此，通常对生态水位进行描述和刻画。可见，生态需水理论为河湖生态系统保护与修复以及健康评价指标选取奠定了基础。

2.3.3　河湖水系连通理论

河流和湖泊是构成水系的两个最基本的水体要素，水库、沼泽也可以看作某种形式上的湖泊。“脉络相通”便是水系的连通性。水系连通性包含两个基本要素：① 要有能满足一定需求的保持流动的水流。② 要有水流的连接通道。判断连通性的好坏也取决于两个条件：首先，水流在满足一定需求的情况下的连续性；其次，连接通道是否保持畅通。实际上，河流是构成水系的主体，水系完全可以只由大大小小的河流构成。湖泊是水系中的“连接器”“转换器”和“蓄水器”，水库也是一种人工湖泊。水系的连通性是天然存在的，否则不成为水系。通过自然与人工手段，包括修建人工河渠、水库、闸坝等，调整水系中河与河、河与湖（湿地）、湖与湖等之间的连通关系，有效地保证水系连通性，增加水系应对环境变化的适应能力，从而维持水系长期、稳定、健康存在，源源不断地为经济社会发展提供清洁的淡水资源。

水系连通性本质上是受流域/区域水循环背景条件和过程影响，由水系的结构形式（如树枝状水系、网状水系等）和水系特征参数（如河网密度、湖泊率等）所决定。例如，南方平原河网区湖泊密布、河流纵横交错的水系，其连通性自然要好于北方缺水地区频频干枯断流的水系。这也是水循环下垫面因素和长期区域气候因素综合影响的结果（傅伯杰，2014）。

维持水系连通性实质上就是要保持河流水体的流动性和连续性，发挥湖泊水体的调蓄能力和生态效益，实现河湖健康与河流水体可持续开发利用，实现河湖的长久健康稳定存在，达到良性水循环的综合目标。

2.3.4　河流连续体理论

河流连续体概念（River Continuum Concept）强调河流生态系统的结构、功能与流域的统一性，认为从河流源头到下游，河流系统内不仅具有宽度、深度、流速、流量、水温等物理变量的空间连续变化特征，生态系统中的生物学过程与物理体系的能量耗散模式保持一致，生物群落的结构和功能也会沿河流纵向发生有机物数量和时空分布变化（Sedell，et al.，1989）。该概念首次描述了河流不同河段的结构和功能，由于源头、中游、下游河段的非生命环境系统特征的差异，有机物质的分配以及不同能量级别生物链上的生物的分布及组成也不同。RCC 概念是对河流生态学理论的一大发展，使得对河流系统的特征及变化进行预测成为可能。

在河流连续体（RCC）概念的基础上，河流生态系统可描述为四维系统，即具有纵向、横向、竖向和时间尺度的生态系统。① 纵向：河流是一个线性系统，从河源到河口均发生物理、化学和生物变化。生物物种和群落随上中下游河道物理条件的连续变化而不断地进行调整和适应。② 横向：指河流与河滩、湿地、死水区、河汊等周围区域的横向流通性。堤防、硬质护岸等妨碍了水流、营养物质、泥沙等的横向扩展，形成了一种侧向的非连续性，使岸边地带和洪泛区的栖息地特性发生改变，有可能导致河流周围区域的生态功能退化。③ 竖向：与河流发生相互作用的垂直范围不仅包括地下水对河流水文要素和化学成分的影响，而且还包括生活在下层土壤中的有机体与河流的相互作用。人类活动的影响主要是不透水材料衬砌的负面作用，如不透水的混凝土或浆砌块石材料作为护坡材料或河床底部材料，基本割断了地表水与地下水间的通道，也割断了物质流。④ 时间：河流生态系统的演进是一个动态过程，河流生态系统是随着降雨、水文变化及潮流等条件在时间与空间中扩展或收缩的动态系统。水域生境的易变性、流动性和随机性表现为流量、水位和水量的水文周期变化和随机变化，也表现为河流淤积与河流形态的变化，泥沙淤积与侵蚀的交替变化造成河势的摆动等。

河流系统不仅是个上中下游的连续体，也在横向、竖向上与河漫滩、河床等发生联系，同时随着时间发生动态演变。在进行河流健康评价过程中，有必要充分认识河流的这些基本特性、联系规律和变化特征等，从而促进对河流生态系统的理解，促进河流可持续管理。

在进行河流健康评价时，一方面要充分尊重河流的自然属性，分析河流上、中、下游不同位置的自然流量、水质、物种、基质等方面的特征，同时，要充分认识河流上、中、下游所处的流域环境，按河流自身的演变规律和所处环境开展河流健康评价，按河流自身的客观规律和状态选取评价指标，避免采用同一指标和同一标准对不同的河流进行健康评价。

2.3.5 水质基准理论

水质基准是指一定自然特征下，水质成分对特定保护对象不产生有害影响的最大可接受浓度水平或限度。事实上，水质基准不是单一的浓度或者剂量，而是一个基于不同保护对象的范围值。目前国外一些发达国家的水质基准研究工作已经开展了几十年，并且形成了较为系统的水质基准研究体系。而我国的水质基准研究近几年才刚刚开始。水质基准涉及的水体污染物包括重金属、非金属无机污染物、有机污染物以及一些水质参数，如 pH 值、色度、浊度和大肠菌数量等。“水质基准”与“水质标准”是两个不同范畴的概念，二者之间又有密切的关系。水质基准是一个自然科学的概念，是基于科学实验和推论获取的客观结果，基准资料的正确获取需要持续较长时间做大量细致的研究工作，但由于研究介质和对象的可变性，以及研究方法的差异性，其结果也往往具有不确定性。水质标准是由国家（或地方政府）制定的关于水体中污染物容许含量的强制性管理限值或限度，具有法律强制性。水质标准是环境规划、环境管理的法律依据，体现了国家或地区的环境保护政策和要求。

基于保护对象的不同，水质基准主要分为保护水生生物水质基准和保护人体健康水质基准，两者在理论和方法学上也是有差异的。其中，水生生物水质基准是指水环境中的污染物对水生生物不产生长期和短期不良或有害效应的最大允许浓度。国际上两类具有代表性的水质基准体系分别是美国和欧盟的水质基准体系。美国的水质基准指南采用的是毒性百分数排序法，是双值基准体系。欧盟通过推导预测的无效应浓度来最终确定水质基准。水质基准理论为水质、水生态指标筛选及评价标准的确定奠定了理论基础。

2.3.6　水体中污染物的迁移转化理论

污染物的迁移转化是指污染物在环境中发生空间位置变化并由此引起污染物在化学、生物或物理等作用下改变形态或转变成另一种物质的过程。迁移和转化是两个不同而又相互联系的过程，两者往往是伴随进行的。对于河湖水体而言，其中的主要污染物可分为无机无毒物（如无机盐、氮磷等）、无机有毒物（如重金属、氰化物等）、有机无毒物（如易降解有机物、蛋白质等）、有机有毒物（如农药等）四大类。上述各类污染物的迁移形式包括机械迁移、物理化学迁移和生物迁移等，转化形式主要有氧化还原、络合水解和生物降解等方式。

污染物排入河流后，在随河水往下游流动的过程中受到稀释、扩散和降解等作用，浓度逐步减小。污染物在河流中的扩散和分解受到河流的流量、流速、水深等因素的影响。大河和小河的纳污能力差别很大。湖泊、水库的贮水量大，但水流一般比较慢，对污染物的稀释、扩散能力较弱，污染物不能很快地和湖、库的水混合，易在局部形成污染。当湖泊和水库的平均水深超过一定深度时，由于水温变化使湖（库）水产生温度分层，当季节变化时易出现翻湖（库）现象，即湖（库）底的污泥翻上水面。

河湖中污染物的进入及迁移转化在很大程度上影响着河湖水质，而河湖水质与河湖系统的健康状况息息相关。河湖水体中污染物的迁移转化规律为水质指标的筛选奠定了基础。

2.3.7　河流整体性理论

生态系统是指在一定空间范围内，由生物群落与其环境所组成，具有一定格局，借助于功能流（物种流、能量流、物质流、信息流和价值流）形成的统一整体。生态系统具有以下特点：① 生态系统是客观存在的实体，有时间、空间的概念；② 生态系统是以生物为主体，由生物和非生物成分组成的一个整体；③ 生态系统处于动态之中，其过程就是系统的行为，体现了生态系统的多种功能；④ 生态系统对变动（干扰）——无论来自系统内部还是外界，都具有一定的适应和调控能力。

河流生态系统是生态系统的重要类型之一，具有生态系统的基本特征。河流生态系统是复杂的生态系统，其生物成分包括底栖动物、浮游植物、浮游动物、鱼类等，非生物因素包括气候条件、水文条件、地形条件、水环境条件等方面，生物成分和非生物成分相互影响，相互作用。河流生态系统从源头延伸到河口，包括河岸带、河道和河岸相关的地下水、洪泛区、湿地、河口以及依靠淡水输入的近海环境等。一个完整的、健康的河流生态系统，不仅包括水体子系统，还应该包括影响水体的水陆缓冲带子系统和陆域子系统，三者通过水文循环作用构成了一个不可分割的统一的整体（Habersack，2000）。

在对河流的研究过程中，20 世纪 80 年代前的研究着重强调河流的水质或生物等单因素方面，很少以生态系统的整体性为理念开展研究。20 世纪 90 年代后，无论是对河流生态需水的研究，还是对河流保护和修复的研究，都开始关注河流的整体性结构和功能。因此，在进行河流健康研究时，应以河流整体性理论为指导，在系统水平上进行研究，把河流水体、岸带和陆域作为统一的整体加以考虑。不仅要选择河流的水文指标，也应该考虑河岸带植被对河流健康的影响，选择能够反映河岸带健康的指标。

2.3.8 浅水湖泊多稳态理论

浅水湖泊是指夏季不分层并在健康状态下能够大面积生长水生植物的湖泊。与深水湖泊不同的是，其上下层水体经常混合，泥水界面相互作用强烈，水生植物对湖泊功能存在非常大的影响。

在完全相同的环境条件（气候、水文、外源营养负荷等）下，一个浅水湖泊可能处在某一状态，也可能处在与之完全不同的另一状态，这就是浅水湖泊生态系统的多稳态现象（Barrett，1997；李文朝，1997）。浅水湖泊通常有两种稳定状态：① 清水稳态：湖泊沉水植物覆盖率高，水质清澈；② 浊水稳态：沉水植物覆盖率低甚至消失，浮游植物占优势，水质混浊甚至夏季有蓝藻水华暴发。

两种类型都是相对稳定的，符合生态系统抵抗变化和保持平衡状态的“稳态”特性。在一定的营养水平下，沉水植物的有无决定稳态类型，这种现象可以用图 2－7 的形式直观描述。从图 2－7 可以看出，当清水稳态向浊水稳态转换时，营养盐浓度由低增高，到临界浓度点时，水中浊度增加，沉水植物迅速减少，该临界点为“灾变点”。当浊水稳态向清水稳态转换时，营养盐浓度由高降低，到临界浓度点时，浮游植物浓度降低，沉水植物开始增加，该临界点为“恢复点”。灾变点与恢复点是两个分离的点，在灾变点浓度与恢复点浓度之间存在着清水稳态与浊水稳态两种可选择的状态（秦伯强等，2013）。

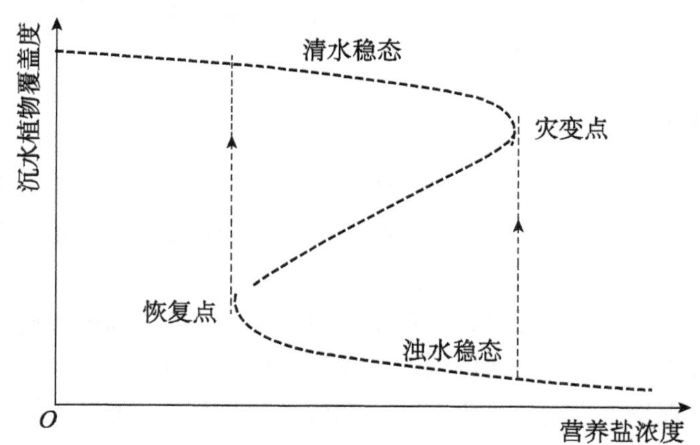

图 2-7　湖泊清水稳态与浊水稳态的转化关系（改自秦伯强，2013）

无论是沉水植物占优势的清水稳态还是浮游植物占优势的浊水稳态都具有一定的稳定性，对于环境干扰所带来的影响和破坏都有一种自我调节、自我修复和自我延续的能力。两种稳态都可以忍受一定程度的外界压力，并通过自我调节机制恢复其相对平衡，超出该限度，生态系统的自我调节机制就降低或消失，稳态遭到破坏，这种限度就称为“稳态阈值”或“稳态极限”。湖泊多稳态理论给制定评价指标的分级标准提供了理论依据。

2.3.9　生态系统健康理论

生态系统健康是指系统内的物质循环和能量流动未受到损害，关键生态组分和有机组织被保存完整且无疾病，对长期或突发的自然或人为扰动能保持弹性和稳定性，整体功能表现出多样性、复杂性和活力。作为典型的自然-经济-社会复合系统，河湖的健康是其可持续性的保障。河湖生态系统要持久地维持或支持其内在的组分、组织结构和功能动态健康及其进化发展，必须要实现其生态合理性、经济有效性和社会可接受性，从而有助于实现流域或区域的可持续发展。因此，不仅要将生态、经济、社会三要素进行整合，而且还需要考虑不同保护目标和管理条件下导致的河湖生态过程、经济结构、社会组成的动态变化，以利于维持河湖系统的持续性。

生态系统健康评价指标是指用来推断或解释该生态系统其他属性的相应变量或组成，并提供生态系统或其组分的综合特性或概况。最典型的是单一的生态系统指标可以用来推断几个属性，对于任何一个基于生态系统的有效管理和评价计划，生态系统健康评价指标的数量尽可能减少到一个可以控制和操作的水平上是最重要的。确定生态系统指标的目的是为了提供一个简便方法，以精确地反映生态系统的结构和功能，辨识已发生或可能发生的各种变化，特别是具有早期预警功能和诊断性的指标最有价值。理论上讲，生态系统如此复杂，单一的观测或指标不能够准确地概括这种复杂性，需要不同类型的观测和评价要素。实践上，需要通过增加观测和指标数量来增加获取信息的可能性。因此，构建既具有科学性又具有可操作性的评价指标体系，是生态系统健康评价的核心问题。

2.3.10 生态系统等级理论

生态系统等级理论认为任何生态系统皆属于一定的等级，并具有一定的时间和空间尺度（scale）（董哲仁等，2013）。对于河湖等水生态系统，等级理论能够解释存在于某一尺度内的不同组分是如何与另一尺度的其他组分发生联系的。由于在探究多时空尺度下的格局和过程、理解和预测复杂生态系统的结构和功能方面的优越性，其在景观生态学中的重要性逐渐受到越来越多的关注，成为解释尺度效应和构建多尺度模型的重要依据。尤其是等级理论大大增加了生态学研究的“尺度感”，为深入认识和理解尺度的重要性以及发展多尺度景观研究方法起到了显著的促进作用。

生态系统等级理论可用于河流分级，基于等级理论可建立扰动和恢复的连续性生态敏感区，将不同空间尺度的河流系统分为流域、河流、河区、河段、生态区和微生态区等。由于研究对象具有较为明显的等级性和尺度性优势，河流健康评价应强调等级和尺度概念，把握流域的等级系统及不同等级系统之间的关系（Sedell et al.，1989）。

生态系统等级理论表明，河段的健康评价指标在流域或河流尺度上可能失效，反之亦然，因此选择河流健康评价指标时，要充分考虑和分析评价指标的内涵以及面向的对象。

第 3 章　河流健康评价指标体系及评价方法

本章将进一步探讨河流健康的内涵，从系统的角度出发，分析河流健康的影响因素，构建河流健康评价指标体系，在已有相关研究成果的基础上，提出评价指标的定义与计算方法，确定评价标准。

3.1　河流健康概念的内涵

基于国内外对河流健康定义的理解，结合我国河流健康评价的实践需求及河流健康保障工作现状，在已有成果的基础上，提出我们对于河流健康的理解。所谓健康的河流是指在一定程度的人类活动干扰下，河流生态系统具有恢复力和活力，能够保持系统组分间的动态平衡和结构稳定，能够可持续地发挥其生态功能，并能够满足人类社会合理需求的状态。

3.2　河流健康评价指标筛选的原则和方法

3.2.1　指标筛选原则

河流生态系统是由河流内生物群落及其生态环境共同组成的动态平衡系统。河流内的生物群落同其生存环境之间以及生物群落内不同种群生物之间不断进行着物质交换和能量流动，并处于互相作用和互相影响的动态平衡之中。河流健康评价指标体系的构建，应充分反映河流所处地理位置、河流生态系统的结构和功能等特征，须满足以下原则：

（1）科学性。指标概念必须明确，具有一定的科学内涵，能客观反映河流的物理、化学、生态状况的基本特征，并能较好地度量人类活动对河流生态环境的影响程度，科学地反映河流健康的总体水平，即选取的指标能够科学客观地反映河流真实现状。

（2）代表性。指标的选择必须在充分研究指标体系与评价目标之间关系的基础上，选取信息量大、综合性强，具有较多应用，能代表河流生态系统状况，并被证明适应性较好的指标。

（3）独立性。选择的指标之间要求具有独立性，避免指标之间的冗余，以便提高评价的准确性和科学性。

（4）简明和可操作性。所选指标应概念明确，易于理解，不仅要简单明了，而且评价数据和资料要易于获取，指标应便于采集、测定、计算和分析。

3.2.2 指标筛选方法

指标体系是河流健康评价的基础，指标体系的科学性、合理性和有效性，直接决定了河流健康评价结果的可信度（陈歆等，2019）。由于河流类型、功能及评价尺度等方面的差异，在构建评价指标体系时，能否找到最基本的、易于理解和观测的、可操作性强的关键指标来体现河流健康的总体状况，是河流健康评价的关键。

根据上述河流健康评价指标的筛选原则，结合我国河流健康评价的实践，分别按照《河流健康评估指标、标准与方法（试点工作用）》和江苏省河流健康评价采用的2套指标体系进行河流健康评价。

3.3 本研究构建的河流健康评价指标体系

根据河流健康的内涵，结合秦淮河干流的河流特征，综合对比国内外河流健康评价指标体系及其优缺点和适用条件，从物理形态、水文水资源、水环境、水生态、社会服务功能五个方面入手，构建河流健康评价指标体系。

由于国家河流健康评估一期试点指标与江苏省指标存在一定差异，为了科学合理地诊断秦淮河干流的健康状况，本研究分别采用国家一期试点和江苏省两套河流健康评估指标进行评价。

3.3.1 国家河流健康评估一期试点指标体系

根据《河流健康评估指标、标准与方法（试点工作用）》（办资源〔2011〕223号），国家河流健康评估一期试点指标体系从水文水资源、物理结构、水质、水生态、社会服务功能五个方面出发，共筛选了14个指标，具体见表3－1。

3.3.2 江苏省河流健康评估指标体系

根据江苏省水利厅发布的《江苏省主要河湖健康状况报告》，江苏省湖泊健康评价指标体系也包括自然属性健康和服务功能健康两个方面，共11个指标，江苏省河流健康评价指标体系各指标及其含义见表3－2。

表 3－1　全国河流健康评价指标体系

目标层	准则层	指标层	含义
河流健康	水文水资源	流量过程变异程度	指现有开发状态下，评估河段评估年内实测月径流过程与天然月径流过程的差异，反映评估河段监测断面以上流域水资源开发利用对评估河段水文情势的影响程度
		生态流量保障程度	河流生态流量是指为维持河流生态系统的不同程度生态系统结构、功能而必须维持的流量过程。采用最小生态流量进行表征
	物理结构	河岸带状况	包括河岸稳定性、河岸带植被覆盖率、河岸带人工干扰程度三个方面
		河流连通阻隔状况	主要调查评估河流对鱼类等生物物种迁徙及水流域营养物质传递阻断状况。重点调查监测断面以下至河口河段的闸坝阻隔特征
		天然湿地保留率	重点指国家、地方湿地名录及保护区名录内与评估河流有直接水力连通关系的湿地，其水力联系包括地表水和地下水联系，既包括现状有水力联系的湿地，也包括历史（1980s 以前）有水力联系的湿地
	水质	DO 水质状况	水体中溶解氧浓度，单位为 mg/L。溶解氧对水生动植物十分重要，过高和过低的 DO 对水生生物均造成危害
		耗氧有机物污染状况	指导致水体中溶解氧大幅度下降的有机污染物，利用 COD_{MN}、COD、BOD_5、NH_3-N 四项指标进行评价
		重金属污染状况	指含有汞、镉、铬、铅及砷等生物毒性显著的重金属元素及其化合物对水的污染，选取砷、汞、镉、铬（六价）、铅 5 项指标进行评估
	水生态	浮游植物多样性指数	采用 Simpson 指数综合反映浮游生物群落中物种的丰富程度和均匀程度
		大型底栖动物生物多样性	采用 Shannon-Wiener 多样性指数（H）来表征大型底栖动物生物多样性
	社会服务功能	水功能区达标指标	指对评估湖泊流域包括的水功能区按照 SL 395—2007 规定的技术方法确定的水质达标个数比例
		水资源开发利用指标	指评估湖泊流域内供水量占流域水资源量的百分比，表达流域经济社会活动对水量的影响
		防洪指标	选择防洪工程完好率进行评价，适用于有防洪需求的河流，无此功能的河流不予评估
		公众满意度指标	就河流景观、美学价值等的满意程度，采用公众参与调查统计的方法计算

表3-2　江苏省河流健康评价指标体系

目标层	类别层	要素层	指标层	含义
河流健康	自然属性	自然及水文状况	河岸稳定性	稳定无明显侵蚀的河岸线长度占河岸线总长度的比例
			流动性	河流水体的流动性能，包括：是否具有让水体流动的连接通道；通道是否受到人工建筑物阻碍；水体是否保持一定速度的流动
			生态流量满足程度	为维持河流生态系统的结构、功能而必须维持的最小流量过程的满足程度
		水质状况	水质综合指数	河流水质综合指数，包括四个单因子指标：DO、BOD_5、氨氮、高锰酸盐指数
		生态特征	岸坡植被结构完整性	河岸水陆交错带植被结构完整性状况，包括：植被覆盖率、植被层次性、植被连续性
			浮游植物生物多样性	河流浮游植物 Shannon-Weiner 生物多样性指数
	服务功能	防洪工程状况	防洪工程达标率	河流达标堤防长度占河流堤防总长度的比例
		岸线利用管理状况	岸线利用管理	河流岸线利用管理状况，包括：岸线利用率、被利用岸线完好率、占用岸线项目是否经过审批、占用岸线项目后续是否被监管
		公众满意状况	公众满意度	公众对河流景观、美学价值的满意程度
		供水保障状况	供水水量保障率	河流对所有供水工程的综合供水保证率
			水功能区水质达标率	评估年内水功能区达标次数占评估次数的比例大于或等于80%的水功能区确定为水质达标水功能区；评估河流达标水功能区占其区划的总个数的比例为评估河流水功能区水质达标率

3.4　河流健康评价模型

由于生态系统健康是一个多指标评价问题，也叫多属性决策问题，评价方法需要选择综合评价方法。

常规综合评价方法有加权算术平均法和加权几何平均法。近年来随着应用数学的发展，新的综合方法也被应用于实际评价工作中。比如聚类分析、判别分析、人工神经网络、主成分分析、因子分析、模糊综合评价方法、灰色关联度评价法、层次分析方法（AHP）等，还有一些是通过这些方法耦合后得到的方法。

由于河湖健康评价指标体系中每一单项指标均是从某一侧面反映河流的健康状况，为全面反映河流健康的总体状况，需将各指标整合以进行综合评价，评价模型如下：

$$R = \boldsymbol{S} \cdot \boldsymbol{W} \tag{3-1}$$

式中：R 为河流健康最终评价结果；$\boldsymbol{S}$ = （S_1，S_2，…，S_n）为 n 个单项指标的数据向量；$\boldsymbol{W}$ = （w_1，w_2，…，w_n）为 n 个评价指标的权重向量。

3.5　评估指标计算方法及评价标准确定

在国内外已有研究的基础上，筛选形成了包含水文水资源、河流地貌、水质状况、水生态状况和社会服务功能五大属性的河流健康评价指标体系，给出了指标计算方法及标准；同时，结合本次研究的目标，提出了指标权重的计算方法，最终构建了河流健康评价模型。

3.5.1　国家河流健康评价指标计算方法及评价标准确定

3.5.1.1　水文水资源

（1）流量过程变异程度

① 指标内涵及计算方法

流量过程变异程度指现状开发状态下，评估河段评估年内实测月径流过程与天然月径流过程的差异。其反映评估河段监测断面以上流域水资源开发利用对评估河段河流水文情势的影响程度。

流量过程变异程度可按照评估年或丰、平、枯三种水期进行评价，由评估水期实测月径流量与天然月径流量的平均偏离程度表达。计算公式如下：

$$FD = \left\{ \sum_{m=1}^{n} \left(\frac{q_m - Q_m}{\overline{Q}_m} \right)^2 \right\}^{1/2}, \quad \overline{Q_m} = \frac{1}{n} \sum_{m=1}^{n} Q_m \tag{3-2}$$

式中：q_m为评估水期实测月径流量；Q_m为评估水期天然月径流量；$\overline{Q_m}$为评估水期天然月径流量平均值；n 为不同水期的月数（如评估水期为评估年，n 值取 12；枯水期为 11、12、1、2 月，则 n 值取 4）。

天然月径流量应按照有关技术规范进行还原得到，但由于水文站点资料还原计算需要大量的基础资料，需要消耗较多的人力，建议搜集建站以来的水文序列资料，选取人类活动影响较小的历史阶段的实测径流量作为天然径流量状态。

② 赋分标准

流量过程变异程度指标值越大，说明相对天然水文情势的河流水文情势变化越大，对河流生态的影响也越大。参考《全国水资源保护规划技术大纲》中流量过程变异程度指标赋分标准，根据全国重点水文站近 3 ~ 5 年（有条件的流域可适当延长系列）实测径流与天然径流计算获得。

流量过程变异程度指标赋分和评价标准见表 3 – 3。

表 3-3　流量过程变异程度指标赋分和评价标准

评价标准	优	良	中	差	劣
赋分	75~100	50~75	25~50	10~25	0~10
流量过程变异程度	0.05~0.1	0.1~0.3	0.3~1.5	1.5~3.5	3.5~5

（2）生态流量满足程度

① 指标内涵及计算方法

生态流量是指为维持河流生态系统结构、功能而必须维持的流量过程。生态流量满足程度采用最小生态流量进行表征，考虑到鱼类产卵育幼期对生态流量的需求更为苛刻，因此计算时按照一般水期和鱼类产卵育幼期分别计算最小生态流量，并取其中的最小值为该指标的最终得分值。计算公式如下：

$$EF_1 = \min\left[\frac{q_d}{\overline{Q}}\right]_{m=4}^{9} \qquad EF_2 = \min\left[\frac{q_d}{\overline{Q}}\right]_{m=10}^{3} \tag{3-3}$$

式中：q_d 为评估年实测日径流量；$\overline{Q}$ 为多年平均径流量，要求采用不低于30年系列的水文监测数据推算；EF_1 为4—9月日径流量占多年平均流量的最低百分比；EF_2 为10—3月日径流量占多年平均流量的最低百分比。

② 赋分标准

生态流量满足程度评估标准采用水文方法确定的基流标准。有条件的区域可以采用更加适宜本区域的计算方法确定生态基流量。基于水文方法确定生态基流时，可以根据表3-4分别计算 EF_1 和 EF_2 赋分值，取其中赋分最小值为本指标的最终赋分。

表 3-4　生态流量保障程度赋分方法

分级	推荐基流标准（年平均流量百分数）		赋分
	EF_2 育幼期（4—9月）	EF_1 一般水期（10—3月）	
1	≥50%	≥30%	100
2	40%~50%	20%~30%	80~100
3	30%~40%	15%~20%	40~80
4	10%~30%	10%~15%	20~40
5	0~10%	0~10%	0~20

3.5.1.2　物理结构

1）河岸带状况

湖滨带状况评估包括：河岸稳定性、河岸植被覆盖率、河岸带人工干扰程度三个方面。

（1）河岸稳定性

① 指标内涵及计算方法

河岸稳定性指标根据河岸侵蚀现状评估。河岸易于侵蚀可表现为河岸缺乏植被覆盖、树根暴露、土壤暴露、河岸水力冲刷、坍塌裂隙发育等。河岸岸坡稳定性评估要素包括：岸坡倾角、河岸高度、基质特征、岸坡植被覆盖率和坡脚冲刷强度。指标计算公式：

$$BKS_r = \frac{SA_r + SC_r + SH_r + SM_r + ST_r}{5} \tag{3-4}$$

式中：BKS_r为岸坡稳定性指标赋分，SA_r为岸坡倾角分值，SC_r为岸坡覆盖率分值，SH_r为岸坡高度分值，SM_r为河岸基质分值，ST_r为坡脚冲刷强度分值。

② 赋分标准

河岸稳定性评估分指标赋分标准见表3－5。

表3－5　河岸稳定性评估分指标赋分标准

岸坡特征	稳定	基本稳定	较不稳定	不稳定	很不稳定
分值	100～90	90～75	75～50	50～25	25～0
斜坡倾角（°）	0～15	15～30	30～40	40～50	50～60
植被覆盖率（%）	100～75	75～50	50～40	40～25	25～0
斜坡高度（m）	0～1	1～2	2～3	3～4	>4
基质（类别）	基岩	岩土河岸	黏土河岸	壤土河岸	沙土河岸
河岸冲刷状况	无冲刷迹象	轻度冲刷	中度冲刷	冲刷较严重	重度冲刷
总体特征描述	近期内河岸不会发生变形破坏，无水土流失现象	河岸结构有松动发育迹象，有水土流失迹象	河岸松动裂痕发育趋势明显，中度水土流失	河岸水土流失严重，随时可能发生大的变形和破坏，但未发生破坏	河岸已发生严重破坏

（2）河岸带植被覆盖率

① 指标内涵及计算方法

植被覆盖率是指植被（包括叶、茎、枝）在地面的垂直投影面积占统计区总面积的百分比。分别调查河岸带陆域范围乔木（6m以上）、灌木（6m以下）及草本植物覆盖率，对比植被覆盖率评估标准，分别对乔木、灌木及草本植物覆盖率进行赋分。

根据公式$RVS_r = \frac{TC_r + SC_r + HC_r}{3}$计算湖岸植被覆盖率指标赋分值。式中，$TC_r$、$SC_r$和$HC_r$分别为评估湖泊所在生态分区参考点的乔木、灌木及草本植物覆盖率赋分。

② 赋分标准

乔木、灌木及草本植物覆盖率赋分标准见表3－6。

表3－6　河岸植被覆盖率指标直接评估赋分标准

植被覆盖率（乔木、灌木、草本）（%）	说明	赋分
0	无该类植被	0
0～10	植被稀疏	25

续表

植被覆盖率（乔木、灌木、草本）（%）	说明	赋分
10～40	中度覆盖	50
40～75	重度覆盖	75
>75	极重度覆盖	100

3）河岸带人工干扰程度

① 指标内涵及计算方法

对河岸带及其邻近陆域典型人类活动进行调查评估，并根据其与河岸带的远近关系区分其影响程度。

重点调查评估在河岸带及其邻近陆域进行的9项人类活动，包括：河岸硬性砌护、采砂、沿岸建筑物（房屋）、公路（或铁路）、垃圾填埋场或垃圾堆放、河滨公园、管道、农业耕种、畜牧养殖等。

对评估河段采用每出现一项人类活动减少其对应分值的方法进行河岸带人类影响评估。无上述9项活动的河段赋分为100分，根据所出现人类活动的类型及其位置减去相应的分值，直至0分。

② 赋分标准

在河岸带及其邻近陆域的9项人类活动赋分标准见表3－7。

表3－7　河岸带人类活动赋分标准

序号	人类活动类型	所在位置		
		河道内（水边线以内）	湖岸带	湖岸带邻近陆域（小河10m以内，大河30m以内）
1	河岸硬性砌护		－5	
2	采砂	－30	－40	
3	沿岸建筑物（房屋）	－15	－10	－5
4	公路（或铁路）	－5	－10	－5
5	垃圾填埋场或垃圾堆放		－60	－40
6	河滨公园		－5	－2
7	管道	－5	－5	－2
8	农业耕种		－15	－5
9	畜牧养殖		－10	－5

河岸带状况指标包括3个分指标，赋分采用式（3－5）计算：

$$RS_r = BKS_r \times 0.25 + RVS_r \times 0.5 + RD_r \times 0.25 \tag{3-5}$$

2）河流连通阻隔状况

① 指标内涵及计算方法

河流连通阻隔状况主要调查评估河流对鱼类等生物物种迁徙及水流与营养物质传递阻断状况。重点调查监测断面以下至河口（干流、湖泊等）河段的闸坝阻隔特征，闸坝阻隔分为完全阻隔（断流）、严重阻隔（无鱼道、下泄流量不满足生态基流要求）、阻隔（无鱼道、下泄流量满足生态基流要求）、轻度阻隔（有鱼道、下泄流量满足生态基流要求）四类情况。

对评估断面下游河段每个闸坝按照阻隔分类分别赋分，然后取所有闸坝的最小赋分，按照式（3－6）计算评估断面以下河流纵向连续性赋分。

$$RC_r = 100 + \mathrm{Min}[(DAM_r)_i, (GATE_r)_j] \tag{3-6}$$

式中：RC_r为河流连通阻隔状况赋分；$(DAM_r)_i$ 为评估断面下游河段大坝阻隔赋分（$i=1, \cdots, m$，m 为下游大坝数量）；$(GATE_r)_j$ 为评估断面下游河段水闸阻隔赋分（$j=1, \cdots, n$，n 为下游水闸数量）。

② 赋分标准

根据河流阻隔状况，按照表3－8中的标准来进行赋分评价。

表3－8　闸坝阻隔赋分表

鱼类迁移阻隔特征	评价指标	赋分
无阻隔	对径流没有调节作用	0
有鱼道，且正常运行	对径流有调节，下泄流量满足生态基流	－25
无鱼道，对部分鱼类迁移有阻隔作用	对径流有调节，下泄流量不满足生态基流	－75
迁移通道完全阻隔	部分时间导致断流	－100

3）天然湿地保留率（NWL）

① 内涵与定义

与河流有直接水力联系的天然湿地的形成和演变与河流系统的发展有密切关系。河流水文水资源、物理结构等方面的变异往往成为天然湿地退化的重要驱动因素。天然湿地面积大小可用于反映河流生态环境状态的优劣程度，湿地面积越大，意味着可为河流生物提供更多的生存空间，河流受干扰的程度越小，相应的自然化程度越高，河流的生态环境功能越健康。

天然湿地重点指国家、地方湿地名录及保护区名录内与评估河流有直接水力连通关系的湿地，其水力联系包括地表水和地下水的联系，既包括现状有水力联系，也包括历史（1980s以前）有水力联系的湿地。

天然湿地保留率则指上述类型湿地面积与历史（1980s以前）状况湿地面积的比例。如果评估河段无天然湿地，可以不做评估。

天然湿地保留率指标计算公式如下：

$$NWL = \frac{\sum_{n=1}^{N} AW_n}{\sum_{n=1}^{N} AWR_n} \tag{3-7}$$

式中：NWL 为天然湿地保留率，AW 为评估基准年天然湿地面积（km^2），AWR 为历史

（1980s以前）状况湿地面积（km^2），NS 为与评估河段有水力联系的湿地个数。

② 赋分标准

全国水资源综合规划调查评估成果表明，与20世纪50年代相比，2000年全国天然陆域湿地面积减少28%，因此，以减少28%作为中度变化差异判别标准，以减少28%的2倍和3倍作为较大差异及显著差异判别标准，以28%的1/2和1/3作为较少差异和极小差异判别标准，其评价标准见表3-9。

表3-9 重要湿地保留率指标评价标准

评价指标	标准分级				
重要湿地保留率	>93%	86%~93%	72%~86%	44%~72%	15%~44%
赋分	100	75	50	25	0

3.5.1.3 水质

（1）DO水质状况

① 指标内涵及计算方法

DO为水体中溶解氧浓度，单位为mg/L。溶解氧对水生动植物十分重要，过高和过低的DO对水生生物均造成危害，适宜值为4~12mg/L。

采用全年12个月的月均浓度，按照汛期和非汛期进行平均，分别评估汛期与非汛期赋分，取其最低赋分为指标的赋分。

② 赋分标准

地面水环境质量标准（GB 3838—2002）按功能高低依次划分为五类。等于及优于III类的水质状况满足鱼类生物的基本水质要求，因此采用DO的III类限值5mg/L为基点，DO状况指标赋分见表3-10。

表3-10 DO水质状况指标赋分标准

DO（mg/L）（>）	7.5（或饱和率90%）	6	5	3	2
赋分	100	80	60	30	10

在计算水质属性层得分时，将耗氧有机物状况与溶解氧状况的最低赋分值作为水质属性层的最终得分。

（2）耗氧有机物污染状况

① 指标内涵及计算方法

耗氧有机物指导致水体中溶解氧大幅度下降的有机污染物，取高锰酸盐指数、化学需氧量、五日生化需氧量、氨氮4项对河流耗氧污染状况进行评估，每个指标均选用评估年12个月月均浓度进行赋分。最后将4个水质项目赋分的平均值作为耗氧有机污染状况赋分，如式（3-8）所示。

$$OCP_r = (COD_{MNr} + COD_r + BOD_{5r} + NH_3\text{-}N_r)/4 \quad (3-8)$$

② 赋分标准

耗氧有机物指标赋分评估方法见表 3 - 11。

表 3 - 11　耗氧有机物指标赋分评估方法

评价指标	标准分级				
	优	良	中	差	劣
高锰酸盐指数（mg/L）	2	4	6	10	15
化学需氧量（COD）（mg/L）	15	17.5	20	30	40
五日生化需氧量（BOD_5）（mg/L）	3	3.5	4	6	10
氨氮（NH_3-N）（mg/L）	0.15	0.5	1	1.5	2
赋分	100	80	60	30	0

（3）重金属污染状况

① 指标内涵及计算方法

重金属污染是指砷、汞、镉、铬、铅等生物毒性显著的重金属元素及其化合物对水的污染。选取砷、汞、镉、铬（六价）、铅等 5 项评估水体重金属污染状况。汞、镉、铬、铅及砷分别赋分，取其最低赋分为水质项目的赋分。

$$HMP_r = \mathrm{Min}\ (AR_r,\ HG_r,\ CD_r,\ CR_r,\ PB_r) \qquad (3-9)$$

② 赋分标准

根据地表水环境质量标准（GB 3838—2002）确定汞、镉、铬、铅及砷赋分，见表 3 - 12。

表 3 - 12　重金属赋分表

砷（mg/L）	0.05		0.1
汞（mg/L）	0.00005	0.0001	0.001
镉（mg/L）	0.001	0.005	0.01
铬（六价）（mg/L）	0.01	0.05	0.1
铅（mg/L）	0.01	0.05	0.1
赋分	100	60	0

3.5.1.4　水生态

（1）浮游植物多样性指数

① 指标内涵及计算方法

生物多样性可定义为生物中的多样化和变异性以及物种的生态复杂性，一般包括遗传多样性、物种多样性、生态系统多样性三个方面。

本次评估以浮游植物物种多样性来简单度量浮游生物多样性。物种多样性包括两个方面：一方面是指一定区域内物种的丰富程度，可称为区域物种多样性；另一方面是指生态学方面的物种分布的均匀程度，可称为生态多样性或群落多样性。物种多样性是衡量一定地区生物资源丰富程度的一个客观指标，是根据一定空间范围物种的遗传多样性可以表现在多个层次上数量和分布特征来衡量的。

采用 Simpson 指数综合反映浮游生物群落中物种的丰富程度和均匀程度。其计算公式如下：

$$D = 1 - \sum_{i=1}^{S} (N_i/N)^2 \tag{3-10}$$

式中：S 为物种数，N_i为第 i 种浮游植物的个数，N 为群落中观察到的全部物种的个数总数。

② 赋分标准

根据当前的研究成果及 Simpson 指数的生态含义及取值范围，确定浮游植物生物多样性指数的评价标准，具体见表 3－13。

表 3－13　浮游植物生物多样性指数评价标准

评价指标	标准分级				
	优	良	中	差	劣
浮游植物生物多样性指数	>0.85	0.75～0.85	0.6～0.75	0.35～0.6	<0.35

（2）大型底栖动物生物多样性

在国家一期试点指标体系中，大型底栖动物是采用生物完整性指数来表征的，根据各试点的反馈，大型底栖动物生物完整性指数确定的过程十分复杂，对基础数据和评估人员的专业知识要求都非常高。多数试点反映该指标缺乏实际可操作性，且应用效果并不理想。因此，本次采用 Shannon-Wiener 多样性指数（H）来表征，计算公式如下。

$$H = -\sum_{i=1}^{n} (n_i/N) \log_2 (n_i/N) \tag{3-11}$$

式中：N 为样本生物总体个数，n_i为第 i 种生物的个体数。

② 赋分标准

根据大型底栖动物生物多样性指数计算结果，按照表 3－14 对指标进行赋分。

表 3－14　大型底栖动物生物多样性指数赋分标准表

赋分	100～80	80～60	60～40	40～20	20～0
大型底栖动物生物多样性指数	2.5～3	2～2.5	1～2	0.5～1	0～0.5

3.5.1.5　服务功能

（1）水功能区达标指标

① 指标内涵及计算方法

以水功能区水质达标率表示。水功能区水质达标率是指对评估河流包括的水功能区按照 SL 395—2007 规定的技术方法确定的水质达标个数比例。该指标重点评估河流水质状况与水体规定功能，包括生态与环境保护和资源利用（饮用水、工业用水、农业用水、渔业用水、景观娱乐用水）等的适宜性。水功能区水质满足水体规定水质目标，则该水功能区的规划功能的水质保障得到满足。

当评估年内水功能区水质达标次数占评估次数的比例大于或等于80%时，即认为水功能区水质达标。评估河流达标水功能区个数占其区划总个数的比例为评估河流水功能区水质达标率。

② 赋分标准

水功能区水质达标率计算公式如下：

$$WFZ_r = WFZP \times 100 \tag{3-12}$$

式中：WFZ_r为评估河流水功能区水质达标率指标赋分；$WFZP$为评估河流水功能区水质达标率。

（2）水资源开发利用指标

① 指标内涵及计算方法

以水资源开发利用率表示，该指标具体是指对评估河流流域内供水量占流域水资源量的百分比。该指标表达流域经济社会活动对水量的影响，反映流域的开发程度，反映了社会经济发展与生态环境保护之间的协调性。

指标表达式如下：

$$WRU = WU/WR \tag{3-13}$$

式中：WRU为评估河流流域水资源开发利用率；WR为评估河流流域水资源总量；WU为评估河流流域水资源开发利用量。

② 赋分标准

水资源的开发利用合理限度确定的依据应该按照人水和谐的理念，既可以支持经济社会合理的用水需求，又不对水资源的可持续利用及河流生态造成重大影响，因此，过高和过低的水资源开发利用率均不符合河流健康的要求。利用水资源开发利用率指标健康评估概念模型，公式如下：

$$WRU_r = a \cdot WRU^2 + b \cdot WRU \tag{3-14}$$

式中：WRU_r为水资源利用率指标赋分；WRU为评估河段水资源利用率；a、b为系数，分别为$a = 1111.11$，$b = 666.67$。

概念模型仅适用于水资源供水需求量与可供水量之间存在矛盾的河流流域，不适用于无水资源开发利用需求的评估河流，或水资源供水需求量远低于可利用量的河段。对于这些评估河段，可以根据实际情况对水资源开发利用率指标进行赋分，如果供水量占水资源总量的比例低于10%，且已经满足流域经济社会的用水需求，则可以赋100分。

（3）防洪指标

① 指标内涵及计算方法

本指标适用于有防洪需求的河流。无此功能的河流可以不予评估。河流防洪指标评估河道的安全泄洪能力。影响河流安全泄洪能力的因素较多，其中防洪工程措施和非工程措施的完善率是重要方面。本次重点评估工程措施的完善情况。

河流防洪指标计算公式如下：

$$FLD = \frac{\sum_{i=1}^{N}(RIVL_n \times RIVWF_n \times RIVB_n)}{\sum_{n=1}^{N}(RIVL_n \times RIVWF_n)} \tag{3-15}$$

式中：*FLD* 为河流防洪指标；$RIVL_n$ 为河段 *n* 的长度；*n* 为评估河流根据防洪规划划分的河段数量；$RIVB_n$ 根据河段防洪工程是否满足规划要求进行赋值：达标 $RIVB_n=1$，不达标 $RIVB_n=0$；$RIVWF_n$ 为河段规划防洪标准重现期（如 100 年）。

② 赋分标准

防洪指标赋分标准见表 3－15。

表 3－15　防洪指标赋分标准表

赋分	100	75	50	25	0
防洪工程完好率指标	95%	90%	85%	70%	50%

（4）公众满意度指标

① 指标内涵及计算方法

公众满意度反映公众对评估河流景观、美学价值等的满意程度。该指标采用公众参与调查统计的方法进行。对评估河、湖所在城市的公众、当地政府、环保、水利等相关部分发放公众参与调查表，通过对调查结果的统计分析，确定评估公众对河流的综合满意度。公众满意度调查表见表 3－16。公众满意度调查表包括：调查公众基本信息，公众与评估河流的关系，公众对河流水量、水质、河滩地状况、鱼类状况的评估，公众对河流适宜性的评估，以及公众根据上述方面认识及其对河流的预期所给出的河流状况总体评估。

表 3－16　河流健康评估公众满意度调查表

<table>
<tr><td colspan="6">个人基本情况</td></tr>
<tr><td>姓名</td><td></td><td>性别</td><td></td><td>年龄</td><td></td></tr>
<tr><td>文化程度</td><td></td><td>职业</td><td></td><td>民族</td><td></td></tr>
<tr><td>住址</td><td colspan="2"></td><td>联系电话</td><td colspan="2"></td></tr>
<tr><td colspan="6">（1）沿河居民（河岸以外 1km 以内范围）
①是　②否　③其他（　　）</td></tr>
<tr><td colspan="6">（2）河流雨季水量情况
①多　②少　③水量和旱季差不多　④不好判断</td></tr>
<tr><td colspan="6">（3）河流旱季水量情况
①还可以　②很少　③经常断流　④不好判断</td></tr>
<tr><td colspan="6">（4）河里能否游泳
①能　②不能</td></tr>
<tr><td colspan="6">（5）河流水质
①清洁　②还行　③比较脏　④很脏</td></tr>
<tr><td colspan="6">（6）河岸带状况
①河滩上树草数量很多　②河滩上树草数量很少　③河滩边是农田</td></tr>
</table>

续表

<table>
<tr><td colspan="4">（7）河流里鱼类情况
①数量少很多　②数量少了些　③没有变化　④数量多了</td></tr>
<tr><td colspan="4">（8）本地鱼种情况
①以前有，现在完全没有了　②以前有，现在部分没有了　③没有变化</td></tr>
<tr><td colspan="4">（9）大鱼数量情况
①重量小很多　②重量小了一些　③重量大了　④没有变化</td></tr>
<tr><td colspan="4">（10）河边娱乐休闲情况
①经常有人来游玩　②很少有人来游玩　③不太清楚</td></tr>
<tr><td colspan="4">对河流的满意程度调查</td></tr>
<tr><td colspan="2">总体评估赋分标准</td><td>不满意的原因是什么?</td><td>希望河流是什么样的?</td></tr>
<tr><td>很满意</td><td>100</td><td rowspan="6"></td><td rowspan="6"></td></tr>
<tr><td>满意</td><td>80 ~ 100</td></tr>
<tr><td>基本满意</td><td>60 ~ 80</td></tr>
<tr><td>不满意</td><td>30 ~ 60</td></tr>
<tr><td>很不满意</td><td>0 ~ 30</td></tr>
<tr><td>总体评估赋分</td><td></td></tr>
</table>

② 赋分标准

综合赋分计算方法如下：

$$PP_r = \frac{\sum_{n=1}^{NPS}(PER_r \times PER_w)}{\sum_{n=1}^{NPS} PER_w} \qquad (3-16)$$

式中：PP_r为公众满意度指标赋分；PER_r为各类型人群有效调查公众总体评估赋分；PER_w为公众类型权重。其中：沿河居民权重为 3，河道管理者权重为 2，河道周边从事生产活动权重为 1.6，旅游经常来河道权重为 1，旅游偶尔来河道权重为 0.5。

3.5.2　江苏省河流健康评价指标计算方法及评价标准确定

3.5.2.1　自然及水文状况

（1）河岸稳定性

① 指标内涵及计算方法

稳定无明显侵蚀的河岸线长度占河岸线总长度的比例。河岸稳定性是指河岸线平面位置的稳定程度和保护状况，主要反映了河岸的稳定对河道防冲刷、航运以及岸线设施等服务功能的影响程度，河岸稳定与否对于河流系统功能的发挥具有重要作用。河岸稳定性计算公式如下：

$$\text{河岸稳定性指数} = \frac{a}{L} \qquad (3-17)$$

式中：a 为稳定无明显侵蚀的河岸线长度（m）；L 为河道岸线总长度（m）。

② 赋分标准

根据河岸稳定性计算结果，按照表 3－17 对指标进行分级。

表 3－17　河岸稳定性指标分级标准及阈值

指标	指标分级标准及阈值			
	优	良	中	差
河岸稳定性	0.85～1	0.7～0.85	0.4～0.7	0～0.4

（2）流动性

① 指标内涵及计算方法

指河流的流动性状况，采用分级赋值的方法，主要考虑河流水体的流动性能，包括：是否具有让水体流动的连接通道；通道是否受到人工建筑物阻碍；水体是否保持一定速度的流动。

② 赋分标准

根据河岸稳定性计算结果，按照表 3－18 对指标进行分级。

表 3－18　河流流动性指标分级标准及阈值

指标	指标分级标准及阈值			
	优	良	中	差
河流流动性	0.8～1	0.6～0.8	0.4～0.6	0～0.4

（3）生态流量满足程度

① 指标内涵及计算方法

该指标是指为维持河流生态系统的结构、功能而必须维持的最小流量过程的满足程度。河流生态流量满足程度主要考虑评估年 4—9 月实测日径流量占多年平均流量的最低百分比，以及 10—12 月和 1—3 月实测日径流量占多年平均流量的最低百分比，计算公式参考式（3－3）。

② 赋分标准

根据生态流量计算结果，然后根据栖息地生态环境的满足程度，参考表 3－4 进行赋分计算，并按照表 3－19 对指标进行分级。

表 3－19　生态流量满足程度指标分级标准

指标	指标分级标准及阈值			
	优	良	中	差
生态流量满足程度	0.95～1	0.9～0.95	0.8～0.9	0～0.8

3.5.2.2　水质状况

① 指标内涵及计算方法

根据资料的掌握情况，采用 pH、DO、BOD_5、高锰酸盐指数、COD、NH_3-N 等 6

项指标进行评估，每个指标均选用评估年平均浓度进行赋分。最后将6个水质项目赋分的平均值作为水质综合指数赋分。

$$水质状况赋分 = 6项水质指标赋分之和/6 \quad (3-18)$$

② 赋分标准

河流水质综合指数按照《地表水环境质量标准》（GB 3838—2002）进行评价，根据计算结果，按照表3-20进行分级。

表3-20　河流水质综合指数指标分级标准

	指标	指标分级标准及阈值				
		优		良	中	差
		I	II	III	IV	V
水质状况	pH	6~9				
	DO（mg/L）	≥7.5	≥6	≥5	≥3	≥2
	BOD_5（mg/L）	≤3	≤3	≤4	≤6	≤10
	NH_3-N（mg/L）	≤0.15	≤0.5	≤1.0	≤1.5	≤2.0
	高锰酸盐指数（mg/L）	≤2	≤4	≤6	≤10	≤15
	COD（mg/L）	≤15	≤15	≤20	≤30	≤40

3.5.2.3　生态特征

（1）岸坡植被结构完整性

① 指标内涵及计算方法

表征河岸水陆交错带植被结构完整性状况，根据河流河岸带植被覆盖率、植被层次性、植被连续性以及河流护坡的自然性等特征，确定河流岸坡植被结构完整性指数。

② 赋分标准

根据河流岸坡植被结构完整性指数，按照表3-21进行分级。

表3-21　岸坡植被结构完整性分级标准

指标	指标分级标准及阈值			
	优	良	中	差
岸坡植被结构完整性	0.85~1	0.6~0.85	0.4~0.6	0~0.4

（2）浮游植物生物多样性

① 指标内涵及计算方法

河流浮游植物生物多样性采用Shannon-Weiner生物多样性指数来表示，该指标不仅可以反映生物群落结构的健康，而且可以反映生物栖息地、物质资料供给的满足情况，计算公式如下：

$$PB = -\sum_{i=1}^{s}\left[\left(\frac{n_i}{N}\right)\ln\left(\frac{n_i}{N}\right)\right] \quad (3-19)$$

式中：PB为浮游植物生物多样性指数；n_i为第i类个体数量（个/L）；N为样本中所有

个体数量（个/L）；s 是样本中的种类数。

② 赋分标准

PB 一般介于 1.5 和 3.5 之间，当 PB 大于 3 时，生物多样性较高，水体较清洁，根据该指标计算结果，按照表 3－22 分级。

表 3－22　浮游植物生物多样性指数分级标准

指标	指标分级标准及阈值			
	优	良	中	差
浮游植物生物多样性指数	≥3.0	2.0～3.0	1.0～2.0	0～1.0

3.3.2.4　社会服务功能

（1）防洪工程达标率

① 指标内涵及计算方法

该指标表示河流达标堤防长度与河流堤防总长度的比值，计算公式如下：

$$防洪工程达标率 = \frac{b}{L} \tag{3-20}$$

式中：b 是河流达标堤防长度（m）；L 是河流堤防总长度（m）。

② 赋分标准

根据防洪工程达标率计算结果，按照表 3－23 对该指标进行分级。

表 3－23　防洪工程达标率指标分级标准

指标	指标分级标准及阈值			
	优	良	中	差
防洪工程达标率（%）	95～100	85～95	65～85	0～65

（2）供水水量保证率

① 指标内涵及计算方法

反映河流供水能力，指预期供水量在多年供水中能够得到充分满足的年数出现的概率，可采用典型年法或时历年法计算。

② 赋分标准

根据供水水量保障率计算结果，按照表 3－24 对该指标进行分级。

表 3－24　供水水量保证率指标分级标准

指标	指标分级标准及阈值			
	优	良	中	差
供水保证率（%）	95～100	85～95	65～85	0～65

（3）水功能区水质达标率

① 指标内涵及计算方法

水功能区水质达标率是指对评估河流包括的水功能区按照《地表水资源质量评价技

术规程》（SL 395—2007）规定的技术方法确定的水质达标比例。按照规定，评估年内水功能区达标次数占评估次数的比例大于或等于 80% 的水功能区确定为水质达标水功能区；评估河流达标水功能区占其区划的总个数的比例为评估河流水功能区水质达标率。

该指标的计算公式为：

$$\text{水功能区水质达标率} = b/n \times 100\% \tag{3-19}$$

式中：b 为评估河段所在水功能区达到水质目标的总次数；n 为评价时段内的监测总次数。

② 赋分标准

根据水功能区水质达标率计算结果，按照表 3－25 对该指标进行分级。

表 3－25　水功能区水质达标率指标分级标准

指标	指标分级标准及阈值			
	优	良	中	差
水功能区水质达标率（%）	80～100	70～80	50～70	0～50

（4）岸线利用管理系数

① 指标内涵及计算方法

该指标反映河流岸线利用管理状况，包括：岸线利用率、被利用岸线完好率、占用岸线项目是否经过审批、占用岸线项目后续是否被监管。

② 赋分标准

根据岸线利用管理系数计算结果，按照表 3－26 对该指标进行赋分。

表 3－26　岸线利用管理系数指标赋分标准

指标	指标分级标准及阈值			
	优	良	中	差
岸线利用管理指数（%）	0.9～1.0	0.7～0.9	0.5～0.7	0～0.5

（5）公众满意度

① 指标内涵及计算方法

公众满意度反映公众对评价河流景观、美学价值的满意程度。该指标采用公众参与调查统计的方法进行。对评价河流所在城市的公众、当地政府、水利、环保等相关部门发放公众参与调查表，调查表格式和调查内容具体见表 3－16。

② 赋分标准

对调查结果进行统计分析，以确定公众对河流的满意程度，并根据参与调查人员的打分，按照表 3－27 对该指标进行分级。

表 3-27 公众满意度指标赋分标准

<table>
<tr><td rowspan="2">指标</td><td colspan="5">指标分级标准及阈值</td></tr>
<tr><td>优</td><td>良</td><td>中</td><td colspan="2">差</td></tr>
<tr><td rowspan="2">公众满意度</td><td>很满意</td><td>满意</td><td>基本满意</td><td>不满意</td><td>很不满意</td></tr>
<tr><td>90 ~ 100</td><td>70 ~ 90</td><td>45 ~ 70</td><td>15 ~ 45</td><td>0 ~ 15</td></tr>
</table>

第 4 章　湖泊健康评价指标体系及评价方法

本章将在明确湖泊健康的内涵的基础上，进一步剖析湖泊健康的影响因素，分别提出国家和江苏省两套湖泊健康评价指标体系、确定评价标准和阈值，用于评价江宁区的湖泊健康状况。

4.1　湖泊健康概念的内涵

湖泊与河流同属水生生态系统，与河流健康类似，所谓健康的湖泊是指在一定程度的人类活动干扰下，湖泊生态系统具有恢复力和活力，能够保持系统组分间的动态平衡和结构稳定，能够可持续地发挥其生态服务功能，并能够满足人类社会的合理需求的状态。

4.2　湖泊健康评价指标筛选的原则和方法

根据湖泊健康的内涵，结合湖泊生态系统特征，综合对比国内外湖泊健康评价指标体系及其优缺点和适用条件，从湖泊物理形态、水文水资源、水环境、水生态、社会服务功能五个方面入手，构建湖泊健康评价指标体系。

4.2.1　指标筛选原则

湖泊健康评价指标筛选的原则与方法同河流一致，按照科学性、代表性、独立性、简明和可操作性原则筛选湖泊健康评价指标，并构建指标体系。具体参考 3.2.1 节、3.2.2 节。

4.2.2　指标筛选方法

根据上述湖泊健康评价指标的筛选原则，结合我国湖泊健康评价的实践，分别按照《湖泊健康评估指标、标准与方法 V1.0》和江苏省湖泊健康评价采用的 2 套指标体系进行湖泊健康评价。

4.3 本研究构建的湖泊健康评价指标体系

在综合考虑湖泊物理结构、水文水资源、水质、水生态特征的基础上，结合全国湖泊健康评估一期试点工作的研究成果，分别建立湖泊健康评估指标体系。

4.3.1 国家湖泊健康评估指标体系

根据《湖泊健康评估指标、标准与方法（试点工作用）》（办资源〔2011〕223号），国家湖泊健康评估指标体系从物理结构、水文水资源、水质、水生态、社会服务功能5个方面出发，共筛选了14个指标，具体见表4－1。

表4－1 全国湖泊健康评估一期试点指标体系

目标层	准则层	指标层	含义
湖泊健康	物理结构	河湖连通状况	指湖泊水体与出入湖河流及周边湖泊、湿地等自然生态系统的连通性，反映湖泊与湖泊流域的水循环健康状况
		湖泊萎缩状况	表征在围垦（填）、取用水等人类活动作用下，出现的湖泊水位持续下降、水面积和蓄水量持续减小的状况
		湖滨带状况	从湖岸稳定性、湖岸植被覆盖率、湖岸带人工干扰程度三个方面描述
	水文水资源	最低生态水位满足程度	湖泊最低生态水位是生态水位的下限值，也是维持湖泊生态系统健康运行的最低水位，该指标反映湖泊最低生态水位的满足程度
		入湖流量变异程度	指环湖河流入湖实测月径流量与天然月径流过程的差异，反映湖泊流域水资源开发利用对湖泊水文情势的影响程度
	水质	富营养状态	湖泊从贫营养向重度富营养过渡一般需经历贫营养、中营养、轻度富营养、中度富营养和重度富营养几个过程，一般用TP、TN、叶绿素a、高锰酸盐指数和透明度几个项目评价
		耗氧有机物污染状况	指导致水体中溶解氧大幅度下降的有机污染物，利用COD_{MN}、COD、BOD_5、NH_3-N四项指标进行评价
		DO水质状况	水体中溶解氧浓度，单位为mg/L，溶解氧对水生动植物十分重要，过高和过低的DO对水生生物均造成危害
	水生态	藻类密度	指湖泊单位体积水体中的藻类个数
		大型底栖动物生物多样性	采用Shannon-wiener多样性指数（H）表征
	社会服务功能	水功能区达标指标	指对评估湖泊流域包括的水功能区按照SL 395—2007规定的技术方法确定的水质达标个数比例
		水资源开发利用指标	指评估湖泊流域内供水量占流域水资源量的百分比，表达流域经济社会活动对水量的影响
		防洪指标	选择防洪工程完好率和湖泊蓄泄能力进行评价，适用于有防洪需求的湖泊，无此功能的湖泊不予评估
		公众满意度指标	就湖泊景观、美学价值等的满意程度，采用公众参与调查统计的方法计算

4.3.2　江苏省湖泊健康评估指标体系

根据江苏省水利厅发布的《江苏省主要河湖健康状况报告》，江苏省湖泊健康评价指标体系也包括自然属性健康和服务功能健康两个方面，其中自然属性健康从湖泊形态、水动力、湖体水质、水生生物等四类要素进行评价；服务功能健康从防洪安全和水资源供给两类要素进行评价。各个要素包含 1 ~ 2 个指标，共 8 个指标，各指标及其含义见表 4 –2。

表 4 –2　江苏省湖泊健康评估一期试点指标体系

目标层	类别层	要素层	指标层	含义
湖泊健康	自然属性	湖泊形态	入湖口门畅通率	指主要环湖河流与湖泊水域之间的水流畅通程度
		水动力	湖水交换能力	反映湖泊水体交换的快慢程度，采用换水周期法计算
		湖体水质	水质污染指数	反映评价湖区水质与受污染状况，选用平均水质污染指数评价
			富营养化指数	反映评价湖区水体营养状态，选用叶绿素 a 值表示
		水生生物	浮游生物结构	对于蓝藻灾害较为典型的湖泊水体，用蓝藻比例来表征
			底栖动物多样性	反映评价湖区生物结构均衡程度，采用 Shannon-Wiener 多样性指数表征
	服务功能	防洪安全	湖泊调蓄能力	反映湖泊防洪功能，用湖泊水量平衡各要素表征
		水资源供给	水功能区达标率	反映供水能力，用水质达标水功能区数占水功能区总数的比例表征

4.4　湖泊健康评价模型

与河流健康评价类似，由于湖泊健康评价指标体系中每一单项指标均是从某一侧面反映湖泊的健康状况，为全面反映湖泊健康的总体状况，需将各指标整合以进行综合评价，评价模型如下：

$$R = \boldsymbol{S} \cdot \boldsymbol{W} \tag{4-1}$$

式中：R 为湖泊健康最终评价结果；$\boldsymbol{S} = (S_1, S_2, \cdots, S_n)$ 为 n 个单项指标的数据向量；$\boldsymbol{W} = (w_1, w_2, \cdots, w_n)$ 为 n 个评价指标的权重向量。

4.5 评估指标计算方法及评价标准确定

4.5.1 国家湖泊健康评价指标计算方法及评价标准确定

4.5.1.1 物理结构

(1) 河湖连通状况

① 指标内涵及计算方法

河湖连通状况重点评估主要环湖河流与湖泊水域之间的水流畅通程度。环湖河流连通状况评估对象包括主要入湖河流和出湖河流。该指标计算公式如下：

$$RFC = \frac{\sum_{n=1}^{N_s} W_n R_n}{\sum_{n=1}^{N_s} R_n} \tag{4-2}$$

式中：RFC 为环湖河流连通赋分；N_s为主要环湖河流数量；R_n为评估年环湖河流地表水资源量（万 m^3/a），出湖河流地表水资源量按照实测出湖水量计算；W_n为环湖河流河湖连通性赋分。

② 赋分标准

通过调查主要环湖河流的闸坝建设及调控状况，估算主要河流入湖水量与入湖河流多年平均实测径流量以及评估入湖河流水质达标状况，分别确定顺畅状况，取其中的最差状况确定每条环湖河流连通性状况赋分。环湖河流顺畅状况判定及赋分标准见表 4-3，环湖河流连通性整体评价标准见表 4-4。

表 4-3 环湖河流顺畅状况判定及赋分标准

顺畅状况	断流阻隔时间（月）	年入湖水量占入湖河流多年平均实测年径流量比例	评价年内入湖河流水质达标率	赋分（W_n）
完全阻隔	12	0%	0%	0
严重阻隔	4	10%	20%	20
阻隔	2	40%	40%	40
较顺畅	1	60%	80%	70
顺畅	0	70%	100%	100

表 4-4 环湖河流连通性整体评价标准

等级	赋分范围	说明
1	80~100	连通性优
2	60~80	连通性良好
3	40~60	连通性一般
4	20~40	连通性差
5	0~20	连通性极差

（2）湖泊萎缩状况

① 指标内涵及计算方法

在土地围垦、取用水等人类活动影响较大的区域，出现了湖泊水位持续下降、水面积和蓄水量持续减小的现象，导致湖泊萎缩甚至干涸。湖泊萎缩比例计算公式如下：

$$ASR = 1 - \frac{A_c}{A_r} \tag{4-3}$$

式中：A_c为评估年湖泊水面面积；A_r为历史参考水面面积。

湖泊水面面积历史参考点选择宜选择在人类活动影响较小的年份。

② 赋分标准

根据全国水资源综合规划调查中的全国湖泊萎缩状况调查成果确定湖泊面积萎缩状况赋分标准见表 4－5。

表 4－5　湖泊面积萎缩状况评价赋分标准

湖泊面积萎缩比例	赋分	说明
5%	100	接近参考状况
10%	60	与参考状况有较小差异
20%	30	与参考状况有中度差异
30%	10	与参考状况有较大差异
40%	0	与参考状况有显著差异

3）湖滨带状况

湖滨带状况评估包括湖岸稳定性、湖滨带植被覆盖率、湖滨带人工干扰程度三个方面。

（1）湖岸稳定性

① 指标内涵及计算方法

湖岸岸坡稳定性评估要素包括：岸坡倾角、湖岸高度、基质特征、岸坡植被覆盖率和岸坡冲刷强度。具体计算公式如下：

$$BKS_r = \frac{SA_r + SC_r + SH_r + SM_r + ST_r}{5} \tag{4-4}$$

式中：BKS_r为岸坡稳定性指标赋分；SA_r为岸坡倾角分值；SC_r为岸坡覆盖率分值；SH_r为岸坡高度分值；SM_r为湖岸基质分值；ST_r为坡脚冲刷强度分值。

② 赋分标准

湖岸稳定性评估指标赋分标准见表 4－6。

表 4－6　湖岸稳定性评估分值指标赋分标准

岸坡特征	稳定	基本稳定	次不稳定	不稳定
分值	90	75	25	0
斜坡倾角（°）（<）	15	30	45	60

续表

岸坡特征	稳定	基本稳定	次不稳定	不稳定
植被覆盖率（%）（>）	75	50	25	0
斜坡高度（m）（<）	1	2	3	5
基质（类别）	基岩	岩土湖岸	黏土湖岸	非黏土湖岸
湖岸冲刷状况	无冲刷迹象	轻度冲刷	中度冲刷	重度冲刷
总体特征描述	近期内湖岸不会发生变形破坏，无水土流失现象	湖岸结构有松动发育迹象，有水土流失迹象，但近期不会发生变形和破坏	湖岸松动裂痕发育趋势明显，一定条件下可导致湖岸变形破坏，中度水土流失	湖岸水土流失严重，随时可能发生大的变形和破坏，或已发生破坏

（2）湖岸带植被覆盖率

① 指标内涵及计算方法

植被覆盖率是指单位面积内植被（包括叶、茎、枝）的垂直投影面积所占百分比。分别调查湖滨带陆域范围乔木、灌木及草本植物覆盖率，对比植被覆盖率评估标准，分别对乔木、灌木及草本植物覆盖率进行赋分。

根据公式 $RVS_r = \dfrac{TC_r + SC_r + HC_r}{3}$ 计算湖岸植被覆盖率指标赋分值。式中，TC_r、SC_r 和 HC_r 分别为评估湖泊所在生态分区参考点的乔木、灌木及草本植物覆盖率。

② 赋分标准

乔木、灌木及草本植物覆盖率指标直接评估赋分标准见表 4 – 7。

表 4 – 7　湖岸植被覆盖率指标直接评估赋分标准

植被覆盖率（乔木、灌木、草本）（%）	说明	赋分
0	无该类植被	0
0 ~ 10	植被稀疏	25
10 ~ 40	中度覆盖	50
40 ~ 75	重度覆盖	75
>75	极重度覆盖	100

（3）湖岸带人工干扰程度

① 指标内涵及计算方法

对湖岸带及其邻近陆域典型人类活动进行调查评估，并根据其与湖岸带的远近关系区分其影响程度。

重点调查评估在湖岸带及其邻近陆域进行的 9 类人类活动，这些活动包括：湖岸硬性砌护、采砂、沿岸建筑物（房屋）、公路（或铁路）、垃圾填埋场或垃圾堆放、湖滨公园、管道、农业耕种、畜牧养殖等。

对评估湖区采用每出现一项人类活动就减少其对应分值的方法进行湖岸带人类影响

评估，无上述 9 类活动的湖区赋分为 100 分，根据所出现人类活动的类型及其位置减去相应的分值，直至 0 分。

② 赋分标准

在湖岸带及其邻近陆域的 9 类人类活动赋分标准见表 4 –8。

表 4 –8　湖岸带人类活动赋分标准

序号	人类活动类型	所在位置		
		河道内（水边线以内）	湖岸带	湖岸带邻近陆域（小河 10m 以内，大河 30m 以内）
1	湖岸硬性砌护		–5	
2	采砂	–30	–40	
3	沿岸建筑物（房屋）	–15	–10	–5
4	公路（或铁路）	–5	–10	–5
5	垃圾填埋场或垃圾堆放		–60	–40
6	湖滨公园		–5	–2
7	管道	–5	–5	–2
8	农业耕种		–15	–5
9	畜牧养殖		–10	–5

湖岸带状况指标（*ASL*）包括 3 个分指标，赋分采用式（4 –5）计算：

$$ASL_r = BKS_r \times 0.25 + BVC_r \times 0.5 + RD_r \times 0.25 \tag{4-5}$$

4.5.1.2　水文水资源

（1）最低生态水位满足程度

① 指标内涵及计算方法

湖泊最低生态水位是生态水位的下限值，是维护湖泊生态系统正常运行的最低水位，若长时间低于此水位运行，湖泊生态系统将发生严重退化。

湖泊最低生态水位采用相关湖泊管理法规定性文件确定的最低运行水位、天然水位资料法、湖泊形态法、水生生物空间最小需求法等方法来确定。

② 赋分标准

根据湖泊最低生态水位（*ML*）满足状况值，按照表 4 –9 中的标准来进行赋分评价。

表 4 –9　湖泊最低生态水位满足程度评价标准

评价指标	赋分
年内 365 日日均水位高于 *ML*	90
日均水位低于 *ML*，但 3 日平均水位不低于 *ML*	75
3 日平均水位低于 *ML*，但 7 日平均水位不低于 *ML*	50
7 日平均水位低于 *ML*	30
14 日平均水位不低于 *ML*	20
30 日平均水位不低于 *ML*	10
30 日平均水位不低于 *ML*	0

（2）入湖流量过程变异程度

① 指标内涵及计算方法

入湖流量过程变异程度指环湖河流入湖实测月径流量与天然月径流过程的差异。其反映评估湖泊流域水资源开发利用对湖泊水文情势的影响程度，同时也是对湖泊水文节律变异评价的重要方面。

流量过程变异程度由评估年逐月实测径流量与天然月径流量的平均偏离程度表达。计算公式如下：

$$FD = \left\{ \sum_{m=1}^{12} \left[\frac{q_m - Q_m}{\overline{Q}_m} \right]^2 \right\}^{\frac{1}{2}} \quad \overline{Q_m} = \frac{1}{12}\sum_{m=1}^{12} Q_m \tag{4-6}$$

式中：q_m为评估年实测月径流量；Q_m为评估年天然月径流量；$\overline{Q_m}$为评估年天然月径流量年均值（天然径流量为按照水资源调查评估相关技术规划得到的还原量）。其赋分标准详见表4－10。

表4－10　流量过程变异程度指标赋分标准

FD	赋分
0.05	100
0.1	75
0.3	50
1.5	25
3.5	10
5	0

4.5.1.3　水质

（1）富营养状态

① 指标内涵及计算方法

湖泊从贫营养向富营养转变过程中，湖泊中营养盐浓度和与之相关联的生物生产量从低向高逐渐转变。营养状态评价一般从营养盐浓度、透明度、生产能力三个方面设置评价项目。本次评价项目包括总磷、总氮、叶绿素a、高锰酸盐指数和透明度，其中，叶绿素a为必选指标。

本次评价采用指数法，营养状态指数计算公式如下：

$$EI = \sum_{n=1}^{N} E_n/N \tag{4-7}$$

式中：EI为营养状态指数；E_n为评价项目赋分值，根据《地表水资源质量评价技术规程》（SL 395—2007）确定各水质项目的赋分标准，具体见表4－11；N为评价项目个数。

表 4－11　湖泊营养状态评价标准及分级方法

<table>
<tr><th colspan="2">营养状态分级
（EI＝营养状态指数）</th><th>评价项目赋分值（E_n）</th><th>总磷（mg/L）</th><th>总氮（mg/L）</th><th>叶绿素 a（mg/L）</th><th>高锰酸盐指数（mg/L）</th><th>透明度（m）</th></tr>
<tr><td colspan="2" rowspan="2">贫营养
（0≤EI≤20）</td><td>10</td><td>0.001</td><td>0.020</td><td>0.0005</td><td>0.115</td><td>10</td></tr>
<tr><td>20</td><td>0.004</td><td>0.050</td><td>0.0010</td><td>0.4</td><td>5.0</td></tr>
<tr><td colspan="2" rowspan="3">中营养
（20＜EI≤50）</td><td>30</td><td>0.010</td><td>0.10</td><td>0.0020</td><td>1.0</td><td>3.0</td></tr>
<tr><td>40</td><td>0.025</td><td>0.30</td><td>0.0040</td><td>2.0</td><td>1.5</td></tr>
<tr><td>50</td><td>0.050</td><td>0.50</td><td>0.010</td><td>4.0</td><td>1.0</td></tr>
<tr><td rowspan="5">富营养</td><td>轻度富营养
（50＜EI≤60）</td><td>60</td><td>0.10</td><td>1.0</td><td>0.026</td><td>8.0</td><td>0.5</td></tr>
<tr><td rowspan="2">中度富营养
（60＜EI≤80）</td><td>70</td><td>0.20</td><td>2.0</td><td>0.064</td><td>10</td><td>0.4</td></tr>
<tr><td>80</td><td>0.60</td><td>6.0</td><td>0.16</td><td>25</td><td>0.3</td></tr>
<tr><td rowspan="2">重度富营养
（80＜EI≤100）</td><td>90</td><td>0.90</td><td>9.0</td><td>0.40</td><td>40</td><td>0.2</td></tr>
<tr><td>100</td><td>1.3</td><td>16.0</td><td>1.0</td><td>60</td><td>0.12</td></tr>
</table>

② 赋分标准

根据《湖泊健康评估指标、标准与方法（试点工作用）》（办资源〔2011〕223 号）确定湖泊营养状态赋分标准，具体见表 4－12。

表 4－12　湖泊营养状态指标赋分标准

EI	赋分
10	100
42	80
45	70
50	60
60	50
62.5	30
65	10
70	0

（2）耗氧有机物污染状况

① 指标内涵及计算方法

耗氧有机物指导致水体中溶解氧大幅度下降的有机污染物，取高锰酸盐指数、化学需氧量、五日生化需氧量、氨氮等 4 项对湖泊耗氧有机物污染状况进行评估。

选用评估年年均浓度进行评估，取 4 个水质项目赋分的平均值（或最小值）作为耗氧有机物污染状况赋分。

$$OCP_r = \frac{(COD_{MNr} + COD_r + BOD_r + NH_3 - N_r)}{4} \tag{4-8}$$

② 赋分标准

根据《地表水环境质量标准》（GB 3838—2002）确定有机物污染状况指标赋分标准，见表4－13。

表4－13　耗氧有机物污染状况指标赋分标准

高锰酸盐指数（mg/L）	2	4	6	10	15
化学需氧量（mg/L）	15	17.5	20	30	40
五日生化需氧量（mg/L）	3	3.5	4	6	10
氨氮（mg/L）	0.15	0.5	1	1.5	2
赋分	100	80	60	30	0

（3）DO水质状况

① 指标内涵及计算方法

DO为湖泊水体中溶解氧浓度，单位mg/L。溶解氧对水生动植物十分重要，过高或过低的DO对水生生物均造成危害，适宜值为4～12mg/L。

② 赋分标准

依据《地表水环境质量标准》（GB 3838—2002）进行赋分，赋分标准见表4－14。

表4－14　DO水质状况指标赋分标准

DO（mg/L）（>）	7.5（或饱和率90%）	6	5	3	2	0
指标赋分	100	80	60	30	10	0

4.5.1.4　水生态

（1）藻类密度

① 指标内涵及计算方法

藻类密度指单位体积湖泊水体中的藻类个数，单位为万个/L。

② 赋分标准

根据《中国湖泊环境》调查数据，我国20世纪80、90年代湖泊藻类密度年均值变动范围在10～10 000万个/L之间。结合上述调查数据，确定藻类密度指标赋分标准，见表4－15。

表4－15　藻类密度指标赋分标准

藻类密度（万个/L）	赋分
40	90
100	75
200	60
500	40
1000	30

续表

藻类密度（万个/L）	赋分
2500	10
5000	0

（2）浮游动物

① 指标内涵及计算方法

采用浮游动物完整性评估的生物损失指数进行评价，指标计算公式如下：

$$ZOE = \frac{ZO}{ZE} \quad (4-9)$$

式中：ZOE 为浮游动物生物损失指数；ZO 为评估湖泊调查获得的浮游动物种类数量（剔除外来物种）；ZE 为 1980s 以前评估湖泊浮游动物种类数量。

② 赋分标准

浮游动物生物损失指数赋分标准见表 4－16。

表 4－16　浮游动物生物损失指数赋分标准

浮游动物生物损失指数	1	0.85	0.75	0.6	0.5	0.25	0
赋分	100	80	60	40	30	10	0

（3）大型底栖动物生物多样性

在国家一期试点指标体系中，大型底栖动物是采用生物完整性指数来表征，根据各试点的反馈，大型底栖动物生物完整性指数确定的过程十分复杂，对基础数据和评估人员的专业知识要求都非常高。多数试点反映该指标缺乏实际可操作性，且应用效果并不理想。因此，本次采用 Shannon-Wiener 多样性指数（H）来表征，计算公式如下：

$$H = -\sum_{i=1}^{n} (n_i/N)\log_2(n_i/N) \quad (4-10)$$

式中：N 为样本生物总体个数；n_i为第 i 种生物的个体数。

② 赋分标准

根据大型底栖动物生物多样性指数计算结果，按照表 4－17 对指标进行赋分。

表 4－17　大型底栖动物生物多样性指数赋分标准

大型底栖动物生物多样性指数	2.5～3	2～2.5	1～2	0.5～1	0～0.5
赋分	100～80	80～60	60～40	40～20	20～0

4.5.1.5　服务功能

（1）水功能区达标指标

① 指标内涵及计算方法

以水功能区水质达标率表示，该指标具体是指对评估湖泊流域包括的水功能区按照

SL 395—2007 规定的技术方法确定的水质达标个数比例。

当评估年内水功能区水质达标次数占评估次数的比例大于或等于 80% 时，即认为水功能区水质达标。

② 赋分标准

水功能区水质达标率计算公式如下：

$$WFZ_r = WFZP \times 100 \tag{4-11}$$

式中：WFZ_r为评估河流水功能区水质达标率指标赋分；$WFZP$ 为评估河流水功能区水质达标率。

（2）水资源开发利用指标（WRU）

① 指标内涵及计算方法

以水资源开发利用率表示，该指标具体是指对评估湖泊流域内供水量占流域水资源量的百分比。该指标表达流域经济社会活动对水量的影响，反映流域的开发程度，反映了社会经济发展与生态环境保护之间的协调性。

指标表达式如下：

$$WRU = WU/WR \tag{4-12}$$

式中：WRU 为评估河流流域水资源开发利用率；WR 为评估河流流域水资源总量；WU 为评估河流流域水资源开发利用量。

② 赋分标准

水资源的开发利用合理限度确定的依据应该按照人水和谐的理念，既可以支持经济社会合理的用水需求，又不对水资源的可持续利用及湖泊生态造成重大影响，因此，过高和过低的水资源开发利用率均不符合湖泊健康的要求。水资源开发利用率指标健康评估概念模型公式如下：

$$WRU_r = a \cdot WRU^2 + b \cdot WRU \tag{4-13}$$

式中：WRU_r为水资源利用率指标赋分；WRU 为评估河段水资源利用率；a、b 为系数，分别为 $a=1111.11$，$b=666.67$。

概念模型仅适用于水资源供水需求量与可供水量之间存在矛盾的湖泊流域，不适用于无水资源开发利用需求的评估湖泊，或水资源供水需求量远低于可利用量的湖泊。对于这些评估湖泊，可以根据实际情况对水资源开发利用率指标进行赋分，如果供水量占水资源总量的比例低于 10%，且已经满足流域经济社会的用水需求，则可以赋 100 分。

（3）防洪指标

① 指标内涵及计算方法

本指标适用于有防洪需求的湖泊。无此功能的湖泊可以不予评估。选择湖泊防洪工程完好率和湖泊蓄泄能力作为湖泊防洪评价指标。

其中，防洪工程完好率是指已达到防洪标准的堤防长度占堤防总长度的比例及环湖口门建筑物满足设计标准的比例，计算公式如下：

$$FLDE = (BLA/BL + GWA/GW)/2 \tag{4-14}$$

式中：*FLDE* 为防洪工程完好率；*BLA* 为达到防洪标准的堤防长度；*BL* 为堤防总长度；*GWA* 为环湖达标口门宽度；*GW* 为环湖河流口门总宽度。

蓄泄能力指湖泊现状可蓄水量与规划蓄洪水量的比例，按照式（4－15）计算：

$$FLDV = VA/VP \tag{4-15}$$

式中：*FLDV* 为湖泊蓄泄能力；*VA* 为湖泊可蓄水量；*VP* 为规划蓄水量。

② 赋分标准

防洪工程完好率、蓄泄能力的赋分标准分别见表 4－18、表 4－19。

表 4－18　防洪工程完好率赋分标准

防洪工程完好率指标	95%	90%	85%	70%	50%
赋分	100	75	50	25	0

表 4－19　湖泊洪水调蓄能力指标赋分标准

调蓄能力指标	95%	90%	85%	70%	50%
赋分	100	75	50	25	0

根据《湖泊健康评估指标、标准与方法》，防洪工程完好率和洪水调蓄能力的权重分别为 0.3 和 0.7，据此可确定湖泊防洪指标的最终赋分。

（4）公众满意度指标

① 指标内涵及计算方法

公众满意度反映公众对评估河流景观、美学价值等的满意程度，调查表见表 4－20。

表 4－20　湖泊健康评估公众满意度调查表

<table>
<tr><td colspan="6">个人基本情况</td></tr>
<tr><td>姓名</td><td></td><td>性别</td><td></td><td>年龄</td><td></td></tr>
<tr><td>文化程度</td><td></td><td>职业</td><td></td><td>民族</td><td></td></tr>
<tr><td>住址</td><td colspan="2"></td><td>联系电话</td><td colspan="2"></td></tr>
<tr><td colspan="6">（1）沿河居民（湖岸以外 1km 以内范围）
①是　②否　③其他（　　）</td></tr>
<tr><td colspan="6">（2）湖泊水量情况
①多　②少　③水量雨季和旱季差别不大　④不好判断</td></tr>
<tr><td colspan="6">（3）湖里能否游泳
①能　②不能</td></tr>
<tr><td colspan="6">（4）湖泊水质
①清洁　②还行　③比较脏　④很脏</td></tr>
<tr><td colspan="6">（5）湖岸带状况
①湖滨带植被数量很多　②湖滨带植被数量很少　③湖滨带被硬化　④湖滨带边是农作物</td></tr>
<tr><td colspan="6">（6）湖泊里鱼类情况
①数量少很多　②数量少了些　③没有变化　④数量多了</td></tr>
</table>

续表

<table>
<tr><td colspan="3">（7）本地鱼种情况
①以前有，现在完全没有了　②以前有，现在部分没有了　③没有变化</td></tr>
<tr><td colspan="3">（8）是否有人沿河散步或进行娱乐休闲活动
①经常会　②偶尔会　③从不会 ④不太清楚</td></tr>
<tr><td colspan="3">（9）湖水有无臭味
①从无臭味　②偶尔有臭味　③常年有臭味</td></tr>
<tr><td colspan="3">（10）水边景观是否和谐美观
①和谐美观　②和谐美观情况尚可　③景观突兀、不美观　④湖边十分脏乱</td></tr>
<tr><td colspan="3">对湖泊的满意程度调查</td></tr>
<tr><td>总体评估赋分标准</td><td>不满意的原因是什么？</td><td>希望湖泊是什么样的？</td></tr>
<tr><td>很满意　100</td><td rowspan="6"></td><td rowspan="6"></td></tr>
<tr><td>满意　80～100</td></tr>
<tr><td>基本满意　60～80</td></tr>
<tr><td>不满意　30～60</td></tr>
<tr><td>很不满意　0～30</td></tr>
<tr><td>总体评估赋分　</td></tr>
</table>

② 赋分标准

综合赋分计算方法如下：

$$PP_r = \frac{\sum_{n=1}^{NPS}(PER_r \cdot PER_w)}{\sum_{n=1}^{NPS} PER_w} \tag{4-16}$$

式中：PP_r为公众满意度指标赋分；PER_r为各类型人群有效调查公众总体评估赋分；PER_w为公众类型权重。其中：沿河居民权重为3，河道管理者权重为2，河道周边从事生产活动为1.6，旅游经常来河道为1，旅游偶尔来河道为0.5。

4.5.2　江苏省湖泊健康评价指标计算方法及评价标准确定

4.5.2.1　入湖口门畅通率

① 指标内涵及计算方法

表征湖泊水体与入湖河流等自然生态系统的连通性，反映湖泊与湖泊流域的水循环健康状况，重点评价主要入湖河流与湖泊水域之间的水流畅通程度。入湖口门畅通率可以用式（4－17）表示。

$$入湖口门畅通率 = \frac{畅通的口门数及与之相通的河道}{总口门数} \times 100\% \tag{4-17}$$

② 赋分标准

根据入湖口门畅通率计算结果，按照表4－21对指标进行赋分。

表 4－21　入湖口门畅通率指标赋分标准

入湖口门畅通率	100% ~80%	80% ~60%	60% ~40%	40% ~20%	20% ~0%
赋分	100 ~80	80 ~60	60 ~40	40 ~20	20 ~0

4.5.2.2　湖水交换能力

① 指标内涵及计算方法

湖水交换能力反映的是湖泊水体交换的快慢程度，计算方法采用换水周期法表示——通过环湖口门的开启与关闭，以及调水等措施，使湖泊水体有序流动，与周围水体进行交换至全湖水量完成一次交换的时间。计算公式如下：

$$\text{换水周期} = \frac{\text{湖泊容积（m}^3\text{）}}{\text{年度出湖水量（m}^3\text{/a）}} \tag{4-18}$$

② 赋分标准

为使各指标之间具有可比性，也为综合评估计算需要，减小误差，采用归一化的方法对换水周期计算结果进行归一化，并根据归一化结果，按照表 4－22 对指标进行赋分。

表 4－22　换水周期指标赋分标准

湖水交换能力	0 ~0.2	0.2 ~0.4	0.4 ~0.6	0.6 ~0.8	0.8 ~1.0
赋分	100 ~80	80 ~60	60 ~40	40 ~20	20 ~0

4.5.2.3　水质污染指数

① 指标内涵及计算方法

反映评价湖区水质与受污染情况，选用平均水质污染指数作为指标值确定方法，依据 GB 3838—2002 中的Ⅳ类标准值，选择用 TN、TP、NH_3－N、COD_{MN}四项典型污染指标，计算公式如下：

$$\bar{P} = \frac{1}{n}\sum_{i=1}^{4} P_i \tag{4-19}$$

式中：$P_i = C_i/C_0$；C_i为所选定污染因子中某种因子实测浓度；C_0为该因子的标准值。

② 赋分标准

首先对平均水质污染指数计算结果进行归一化，并根据归一化结果，按照表 4－23 对指标进行赋分。

表 4－23　平均水质污染指数赋分标准

平均水质污染指数	0 ~0.5	0.5 ~1	1 ~1.5	1.5 ~2	>2
赋分	100 ~80	80 ~60	60 ~40	40 ~20	20 ~0

4.5.2.4 富营养化指数

① 指标内涵及计算方法

反映评价湖区水体营养状况，以湖泊水体中的叶绿素 a 值表示。

② 赋分标准

以湖体叶绿素 a 值反映评价湖区水体营养状况，对应《地表水资源质量评价技术规程》（SL 395—2007）中明确的 Chl-a 的评价分级，详见表 4－24。

表 4－24 Chl-a 营养状态指数评价标准及分级方法

营养状态分级（EI = 营养状态指数）	贫营养（$0\leqslant EI\leqslant 20$）		中营养（$20\leqslant EI\leqslant 50$）			富营养				
						轻度富营养（$50\leqslant EI\leqslant 60$）	中度富营养（$60\leqslant EI\leqslant 80$）		重度富营养（$80\leqslant EI\leqslant 100$）	
叶绿素 a（mg/L）	0.0005	0.001	0.002	0.004	0.01	0.026	0.064	0.16	0.4	1
评价项目赋分值（E_n）	10	20	30	40	50	60	70	80	90	100

4.5.2.5 浮游生物结构

① 指标内涵及计算方法

反映人类活动影响下，评价湖区浮游植物生物结构的变化，对于湖泊蓝藻灾害较为典型的湖泊水体，可以直接以“有害”生物（蓝藻）比例变化来表征，计算公式如下：

$$浮游植物生物结构 = \frac{评估年蓝藻密度}{典型灾害年蓝藻密度值} \tag{4-20}$$

② 赋分标准

根据浮游植物生物结构计算结果，按照表 4－25 对该指标进行赋分。

表 4－25 浮游生物结构赋分标准

浮游植物生物结构	0～0.2	0.2～0.4	0.4～0.6	0.6～0.8	>0.8
赋分	100～80	80～60	60～40	40～20	20～0

4.5.2.6 大型底栖动物生物多样性指数

① 指标内涵及计算方法

反映评价湖区生物结构均衡程度，采用 Shannon-Wiener 多样性指数（H）进行计算，计算公式如下：

$$H = -\sum_{i=1}^{n}(n_i/N)\log_2(n_i/N) \tag{4-21}$$

式中：N 为样本生物总体个数；n_i为第 i 种生物的个体数。

② 赋分标准

根据大型底栖动物生物多样性指数计算结果，按照表 4－26 对指标进行赋分。

表 4－26　大型底栖动物生物多样性指数赋分标准

大型底栖动物生物多样性指数	2.5～3	2～2.5	1～2	0.5～1	0～0.5
赋分	100～80	80～60	60～40	40～20	20～0

4.5.2.7　调蓄能力

① 指标内涵及计算方法

反映湖泊防洪功能，指标计算公式如下：

$$蓄泄能力 = \frac{入湖水量 + 湖区降水量 - 蒸发量}{可蓄量 + 出湖水量} \tag{4-22}$$

② 赋分标准

根据湖泊蓄泄能力计算结果，按照表 4－27 对该指标进行赋分。

表 4－27　湖泊蓄泄能力指标赋分标准

湖泊蓄泄能力	0～60	60～70	70～80	80～90	90～100
赋分	100～80	80～60	60～40	40～20	20～0

4.5.2.8　水功能区水质达标率

① 指标内涵及计算方法

反映湖泊供水能力，指标计算公式如下：

$$水功能区水质达标率 = \frac{水质达标水功能区或测点数}{总功能区数或测点数} \times 100\% \tag{4-23}$$

② 赋分标准

根据水功能区水质达标率计算结果，按照表 4－28 对该指标进行赋分。

表 4－28　水功能区水质达标率指标赋分标准

水功能区水质达标率（%）	95～100	90～95	80～90	70～80	0～70
赋分	100～80	80～60	60～40	40～20	20～0

第 5 章　江宁区河流生态系统健康评估

5.1　研究对象概况及存在问题

根据本研究提出的河流生态系统健康评价方法，选择江宁区秦淮河、牛首山河、云台山河等 3 条河流开展健康评价。

5.1.1　秦淮河

5.1.1.1　流域概况

（1）地理概况

秦淮河地处长江下游右岸，分为南北两源，北源句容河发源于句容市宝华山南麓，南源溧水河发源于溧水区东庐山，两条支流在江宁区方山埭西北村汇合成秦淮河干流；其中江宁段上起秦淮河支流溧水河后村以南和二干河白土圩，干流自上而下有三干河、横溪河、句容河、云台山河、牛首山河、外港河等支流汇入，绕过房山向西北至上坊门从东水关流入南京市区，秦淮河江宁段河流总长约 80.5km，其中江宁境内干流段长约 37km。

（2）地形地貌

秦淮河流域为一完整的构造盆地。中生代燕山运动奠定了其四周山地丘陵的雏形，白垩纪盆地内部沉积了厚达千余米的红层，新生代以来堆积不厚，仅在岗地上堆积了厚度不大的黄土。全新世的秦淮河冲积物沿河谷分布，整个流域略呈方形，长、宽各约 50km 左右，流域面积 2631km^2，其中江宁区占 41%。秦淮河自盆地西北角汇入长江。由盆地四周向中心的地貌类型依次为山地丘陵、黄土岗地和平原圩区，其中平原圩区面积占 25% 左右。

秦淮河流域北缘为紫金山、青龙山、大连山、汤山、大华山和仑山等属宁镇山脉的山地和丘陵，高程为 300 ~ 400m；东缘为三茅峰、枯牛墩、大茅峰（373m）、方山、腰子顶、翳山（400m）和瓦屋山等属茅山山脉的山地和丘陵，高程为 250～400m；南缘为溧水区中部的东庐山（274m）、陈山、秋湖山、双尖山、马鞍山、平安山、小茅山、横山等以中生代岩浆岩和火山碎屑岩为主的丘陵，高程 200～350m；西缘有韩府山、牛首山、祖堂山（256m）、皇姑山和云台山（319m）等以岩浆岩和火山碎屑岩为主体的山地丘陵。盆内的基岩残丘不多，玄武岩山仅方山和句容境内的赤山两座。

流域盆地内的黄土岗地分布于南北低山丘陵之间，岗地地形较复杂，地表起伏显著，海拔高程 10～40m 不等。地表几乎为第四纪系黄色黏土覆盖，俗称黄土岗地，岗顶平缓。秦淮河两岸平原地势平坦，其间有少量突出的石山如牛首山、阳山、方山等成岛状分布，少部分属于从垄岗过渡而成的低平岗，地面高程 6～8m。自东山镇至方山的秦淮河两岸平原全新世沉积物厚度 30～40m，其下部为砂砾层，上部为粉砂与亚黏土，具有河流沉积物的特征。

（3）气候特征

秦淮河流域属北亚热带向中亚热带的过渡地带，气候湿润，四季分明，年平均气温 15.4℃，自西南向东北递减。年平均日照 2240h，平均无霜期 224d。流域雨量充沛，常年降雨量 1047.8mm，但因受季风环流的支配，每年季风出现的迟早和强弱的不同，常使年际、季际的降雨量出现明显的差异。全年中有 3 个较明显的多雨期和 3 个明显的少雨期。多雨期为：4—5 月上半月春雨连绵，常称为“桃花水”，平均降雨量为 189.7mm；6 月下旬至 7 月上旬的梅雨期，平均降雨量为 347.7mm；8—9 月是受台风影响的秋雨期，平均降雨量 205.4mm。三期的雨量占全年雨量的 70.6%，暴雨大多出现在梅雨期和台风季节。降雨最少的月份为 12 月和 1 月，多年平均雨量仅 66.1mm。全年雨量分配相对集中在作物旺盛生长季节，正常年份雨量能满足水稻、三麦及其他作物生长需要。一般年份水量供需基本平衡。

（4）土壤植被

根据江宁区第二次土壤普查成果，秦淮河流域土壤共分 6 种、13 个亚类，30 个土属，67 个土种，以黄棕壤、黄褐土和水稻土为主。流域植被主要受地带性影响，垂直带分布不明显。植被明显反映纬向地带性的特点，是落叶林逐步过渡到落叶阔叶林、常绿阔叶混交林的地区。在境内由北至南略有差异，其分布趋势为：北部丘陵普遍分布马尾松林，并常见麻栎、栓皮栎、枫香、化香落叶小乔木、糯米椴等落叶阔叶林；至南部逐渐增加常绿阔叶树种和青冈栎、苦槠、冬青、石楠等，西南部一带为竹林集中分布区。各类次生植被中，次生森林面积远大于次生灌丛、草丛面积，次生针叶林面积大于次生阔叶林面积。灌木的种类繁多。栽培植被大多分布于平原圩区与岗地，以大田作物分布面积最大。

（5）水生动植物

秦淮河水生生物种类和种群数量较丰富，物种较为常见，没有受国家保护的珍稀物种，河道内无人工水产养殖。根据项目组 2018 年夏季和秋季采样结果，河道内浮游植物共 7 门 79 种，以硅藻门为主，达到 26 种；其次是蓝藻和绿藻门，分别为 22 种和 20 种；另有裸藻门 6 种、黄藻以及隐藻门各 2 种、金藻门 1 种；优势种为小球藻、小席藻、小型色球藻、两栖颤藻、水生集胞藻、阿氏颤藻、类颤鱼腥藻、湖泊伪鱼腥藻、颗粒直链藻、巨颤藻、梅尼小环藻、不定微囊藻、颗粒直链藻极狭变种、静水柱胞藻、短小舟形藻、窝形席藻、椭圆小球藻、不定腔球藻、尖尾蓝隐藻。在5个采样点中，小球藻和阿氏颤藻均为优势种。浮游动物主要有原生动物、轮虫、枝角类、桡足类等；共发现底栖动物21种，其中昆虫纲摇蚊科幼虫种类最多，有9种，其次是寡毛纲3种、腹足纲3种，其他昆虫2种，双壳纲、甲壳纲种类较少，各2种；鱼类主要有鲫鱼、马口鱼、泥鳅、鲶鱼、黄颡鱼、黄鳝等。

5.1.1.2 河道概况

本次河流健康评估重点评估河段为秦淮河干流段，即自句容河和溧水河汇合处西北村至上坊门河段，为科学评估秦淮河干流健康状况，本次工作在其两大支流句容河、溧水河的下游分别设置了1个监测点。

（1）句容河

句容河源出句容市宝华山，上游有二支：以句容水库为始的一支河、以北山水库为始的二支河。两支流在句容市华阳镇房家坝汇合，过黄泥坝进入南京市的江宁区境，由南向转西向接纳赤山湖来的句容河北、中、南河，在周子圩接纳汤水河，经夏三岔，在同进桥接纳东索墅河，在湖熟镇接纳团结河，经龙都镇接纳胜利河，最后达西北村汇合溧水河入秦淮河，为秦淮河北源，河道全长64.8km，河宽25～100m，流域面积1262km^2。

句容河河道水量较为充足，河岸带以草土护坡为主，部分河段因防洪和血防等要求，有混凝土衬砌，河堤建有防汛公路，河岸带人类活动干扰相对较小。句容河河道两岸分布着大面积圩区，河道沿线分布着诸多排涝泵站和涵闸等排口；部分集镇河段水体污染较为严重。

（2）溧水河

发源于溧水县的东庐山，过石臼湖，进入江宁后，途经铜山、禄口、秣陵、龙都等地，主要支流一干河、三干河在江宁区禄口镇汇合，自南向北，接纳横溪河，在朱公村接纳二干河，在庞家乡接纳南河，至江宁区西北村与句容河汇合，属秦淮河南源，从中山水库到秦淮河全长65km，流域面积464.82km^2。

溧水河河道水量较为充足，江宁段河岸带以草土护坡为主，部分河段因防洪和血防等要求，有混凝土衬砌，河堤建有防汛公路，河岸带人类活动干扰相对较小。溧水河上游穿过溧水城区，进入江宁境内后，河道两岸土地利用类型以圩区为主，同时也分布着一定数量的集镇和村庄等建设用地；溧水河河道沿线也有一定数量排涝泵站和涵闸等排口，部分集镇河段水体污染较为严重。

（3）秦淮河干流

江宁区秦淮河干流段始于句容河和溧水河交汇的西北村，沿途有云台山河、牛首山河、外港河等支流汇入，至上坊门桥进入秦淮区，河段长度约37km，河道宽度多在

80 ~ 250m 之间，其中秦淮新河河口以南河段宽度多在 150 ~ 250m 之间，河口以北河段宽度多在 80 ~ 150m 之间，平均河道比降约为 0.08‰。支流秦淮新河设置有秦淮新河闸，设计流量 $800m^3/s$，主要功能是排洪、蓄水，近年来也用于调水引流，改善干流南京城区河段水质；下游在秦淮河区设置有武定门闸，该闸设计流量 $450m^3/s$，主要功能是排洪、蓄水。

5.1.1.3　主要生态环境问题

（1）未实现彻底控源截污，部分河段水质较差

江宁区秦淮河干流在绕城公路（G2501）以北的河道两侧是城市建成区，由于雨污分流工程尚未彻底实施到位，部分小区雨污分流管网以及小区通往污水主干管网的支管建设滞后，建成区内居民生活污水排放仍有可能进入干流河道；加之秦淮河干流下游有武定门闸控制，枯水期水体流动性较差，部分河段水体富营养化较为严重。

（2）护坡形式较为单一，河岸带生态系统稳定性较差

作为流域中陆地生态系统与河流生态系统之间的过渡带，河岸带具有水陆交错带的典型特征，可起到拦截和过滤面源污染、稳定河岸、美化环境和物种生境补缺等作用。近十几年来，江宁区秦淮河干流两侧建设用地扩张较快，出于城市建设、防洪、固岸、血防等目的，秦淮河两岸陆续实施了护岸工程，护岸形式大部分为草土护坡，护岸植被类型较为单一，河岸带生态系统的结构稳定性较差，导致河道水体的自净能力较差。

5.1.2　牛首山河

5.1.2.1　流域概况

（1）地理概况

牛首山河位于江宁工业开发新区，西起洋山司家桥、东至石家埠，全长 8.7km，最大洪峰流量约 $207m^3/s$，汇入外秦淮河干河，是江宁区代表性季节性雨源、断头浜城市内河。牛首山河源位于江宁区秣陵街道胜太社区，河口位于秣陵街道长山社区，流域范围为东经 118°42′48″ ~ 118°48′40″、北纬 31°52′30″ ~ 31°56′51″，流域面积约为 $47.6km^2$。

（2）地质地貌

牛首山河地处江宁区中部偏北，该区域属于新华夏系第二巨型隆起带与秦岭东西向复杂构造带东延的复合部位，属元古代形成的华南地台。地表为新生代第四纪的松散沉积层堆积。该河流域地貌以冲积台地和冲积平原为主，河道整体地处洼地，水体落差较小，河源处河宽 8 ~ 10m，中段河宽 14 ~ 20m、尾端河宽 25 ~ 60m，平均比降约 0.5‰。下游河堤、滩面完整，为 50 年一遇防洪标准，堤顶主要为水泥铺面，河坡滩面以下多为浆砌石衬砌护坡，缺少植被生长所必需的土壤养分条件。中上游河堤、滩面不完整，堤顶植被稀疏，河坡滩面大多裸露，水土流失严重，河道生态环境退化严重，生态系统十分脆弱。

（3）气候特征

牛首山河流域地处亚热带季风气候区，四季分明、气候温和、无霜期长、雨水丰沛、光照充足。春秋冷暖多变、夏季炎热多雨、冬季寒冷少雨。由于同时受到西风带、副热带和低纬度天气系统的共同影响，常出现雨涝、台风、寒潮、干旱、雷雨等灾害性天气。牛首山河流域所处江宁地区多年平均降水量为1072.9mm，多年平均水面蒸发量为1472.5mm，年平均气温15.7℃，年平均日照时数2148h，日照率为49%，年平均无霜期224d。

（4）土壤植被

根据江宁区第二次土壤普查成果，牛首山河及周边土壤类型以黄棕壤、黄褐土和水稻土为主。牛首山河流域植被较为丰富，其中高等植物超过600种（含种下等级），隶属130科、389属，其中苦槠树、紫金牛、茶蘼子、南京椴、爬藤榕、黄杜娟、白鹃梅、乌饭子、珂楠树等是目前南京地区较为罕见的植物。在河道沿岸外围，大部分地区已经成为建设用地，河道外围植被以人工种植的树木、花草等代替。

（5）水生动植物

牛首山河水生生物种类和种群数量较少，物种较为常见，没有受国家保护的珍稀物种，河道内无人工水产养殖。河道内浮游植物以蓝藻门为主，常见种类为两栖颤藻、隐杆藻等；其次是绿藻门、裸藻门等，其中绿藻门常见的种类为星冠盘藻，裸藻门常见的种类为梭形裸藻。浮游动物主要有原生动物、轮虫、枝角类、桡足类等；底栖动物主要有水蚯蚓、羽苔虫、田螺、钩虾、介形类、摇蚊等；鱼类主要有鲫鱼、马口鱼、泥鳅、鲶鱼、黄颡鱼、黄鳝等。

5.1.2.2 河道形态

根据现场调研结果，自河源起至牛首山河口，根据河道形态及河岸带状况等，可将牛首山河整体划分为三个河段。

（1）上游段

本段为牛首山河上游，自河源经水阁路桥至诚信大道桥附近的何魏泵站排水口上游，总长约2.9km。其中河源段由呈“人”字形分布的隐龙路纳污渠（沿隐龙路至佛城西路）和康平街纳污渠（沿康平街至丹阳大道）组成；两条人工纳污渠汇流后，继续流动约1.2km后，到达何魏泵站排水口。

两条人工纳污中，隐龙路纳污渠全长0.75km，渠道宽度约8～10m，两侧分布着汉桑公司、大全公司、中电电气等多家企业，河道沿线有工业废水和生活污水汇入。渠道全程为垂直水泥石块岸堤，渠道内有多个道路雨水排水口，用以接纳沿岸企业的生活污水和工业废水。康平街纳污渠全长约1.7km，渠道宽度为6～8m，两侧工业企业较少，在枯水季有少量工业废水排入。渠道全程为垂直水泥石块岸堤，渠道内有多个道路雨水排水口，此外，还接纳水长街南侧一带雨水汇入，渠道内水量较小，经常有断流现象。

自两条人工纳污渠汇合口至何魏泵站排水口长约1.15km的河段中，河岸两侧均为垂直水泥岸堤，河宽约 14～20m、水深 0.5～1.0m。河道底泥淤积严重，在枯水季大部分区域水深不足 1m，河道水质较差，牛首山河水体富营养化最严重的河段，主要原因是水阁路桥下有两处雨水排水口，其中一个雨水排水口有工业废水汇入，加之河道水体流动性较差、河道自净能力不强，导致水体污染严重。

（2）中游段

本段始于诚信大道桥，止于九龙湖入口上游的苏源大道桥，全长约 2.8km，河岸以自然岸堤为主，部分河段为水泥硬质护岸或草坪砖护岸；河岸带陆向草本植物覆盖率较高，河道水面线以上区域偶见人工种植的灌木和乔木；中游段河宽约 20～40m，其中何魏泵站至杨陈桥断面河长约 1.3km，河道宽度约 20～40m，河岸带大型水生植物发育较差，局部河段有蓝藻危害；杨陈桥至苏源大道桥长度约 1.5km 的河段内，河宽约 30～80m，河岸带挺水植物发育稍好，但个别河段也存在蓝藻危害。

（3）下游段

本段始于牛首山河九龙湖入口上游苏源大道桥，止于牛首山河河口，全长约 3.0km，苏源大道桥至外秦淮河河段内，河宽约 40～90m，水体流速较快，河岸以自然岸堤为主，陆向河滨带草本植物覆盖率较高。

5.1.2.3　主要生态环境问题

（1）无地表径流汇入，水源主要为工业废水和生活污水

牛首山河水源主要来自于两条人工纳污渠，无其他支流汇入，河道全程设置了多个雨水泵站，在非汛期水源主要来自河道沿线排入的生活污水和工业废水；汛期时，还接纳市政雨水管网排放的雨水，河道水体水质较差。

（2）河道比降小、水动力条件差

牛首山河整体地处低洼地带，地势低平、水流整体落差较小，河道比降均比不大。非汛期时河道径流量很小、水体流动性差；汛期时则受外秦淮河水顶托作用，造成水流缓慢，甚至形成河水倒灌。总体而言，牛首山河水动力条件总体较差，河道自净能力不强，部分河段水体富营养化十分严重。

（3）河道沿线城市化特征明显

近年来，随着江宁经济社会发展和城市化进程的不断加快，牛首山河两岸的农田逐渐被企业、居民区、道路、公园等建设用地取代，河道也由农村河道演变为城市内河。截至目前，除部分乡村河段两岸沿河垦殖仍有零星农业灌溉用水外，牛首山河已基本无其他农业灌溉功能。未来，随着城市化水平的不断提高，其行洪功能和景观功能将日益受到重视。

（4）部分河段河岸带过度硬化，生态护岸措施不到位

作为流域中陆地生态系统与河流生态系统之间的过渡带，河岸带具有水陆交错带的典型特征，可起到拦截和过滤面源污染、稳定河岸、美化环境和物种生境补缺等作用。近十几年来，牛首山河地区城市化发展十分迅速，出于城市建设、防洪、固岸等目的，

牛首山河沿岸陆续实施了护岸工程，但由于人们对河岸带生态功能的重要性认识不到位，导致护岸形式以垂直水泥护坡为主，生态护岸措施不到位，人为导致河道与岸坡陆域完全隔离，河岸带大型水生植物缺乏，水域生态系统结构简单，生态系统的稳定性较差。

5.1.3　云台山河

5.1.3.1　流域概况

（1）地理概况

云台山河是秦淮河重要支流之一，起源于云台山，流经江宁区横溪、禄口、秣陵3个街道，在洋桥附近汇入秦淮河干流。全长16.5km，流域面积204km^2。

（2）地形地貌

云台山河起源于云台山，该山位于江宁区西南的横溪街道，因古有云台寺而得名。山体呈北东走向，总面积约720hm^2，主峰高319.1m。山势巍峨，山体由三叠系黄马青组砂岩和侏罗系闪长玢岩等组成；山东南有云台山硫铁矿及云台山抗日烈士墓。宋《景定建康志》引《六朝记》云：“云台山北有大石，如卧鼓、中空，可坐数十人，其高九尺，上有小石，吴时呼为石鼓”，今已无存。云台山南2km是母鸡山，山高273m，该山亦蕴藏有丰富的硫铁矿资源。

（3）气候特征

云台山河属秦淮河流域，为北亚热带向中亚热带的过渡地带，气候湿润，四季分明，年平均气温15.4℃，自西南向东北递减。年平均日照2240h，平均无霜期224d。流域雨量充沛，常年降雨量1047.8mm，但因受季风环流的支配，每年季风出现的迟早和强弱的不同，常使年际、季际的降雨量出现明显的差异。

（4）土壤植被

根据江宁区第二次土壤普查成果，云台山河流域土壤以黄棕壤、黄褐土为主。云台山河河岸带原生植被有23种，其中沉水植物和漂浮植物的种类较少，挺水和湿生植物、陆生草木和藤本植物、乔木和灌木种类较多；原生植物中有一些耐污种类，如芦苇、水蓼、红蓼酸模和紫萍等，且原生植物群落结构已趋于简单化。云台山河河岸带共有原生植被23种，其中70%属于世界广布种，17%属于泛热带性质的种。由于原生植物的地域差异性不明显，故世界广布种所占比例较高。同时，南京地处亚热带，群落中具有热带性质的物种也占据一定比例，如凤眼莲、菖蒲、乌柏、楝树等。

（5）水生动植物

云台山河水生生物种类和种群数量较丰富，物种较为常见，没有受国家保护的珍稀物种，河道内无人工水产养殖。根据项目组2018年夏季和秋季采样结果，河道内浮游植物共7门107种，以硅藻门为主，达到35种；其次是绿藻和蓝藻门，分别为34种和21种；另有裸藻门11种，黄藻、甲藻以及隐藻门各2种；优势种为扁圆卵形藻、多形丝藻、湖泊为鱼腥藻、集星藻、巨颤藻、具星小环藻、颗粒直链藻、啮蚀隐藻、水生集胞藻、椭圆小球藻、细粒囊裸藻、小球藻、小席藻、小新月藻、小型色球藻、圆形扁裸藻。在5个采样点中，小球藻为优势种。夏季和秋季两次调查共发现底栖动物2种，夏季发现底栖动物1种，秋季发现底栖动物2种，秋季物种数高于夏季，均为软体动物门腹足类。夏季和秋季物种组成无明显差异。

5.1.3.2　主要生态环境问题

（1）自然生态环境破坏严重，河流自净能力不足

云台山河下游河道整体地势低平，水流缓慢，水流整体落差较小，富氧能力不足，自净能力较差，可谓“先天不足”。由于河道运行多年，河流动力所导致的泥沙相互转换，从而使河道的水流自然流动性受到了不同程度的破坏，削弱了河道的自净能力。此外，自然生态条件与流域内水质紧密相关。目前，云台山河河岸陆生植被、湿生植被和水生植被共同存在的全系列植物带已很少见，水生植物群落结构已趋于简单化，下游河岸带迎水坡岸坡已基本混凝土化，严重降低了沿线面源污染的拦截削减能力。

（2）上游段污染源构成直接水质胁迫

云台山河上游湖头桥至正方中路桥沿岸区域是秣陵街道的重要组成部分，位于社会经济发展速度较快的秣陵新市镇建设区域。区内人口稠密，生活、工业、社会服务产业聚集度大，城市化特征明显，污染物排放强度较大。现状存在的主要水环境问题主要包括：泵站溢流污染物入河污染严重，主要支流污染亟需整治，工业企业接管率不高，农村分散生活污水、畜禽养殖废水处理有待加强等。此外，江宁南区污水处理厂尾水排放污染亦不容忽视：该污水处理厂位于新跃河以北的锅底圩，收集秣陵集镇、紫金江宁、开发区殷巷九龙湖片区、东善桥片区内的污水，目前设计出水按一级A标准，与该段水体达标要求的Ⅳ类水排放限值仍有较大差距，运营期尾水排放将对其所排入的云台山河段形成一个较大的点源排放贡献，由于其尾水排口距正方中路桥断面较近，其污染物排放将直接影响到该断面的水质达标，对下游的云台山河水体也将造成一定的影响。

5.2　河流分段和监测点位确定

5.2.1　代表河段和监测点位确定

《水环境监测规范》（SL 219—2013）明确，在进行河流生态系统健康评估时，各代表河段长度原则上按照40倍河宽确定，但不超过1km，每个代表性河段内原则上按4倍河宽等分距离布设监测断面。按照此原则，结合秦淮河、牛首山河和云台山河实际情况，选择代表河段并布置监测断面。

5.2.1.1　秦淮河

本次秦淮河健康评估共设置5个代表河段，其中在秦淮河2条支流句容河、溧水河

下游分别设置 1 个代表河段；并在秦淮河干流段设置 3 个代表河段。实地调研情况表明，秦淮河干流宽度在 80～250m 之间，且 5 个代表河段内河道形态、河岸带状况、水质和大型水生植物群落结构等相差不大。因此，本次评估在每个代表性河段内均布设 1 个监测断面。

根据收集到的秦淮河大断面监测资料，干流河段虽河宽较宽，但沿断面横向河道形态差别不大，河岸带以人工建设的草土护坡为主，河岸带形式、宽度、植被类型等较为类似；因此沿河流监测断面横向仅布设一个采样点位。综上所述，本次评估在江宁区秦淮河干流共设置 5 个监测采样点，其中支流句容河、溧水河上设置 2 个监测采样点，秦淮河干流上设置 3 个监测采样点（图 5－1）。各河段分区长度及监测点位坐标见表 5－1。设置的各监测采样点主要用于采集水质和浮游植物、大型底栖动物等样品。

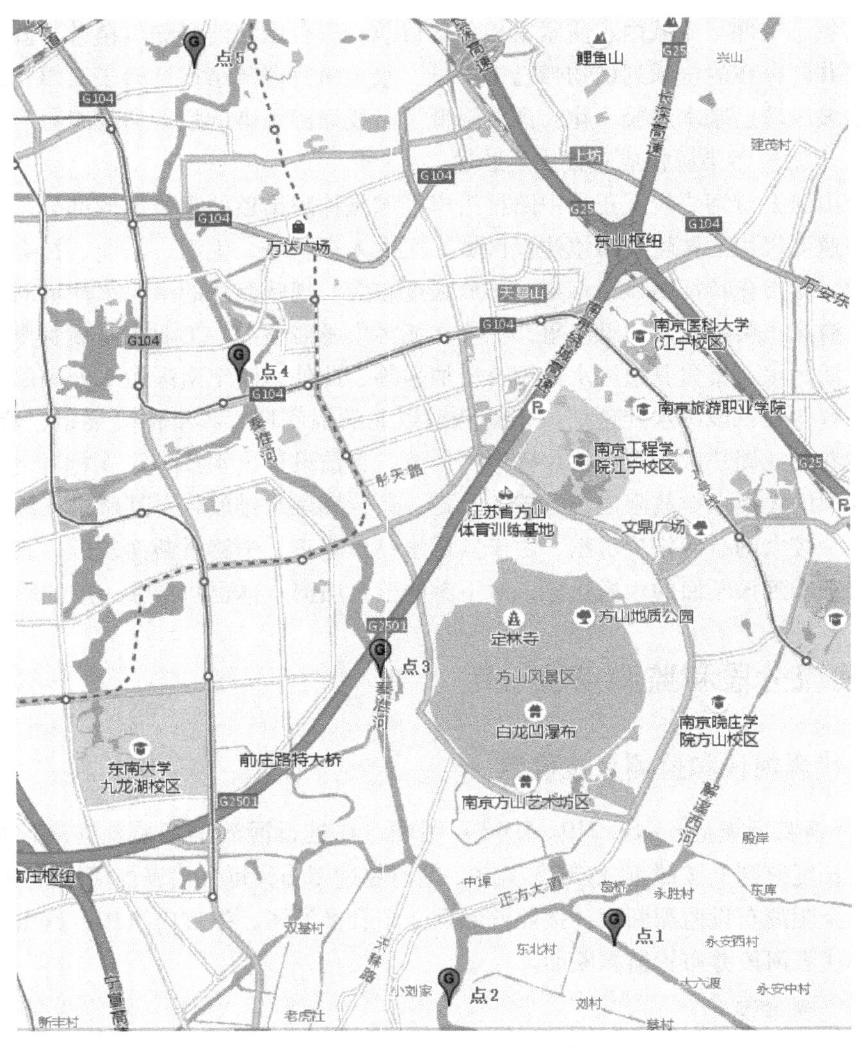

图 5－1　秦淮河调查点位分布图

表 5-1　秦淮河河流分段情况及监测点位坐标

序号	分段	分区长度（km）	采样点坐标	
			北纬	东经
1	句容河	2.9	31°51′18″	118°51′35″
2	溧水河	1.6	31°51′46″	118°53′13″
3	干流 1	3.2	31°53′42″	118°51′3″
4	干流 2	4.7	31°55′58″	118°49′53″
5	干流 3	5.2	31°58′12″	118°49′43″

5.2.1.2　牛首山河

牛首山河属小型城市内河。目前牛首山河的主导功能为农业用水，同时还兼具排涝和景观功能。根据河道形态及河岸带状况，自河源至河口，可分为上游段、中游段和下游段 3 段，根据《水环境监测规范》（SL 219—2013），在河流上、中、下游分别设置代表河段，由于牛首山河属小型河流，全长仅 8.7km，实地调研情况表明，3 个河段中各段河道形态、河岸带状况、水质和大型水生植物群落结构等相差不大，因此，本次评估适当放宽监测断面布设要求，在每个代表性河段内均布设一个监测断面（图 5-2）。

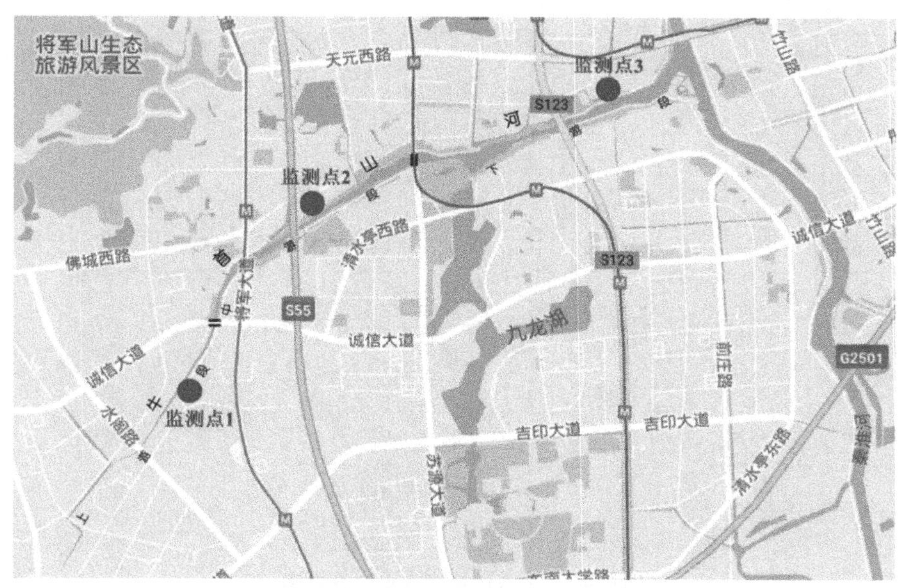

图 5-2　牛首山河调查点位分布图

此外，由于牛首山河宽度在 8～90m 之间，下游部分河段虽河宽超过 50m，但沿断面横向河道形态和河岸带差别不大，因此沿河流监测断面横向仅布设一个采样点位。综上，本次评估将牛首山河分为上、中、下游三个河段，每个河段设置 1 个采样点，用于采集水质和浮游植物、大型底栖动物等样品。牛首山河代表河段长度和监测坐标见表 5-2。

表5-2　牛首山河代表河段长度及监测点位坐标

序号	分段	分区长度（km）	采样点坐标	
			北纬	东经
1	上游	1.7	31°53′55″	118°46′42″
2	中游	1.15	31°55′4″	118°47′52″
3	下游	5.85	31°55′37″	118°49′37″

5.2.1.3　云台山河

本次云台山河健康评估共设置5个代表河段，其中在2条支流下游分别设置1个代表河段，并在云台山河干流段设置3个代表河段。实地调研情况表明，云台山河宽度在20～170m之间，且5个代表河段内河道形态、河岸带状况、水质和大型水生植物群落结构等相差不大。因此，本次评估在每个代表河段内均布设1个监测断面（图5-3）。

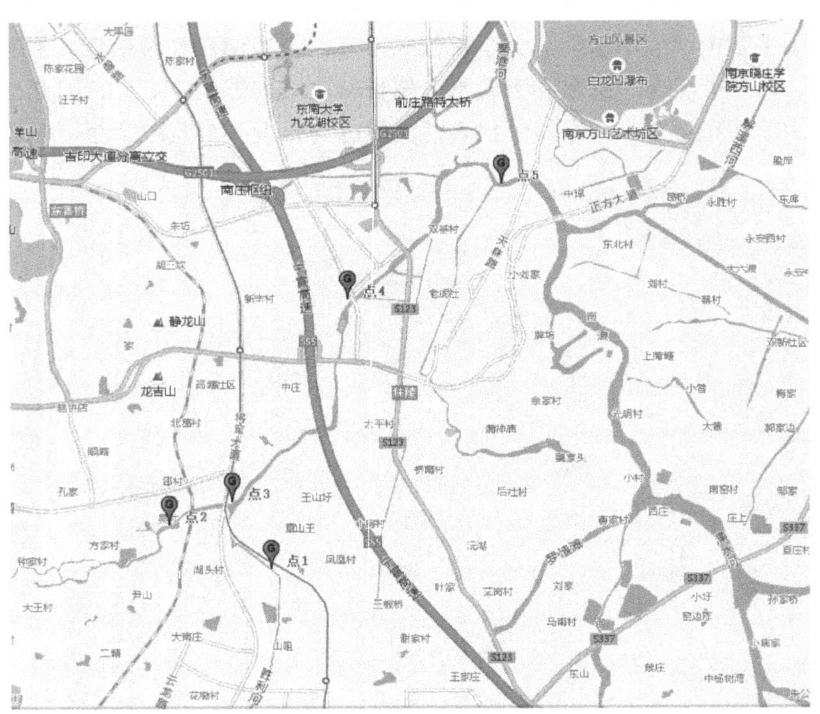

图5-3　云台山河调查点位分布图

根据收集到的云台山河断面监测资料，部分干流河段虽河宽较宽，但沿断面横向河道形态差别不大，河岸带以人工建设的草土护坡为主，河岸带形式、宽度、植被类型等较为类似；因此沿河流监测断面横向仅布设一个采样点位。综上所述，本次评估在江宁区云台山河共设置5个监测采样点，其中支流设置2个监测采样点，云台山河干流上设置3个监测采样点。设置的各监测采样点主要用于采集水质和浮游植物、大型底栖动物等样品。云台山河代表河段长度和监测点位坐标见表5-3。

表5－3　云台山河代表河段长度及监测点位坐标

序号	分段	分区长度（km）	采样点坐标	
			北纬	东经
1	点1	4.2	31°48′25″	118°48′27″
2	点2	5.0	31°49′14″	118°47′29″
3	点3	2.3	31°49′49″	118°48′28″
4	点4	3.6	31°51′24″	118°49′23″
5	点5	3.2	31°52′28″	118°50′58″

5.2.2　河岸带监测区确定

按照《水环境监测规范》（SL 219—2013）要求，应根据河流横断面形态和河岸带植被、地形、土壤结构、沉积物、洪水痕迹和土地利用等不同状况，确定河道和左右河岸带采样区。同时应根据河道堤防实际情况，河岸带取样区范围为实际水面线至两岸堤防之间陆域区和陆向延伸10m的区域，或实际水面线至设计洪水位范围外加向陆向延伸10m的区域。

（1）秦淮河

实地调查表明，秦淮河干流上、中、下游3个河段的河道形态和河岸带特征并无太大差异，因此本次评价在上、中、下游3个河段内左、右岸分别设置1个河岸带监测区域，监测位置与水质、水生态监测断面所处位置相同。对于句容河、溧水河，本次在2个支流下游分别设置了1个监测采样区域，以分析秦淮河2条重要支流的健康状况，采样区监测位置与水质、水生态监测断面所处位置也全都相同。

（2）牛首山河

由于牛首山河长度仅8.7km，河流上、中、下游3个河段内部河道形态和河岸带特征并无太大差异，因此本次评价在上、中、下游3个河段内左、右岸分别设置1个河岸带监测区域，监测位置与水质、水生态监测断面所处位置相同。

（3）云台山河

实地调查表明，云台山河干流上、中、下游3个河段内部河道形态和河岸带特征并无太大差异，因此本次评价在上、中、下游3个河段内左、右岸分别设置1个河岸带监测区域，监测位置与水质、水生态监测断面所处位置相同。对于2条支流，本次在2个支流下游分别设置了1个监测采样区域，以分析云台山河2条重要支流的健康状况，采样区监测位置与水质、水生态监测断面所处位置也全都相同。

5.3　基础数据获取

本次河流健康评价涉及的基础数据包括水文水资源、物理结构、水质、水生态和社会服务功能等多个方面，其中河流的物理结构、水质、水生态数据主要通过野外调查采样的方法获取；水文水资源、水动力、社会服务功能等数据则主要通过资料收集、统计分析和调查分析等方法获取。

5.3.1 国家一期试点评估指标体系

5.3.1.1 水文水资源

1）流量过程变异程度（*FD*）

（1）秦淮河

秦淮河干流在武定门闸设置武定门闸水文站，控制秦淮河干流以上来水。为了计算江宁区秦淮河干流流量过程变异程度，本次收集了武定门闸站2000—2014年逐月径流实测数据；收集了江宁区安基山水库站、土桥站、前埠村站、赵村水库站、公塘水库站、东山站、其林站、江宁镇站和营防站等9个雨量站2000—2014年的逐月降水量数据；将武定门闸站2000—2014年1—12月的多年平均月流量值作为式（3－2）中的评估水期实测月径流量 q_m。

为了计算流量过程变异程度指数，需要计算评估2000—2014年多年平均逐月天然径流量 Q_m。根据芮菡艺的研究成果，统计了不同降水量条件下秦淮河流域的天然径流系数，结果如图5－4所示。

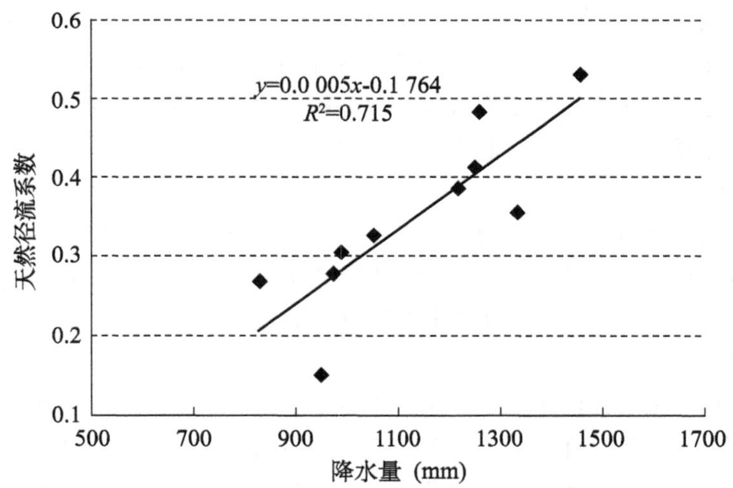

图5－4　秦淮河流域降水-天然径流系数曲线

首先根据9个雨量站的降水量数据，按照泰森多边形插值的方法，计算各个雨量站在江宁辖区范围内武定门闸以上的秦淮河流域所占的权重，然后按照加权平均的方法，计算武定门闸以上江宁区秦淮河流域2000—2014年逐月面降水量数据，统计多年平均面降水量数据，对照图5－4，计算出天然径流系数。然后计算武定门闸以上流域1—12月多年月平均面降水量，根据天然径流系数，计算得到武定门闸多年平均逐月天然径流量。最后，按照式（3－2）计算武定门闸站的流量过程变异程度（*FD*）并将其作为江宁区秦淮河干流段的最终计算结果。秦淮河武定门闸站2000—2014年多年平均逐月实测径流量和天然径流量见表5-4。最终，计算得到秦淮河流量变异程度*FD*为1.59。

表5-4　秦淮河武定门闸流量过程变异程度指数计算过程表

月份	实测径流量 (m^3/s)	天然径流量 (m^3/s)	天然-实测 (m^3/s)	(天然-实测)/天然平均	[(天然-实测)/天然平均]^2
1	17.81	15.40	-2.41	-0.072	0.005
2	25.21	28.96	3.75	0.111	0.012
3	27.87	22.43	-5.44	-0.162	0.026
4	27.47	27.93	0.46	0.014	0.000
5	23.02	25.20	2.18	0.065	0.004
6	30.24	53.10	22.86	0.679	0.462
7	65.95	105.19	39.24	1.166	1.360
8	57.43	53.75	-3.68	-0.109	0.012
9	42.15	28.76	-13.39	-0.398	0.158
10	29.60	10.70	-18.90	-0.562	0.316
11	25.47	21.02	-4.45	-0.132	0.017
12	24.55	11.34	-13.21	-0.393	0.154
平均值	33.06	33.65	0.58	0.017	2.527

(2) 牛首山河

牛首山河流域属缺资料地区，由于其属于城市内河，河道径流量主要通过泵站调控，流域范围内设有前河泵站、开发区太平泵站、长山泵站、何魏泵站、兴家圩泵站和斗篷泵站共6个泵站，每个泵站控制排涝面积2.23～8.79km^2，用于排出各泵站控制区域内降水径流和生活污水，6个泵站的总排涝规模达到55m^3/s。牛首山河出口断面设置有滚水坝，本次评估选择流域出口断面作为牛首山河代表断面，分析该断面流量过程变异程度。

根据江宁区水务局提供的资料，由于已演变为城市内河，牛首山河目前仅存在零星的农业用水，别无其他供水任务，河道内取水量可以忽略不计，人类活动对河道径流量的影响主要是增加了污水排放量。在径流过程方面，虽然流域内建有6个排涝泵站，在一定程度上改变了河道汇流过程，但由于各泵站的调度方案主要根据河道水位确定，在流域出口断面，汛期和非汛期内各泵站实际排水量和排水过程与天然径流过程类似。

通过实地调研发现，牛首山河流域内工业污水主要经过污水处理厂进行集中处理，并不排入牛首山河，农业用地较少，基本无畜禽养殖，两条人工排污渠及沿河接纳的污水主要为生活污水。根据荣洁的研究成果，牛首山河流域内居民生活污水产生量可按照185L/(人·d)计算。2016年流域内总人口按照10.8万人计，据此，计算得到牛首山河出口断面的生活污水排放量约为2万m^3/d，年均排污流量计0.23m^3/s。假定年度流域出口径流量扣除生活污水排放量后与年度降水量成正比，根据《南京市水资源公报》，2013 年东山雨量站的降水量为 918.4mm。根据荣洁的研究成果，2013 年流域出口水量共 1575.01 万 m^3。2016 年，东山雨量站的降水量为 1859mm，则 2016 年流域出口水量共 2447.2 万 m^3，年平均径流量为 0.77m^3/s。根据式（3－2），计算得到牛首山河流量变异程度 FD 为 0.42。

（3）云台山河

云台山河流域属缺资料地区，河道径流量主要通过泵站调控，流域范围内设有高塘泵站、新跃泵站、王家圩泵站、湖头桥泵站、西旺泵站、新兴圩泵站、双基泵站、北沟泵站和后圩泵站共 9 个泵站，总排涝规模达到 47m^3/s。本次评估选择流域出口断面作为云台山河代表断面，分析该断面流量过程变异程度。

根据江宁区水务局提供的资料，云台山河目前仅存在零星的农业用水，别无其他供水任务，河道内取水量可以忽略不计，人类活动对河道径流量的影响主要是增加了污水排放量。在径流过程方面，虽然流域内建有 9 个排涝泵站，在一定程度上改变了河道汇流过程，但由于各泵站的调度方案主要根据河道水位确定，在流域出口断面，汛期和非汛期内各泵站实际排水量和排水过程与天然径流过程类似。

通过实地调研发现，云台山河流域内有 21 家企业，月排水量约 1.34 万 t，农业用地较少，基本无畜禽养殖。依据《云台山河水体达标方案》，云台山河流域内居民生活污水产生量可按照 160L/（人·d）计算。2017 年流域内总人口按照 6 万人计，据此，计算得到云台山河出口断面的生活污水排放量约为 9600m^3/d，年均排污流量计 0.11m^3/s。假定年度流域出口径流量扣除生活污水和工业污水排放量后与年度降水量成正比，根据《南京市水资源公报》，2013 年东山雨量站的降水量为 918.4mm。根据荣洁的研究成果，2013 年流域出口水量共 1575.01 万 m^3。2017 年，东山雨量站的降水量为 1243.5mm，则 2017 年流域出口水量共 2002.8 万 m^3，年平均径流量为 0.64m^3/s。根据式（3－2），计算得到云台山河流量变异程度 FD 为 0.73。

2）生态流量保障程度（EF）

（1）秦淮河

由于生态流量保障程度采用评估年最小生态流量进行表征，因此，本次工作将武定门闸实测径流系列延长至 2017 年。具体根据武定门闸站 2000—2014 年实测径流量和该站控制以上流域的面降水量进行趋势分析，并进行二次多项式拟合，得到不同降水量对应的实测径流量曲线和计算公式，如图 5－5 所示。

根据图 5－5 的拟合结果，结合秦淮河武定门闸以上流域 2015 年、2016 年、2017 年逐月面降水量数据，即可计算得到 2015 年、2016 年、2017 年该站逐月径流过程。

以 2017 年为现状年，按照式（3－3）分别计算秦淮河武定门闸站 4—9 月日均径流量；同时，统计 2000—2017 年该站多年平均径流量。计算得到 $EF_1=1.08$、$EF_2=0.78$。实际上，2017 年是平水年，因此使得 EF_1 和 EF_2 计算结果比较接近实际情况。

（2）牛首山河

选择牛首山河流域出口断面作为代表断面，分析该断面生态流量保障程度。根据江

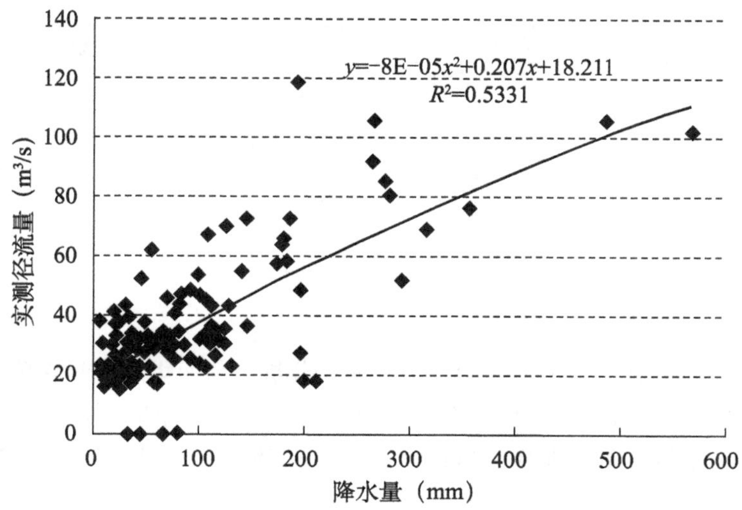

图 5 -5　秦淮河干流武定门闸以上流域降水-实测径流量拟合结果

宁区水务局提供的资料，2016 年 4—9 月份和 10—3 月份两个时段内，最小日径流量仅为生活污水排放量，即 0.23m^3/s。因缺乏实测日径流量资料，本次评估不再区分丰枯水期。

为计算流域出口断面多年平均径流量，收集了《南京市水资源公报》发布的 2000—2016 年江宁区东山站的年降水资料，并假定年度流域出口径流量扣除生活污水排放量后与年度降水量成正比，在此基础上估算流域出口年度径流量及多年平均径流量，估算结果见表 5 -5。

根据牛首山河出口断面的评估年最小日径流量和多年平均径流量估算结果，按照式（3 -3）进行计算，得到生态流量保障程度 EF =0.4。

表 5 -5　牛首山河出口断面多年平均径流量估算结果

年份	降水量（mm）	径流量（m^3/s）
2000	961	0.51
2001	760.5	0.45
2002	1118.7	0.56
2003	1491.6	0.67
2004	893	0.49
2005	1042.4	0.54
2006	1170.7	0.57
2007	1136.7	0.56
2008	899.9	0.49
2009	1303.9	0.61
2010	1190.9	0.58
2011	1066.8	0.54

续表

年份	降水量（mm）	径流量（m^3/s）
2012	963.3	0.51
2013	918.3	0.50
2014	1197	0.58
2015	1535.8	0.68
2016	1859	0.77
多年平均值	1147.62	0.57

（3）云台山河

选择云台山河流域出口断面作为代表断面，分析该断面生态流量保障程度。根据江宁区水务局提供的资料，2017 年4—9 月份和 10—3 月份两个时段内，最小日径流量仅为生活和工业污水排放量，即 0.115m^3/s。因缺乏实测日径流量资料，本次评估不再区分丰枯水期。

为计算流域出口断面多年平均径流量，收集了《南京市水资源公报》发布的2000—2017 年江宁区东山站的年降水资料，并假定年度流域出口径流量扣除生活污水排放量后与年度降水量成正比，在此基础上估算流域出口年度径流量及多年平均径流量，估算结果见表 5－6。

表 5－6　云台山河出口断面多年平均径流量估算结果

年份	降水量（mm）	径流量（m^3/s）
2000	961	0.51
2001	760.5	0.45
2002	1118.7	0.56
2003	1491.6	0.67
2004	893	0.49
2005	1042.4	0.54
2006	1170.7	0.57
2007	1136.7	0.56
2008	899.9	0.49
2009	1303.9	0.61
2010	1190.9	0.58
2011	1066.8	0.54
2012	963.3	0.51
2013	918.3	0.50
2014	1197	0.58
2015	1535.8	0.68
2016	1859	0.77
2017	1243.5	0.64
多年平均值	1152.9	0.57

根据云台山河出口断面的评估年最小日径流量和多年平均径流量估算结果，按照式（3－3）进行计算，得到生态流量保障程度 $EF=0.20$。

5.3.1.2　物理结构

1）河岸带状况（*RS*）

河岸带状况评估包括：河岸稳定性（*BKS*）、河岸带植被覆盖率（*RVS*）、河岸带人工干扰程度（*RD*）三个方面。

（1）河岸稳定性

河岸稳定性指标根据河岸侵蚀现状评估。河岸易于侵蚀可表现为河岸缺乏植被覆盖、树根暴露、土壤暴露、河岸水力冲刷、坍塌裂隙发育等。河岸岸坡稳定性评估要素包括岸坡倾角、河岸高度、基质特征岸、坡植被覆盖率和坡脚冲刷强度。岸坡倾角、湖岸高度通过量尺进行水平测量、高度测量得到，然后计算斜坡倾角。基质特征、岸坡植被覆盖率和岸坡冲刷强度通过实地调查，直接进行评估。

① 秦淮河

本次评估确定秦淮河的5个河岸带采样区的基本特征如图5－6所示。

由图5－6可见，秦淮河支流句容河和溧水河对应的样区1和样区2均为混凝土护岸；秦淮河干流对应的样区3左右岸为自然护岸；样区4左岸为人工护岸，右岸为自

图5－6　秦淮河河岸带基本特征

图 5－6（续）

然护岸；样区 5 的左岸也为人工护岸，右岸为自然护岸；样区 3 左右岸和样区 5 右岸的植被覆盖率较高，且有乔木、灌木和草本植物覆盖，其余样区自然护岸植被以草本植物为主。根据秦淮河河岸带实际调查情况，分别确定河岸稳定性的各个单项要素数据，结果见表 5－7。依据表 3－5 和表 5－7 进行综合分析，可见，5 个样区的河岸处于稳定或基本稳定状态。

表 5－7　秦淮河河岸带稳定性调查结果

监测内容	样区		监测项目	监测情况
岸坡稳定性	样区 1	左岸	岸坡倾角（°）	30
			植被覆盖率（%）	75
			岸坡高度（m）	2
			基质特征	黏土、壤土
			坡脚冲刷情况	基本无冲刷
		右岸	岸坡倾角（°）	35
			植被覆盖率（%）	85
			岸坡高度（m）	2
			基质特征	黏土、壤土
			坡脚冲刷情况	基本无冲刷
	样区 2	左岸	岸坡倾角（°）	35
			植被覆盖率（%）	85
			岸坡高度（m）	3
			基质特征	壤土
			坡脚冲刷情况	基本无冲刷
		右岸	岸坡倾角（°）	32
			植被覆盖率（%）	85
			岸坡高度（m）	3
			基质特征	沙土、壤土
			坡脚冲刷情况	轻度冲刷
	样区 3	左岸	岸坡倾角（°）	35
			植被覆盖率（%）	95
			岸坡高度（m）	3.5
			基质特征	混凝土＋壤土
			坡脚冲刷情况	无冲刷
		右岸	岸坡倾角（°）	35
			植被覆盖率（%）	95
			岸坡高度（m）	3.5
			基质特征	混凝土＋壤土
			坡脚冲刷情况	无冲刷
	样区 4	左岸	岸坡倾角（°）	30
			植被覆盖率（%）	75
			岸坡高度（m）	3
			基质特征	壤土、黏土
			坡脚冲刷情况	无冲刷
		右岸	岸坡倾角（°）	25
			植被覆盖率（%）	65
			岸坡高度（m）	3
			基质特征	壤土
			坡脚冲刷情况	轻度冲刷

续表

监测内容	样区		监测项目	监测情况
岸坡稳定性	样区 5	左岸	岸坡倾角（°）	40
			植被覆盖率（%）	85
			岸坡高度（m）	2
			基质特征	壤土
			坡脚冲刷情况	无冲刷
		右岸	岸坡倾角（°）	35
			植被覆盖率（%）	95
			岸坡高度（m）	2
			基质特征	壤土
			坡脚冲刷情况	基本无冲刷

② 牛首山河

本次评估确定的牛首山河 3 个河岸带状况如图 5－7 所示。

由图 5－7 可见，样区 1 左岸为硬化护岸，右岸为自然护岸；样区 2 左右岸均为自然护岸，由于调查期间河道水位下降，部分滩地出露，植被覆盖率不高；样区 3 均为自然护岸，植被覆盖率较高。根据牛首山河河岸带实际调查情况，分别确定河岸稳定性的

图 5－7　牛首山河河岸带状况

图 5－7（续）

各个单项要素数据，结果见表 5－8。依据表 3－5 和表 5－8 进行综合分析，可见，3 个样区的河岸处于稳定或基本稳定状态。

表 5－8　牛首山河河岸带稳定性调查结果

监测内容	样区		监测项目	监测情况
岸坡稳定性	样区 1	左岸	岸坡倾角（°）	65
			植被覆盖率（%）	95
			岸坡高度（m）	4
			基质特征	水泥、黏土
			坡脚冲刷情况	无冲刷
		右岸	岸坡倾角（°）	50
			植被覆盖率（%）	68
			岸坡高度（m）	4
			基质特征	黏土
			坡脚冲刷情况	基本无冲刷
	样区 2	左岸	岸坡倾角（°）	20
			植被覆盖率（%）	72
			岸坡高度（m）	1.5
			基质特征	黏土
			坡脚冲刷情况	基本无冲刷
		右岸	岸坡倾角（°）	30
			植被覆盖率（%）	75
			岸坡高度（m）	3
			基质特征	黏土
			坡脚冲刷情况	基本无冲刷
	样区 3	左岸	岸坡倾角（°）	32
			植被覆盖率（%）	97
			岸坡高度（m）	2
			基质特征	黏土
			坡脚冲刷情况	基本无冲刷

续表

监测内容	样区		监测项目	监测情况
岸坡稳定性	样区 3	右岸	岸坡倾角（°）	35
			植被覆盖率（%）	100
			岸坡高度（m）	2
			基质特征	黏土
			坡脚冲刷情况	基本无冲刷

③ 本次评估确定的云台山河 5 个河岸带采样区的特征如图 5－8 所示。

图 5－8　云台山河河岸带状况

图5-8（续）

由图5-8可见，云台山河的样区1和样区2均为自然护岸；样区3左岸为自然护岸，右岸沿岸种植有农作物；样区4的左岸为自然护岸，右岸为混凝土护岸；样区5左岸为混凝土护岸，右岸为自然护岸；样区1左右岸、样区2和样区4的左岸植被覆盖率较高，且有乔木、灌木和草本植物覆盖，其余样区自然护岸植被以草本植物为主。根据云台山河河岸带实际调查情况，分别确定河岸稳定性的各个单项要素数据，调查结果见表5-9。依据表3-5和表5-9进行综合分析，可见，5个样区的河岸处于稳定或基本稳定状态。

表5-9　云台山河河岸带稳定性调查结果

<table>
<tr><th>监测内容</th><th colspan="2">样区</th><th>监测项目</th><th>监测情况</th></tr>
<tr><td rowspan="10">岸坡稳定性</td><td rowspan="10">样区1</td><td rowspan="5">左岸</td><td>岸坡倾角（°）</td><td>30</td></tr>
<tr><td>植被覆盖率（%）</td><td>95</td></tr>
<tr><td>岸坡高度（m）</td><td>2.5</td></tr>
<tr><td>基质特征</td><td>黏土、壤土</td></tr>
<tr><td>坡脚冲刷情况</td><td>基本无冲刷</td></tr>
<tr><td rowspan="5">右岸</td><td>岸坡倾角（°）</td><td>35</td></tr>
<tr><td>植被覆盖率（%）</td><td>85</td></tr>
<tr><td>岸坡高度（m）</td><td>3</td></tr>
<tr><td>基质特征</td><td>黏土、壤土</td></tr>
<tr><td>坡脚冲刷情况</td><td>基本无冲刷</td></tr>
</table>

续表

监测内容	样区		监测项目	监测情况
岸坡稳定性	样区 2	左岸	岸坡倾角（°）	15
			植被覆盖率（%）	90
			岸坡高度（m）	1
			基质特征	壤土
			坡脚冲刷情况	基本无冲刷
		右岸	岸坡倾角（°）	25
			植被覆盖率（%）	65
			岸坡高度（m）	2.5
			基质特征	壤土
			坡脚冲刷情况	基本无冲刷
	样区 3	左岸	岸坡倾角（°）	30
			植被覆盖率（%）	30
			岸坡高度（m）	3.5
			基质特征	沙土 + 壤土
			坡脚冲刷情况	轻度冲刷
		右岸	岸坡倾角（°）	5
			植被覆盖率（%）	95
			岸坡高度（m）	2
			基质特征	壤土
			坡脚冲刷情况	无冲刷
	样区 4	左岸	岸坡倾角（°）	35
			植被覆盖率（%）	90
			岸坡高度（m）	3
			基质特征	壤土、黏土
			坡脚冲刷情况	基本无冲刷
		右岸	岸坡倾角（°）	40
			植被覆盖率（%）	20
			岸坡高度（m）	4
			基质特征	壤土 + 混凝土
			坡脚冲刷情况	基本无冲刷
	样区 5	左岸	岸坡倾角（°）	40
			植被覆盖率（%）	40
			岸坡高度（m）	3.5
			基质特征	壤土 + 混凝土
			坡脚冲刷情况	基本无冲刷
		右岸	岸坡倾角（°）	25
			植被覆盖率（%）	50
			岸坡高度（m）	3
			基质特征	壤土
			坡脚冲刷情况	轻度冲刷

（2）河岸带植被覆盖率（*RVS*）

河岸带植被是水陆交错带的重要组成部分，对保障城市河流各项生态功能正常发挥具有重要作用。河滨带植被覆盖率调查区域为整个样区，并向陆向延伸 10m，调查过程中分别记录样区内植被总覆盖率和乔木、灌木、草本植物覆盖率，并按照算术平均值统计得到各个采样区河岸带植被覆盖率指标。

① 秦淮河

秦淮河各个样点的河岸带植被覆盖率调查结果见表 5 – 10 所示。

表 5 – 10　秦淮河干流河岸带植被覆盖率调查结果　　单位:%

监测内容	样区		监测项目	监测情况
植被覆盖率	样区 1	左岸	乔木植被覆盖率	10
			灌木植被覆盖率	10
			草本植被覆盖率	65
			植被总覆盖率	75
		右岸	乔木植被覆盖率	15
			灌木植被覆盖率	15
			草本植被覆盖率	80
			植被总覆盖率	85
	样区 2	左岸	乔木植被覆盖率	0
			灌木植被覆盖率	0
			草本植被覆盖率	85
			植被总覆盖率	85
		右岸	乔木植被覆盖率	0
			灌木植被覆盖率	0
			草本植被覆盖率	85
			植被总覆盖率	85
	样区 3	左岸	乔木植被覆盖率	10
			灌木植被覆盖率	50
			草本植被覆盖率	85
			植被总覆盖率	95
		右岸	乔木植被覆盖率	10
			灌木植被覆盖率	50
			草本植被覆盖率	85
			植被总覆盖率	95
	样区 4	左岸	乔木植被覆盖率	15
			灌木植被覆盖率	30
			草本植被覆盖率	65
			植被总覆盖率	75
		右岸	乔木植被覆盖率	30
			灌木植被覆盖率	20
			草本植被覆盖率	55
			植被总覆盖率	65

续表

监测内容	样区		监测项目	监测情况
植被覆盖率	样区 5	左岸	乔木植被覆盖率	50
			灌木植被覆盖率	30
			草本植被覆盖率	65
			植被总覆盖率	85
		右岸	乔木植被覆盖率	50
			灌木植被覆盖率	30
			草本植被覆盖率	65
			植被总覆盖率	95

② 牛首山河

牛首山河各个样点的河岸带植被覆盖率调查结果见表 5－11。

表 5－11　牛首山河河岸带植被覆盖率调查结果　　单位:%

监测内容	样区		监测项目	监测情况
植被覆盖率	样区 1	左岸	乔木植被覆盖率	0
			灌木植被覆盖率	5
			草本植被覆盖率	95
			植被总覆盖率	95
		右岸	乔木植被覆盖率	2
			灌木植被覆盖率	7
			草本植被覆盖率	65
			植被总覆盖率	68
	样区 2	左岸	乔木植被覆盖率	3
			灌木植被覆盖率	2
			草本植被覆盖率	70
			植被总覆盖率	72
		右岸	乔木植被覆盖率	10
			灌木植被覆盖率	5
			草本植被覆盖率	72
			植被总覆盖率	75
	样区 3	左岸	乔木植被覆盖率	9
			灌木植被覆盖率	6
			草本植被覆盖率	96
			植被总覆盖率	97
		右岸	乔木植被覆盖率	11
			灌木植被覆盖率	7
			草本植被覆盖率	98
			植被总覆盖率	100

③ 云台山河

云台山河各个样点的河岸带植被覆盖率调查结果见表 5－12。

表 5－12　云台山河河岸带植被覆盖率调查结果　　单位：%

监测内容	样区		监测项目	监测情况
植被覆盖率	样区 1	左岸	乔木植被覆盖率	40
			灌木植被覆盖率	70
			草本植被覆盖率	85
			植被总覆盖率	95
		右岸	乔木植被覆盖率	10
			灌木植被覆盖率	65
			草本植被覆盖率	45
			植被总覆盖率	85
	样区 2	左岸	乔木植被覆盖率	10
			灌木植被覆盖率	70
			草本植被覆盖率	85
			植被总覆盖率	90
		右岸	乔木植被覆盖率	0
			灌木植被覆盖率	0
			草本植被覆盖率	65
			植被总覆盖率	65
	样区 3	左岸	乔木植被覆盖率	0
			灌木植被覆盖率	0
			草本植被覆盖率	30
			植被总覆盖率	30
		右岸	乔木植被覆盖率	50
			灌木植被覆盖率	65
			草本植被覆盖率	75
			植被总覆盖率	95
	样区 4	左岸	乔木植被覆盖率	60
			灌木植被覆盖率	20
			草本植被覆盖率	85
			植被总覆盖率	90
		右岸	乔木植被覆盖率	0
			灌木植被覆盖率	0
			草本植被覆盖率	20
			植被总覆盖率	20
	样区 5	左岸	乔木植被覆盖率	0
			灌木植被覆盖率	5
			草本植被覆盖率	35
			植被总覆盖率	40
		右岸	乔木植被覆盖率	0
			灌木植被覆盖率	10
			草本植被覆盖率	45
			植被总覆盖率	50

（3）河岸带人工干扰程度（*RD*）

重点调查评估在河岸带及其邻近陆域进行的9类人类活动，包括河岸硬性砌护、采砂、沿岸建筑物（房屋）、公路（或铁路）、垃圾填埋场或垃圾堆放、河滨公园、管道、农业耕种、畜牧养殖等。

① 秦淮河

经实地调查，秦淮河5个采样区周边均未发现采砂和畜牧养殖。根据调查现场情况直接评判赋分，各样点评估调查结果见表5－13。

表5－13　秦淮河干流河岸带人工干扰程度调查结果

<table>
<tr><th rowspan="2">序号</th><th rowspan="2">人类活动类型</th><th colspan="3">所在位置</th></tr>
<tr><th>河道内及邻近水域</th><th>河岸带</th><th>河岸带邻近陆域（小河10m以内）</th></tr>
<tr><td rowspan="4">样区1</td><td>公路（或铁路）</td><td></td><td>－10</td><td></td></tr>
<tr><td>管道</td><td></td><td></td><td>－2</td></tr>
<tr><td>农业耕种</td><td></td><td></td><td>－5</td></tr>
<tr><td>沿岸建筑物（房屋）</td><td></td><td></td><td>－5</td></tr>
<tr><td rowspan="5">样区2</td><td>公路（或铁路）</td><td></td><td>－10</td><td></td></tr>
<tr><td>垃圾填埋场或垃圾堆放</td><td></td><td></td><td>－40</td></tr>
<tr><td>管道</td><td></td><td></td><td>－2</td></tr>
<tr><td>农业耕种</td><td></td><td></td><td>－5</td></tr>
<tr><td>河岸硬性砌护</td><td></td><td>－5</td><td></td></tr>
<tr><td rowspan="2">样区3</td><td>公路（或铁路）</td><td></td><td></td><td>－5</td></tr>
<tr><td>农业耕种</td><td></td><td></td><td>－5</td></tr>
<tr><td rowspan="4">样区4</td><td>公路（或铁路）</td><td></td><td>－10</td><td></td></tr>
<tr><td>管道</td><td></td><td></td><td>－2</td></tr>
<tr><td>农业耕种</td><td></td><td></td><td>－5</td></tr>
<tr><td>沿岸建筑物（房屋）</td><td></td><td></td><td>－5</td></tr>
<tr><td rowspan="3">样区5</td><td>公路（或铁路）</td><td></td><td>－5</td><td></td></tr>
<tr><td>管道</td><td></td><td></td><td>－2</td></tr>
<tr><td>农业耕种</td><td></td><td></td><td>－5</td></tr>
</table>

② 牛首山河

根据实地调查现场情况直接评判赋分，牛首山河各样点评估调查结果见表5－14。

表5－14　牛首山河河岸带人工干扰程度调查结果

<table>
<tr><th rowspan="2">序号</th><th rowspan="2">人类活动类型</th><th colspan="3">所在位置</th></tr>
<tr><th>河道内及邻近水域</th><th>河岸带</th><th>河岸带邻近陆域（小河10m以内）</th></tr>
<tr><td rowspan="5">样区1</td><td>河岸硬性砌护</td><td></td><td>－5</td><td></td></tr>
<tr><td>沿岸建筑物（房屋）</td><td></td><td></td><td>－5</td></tr>
<tr><td>公路（或铁路）</td><td></td><td></td><td>－5</td></tr>
<tr><td>垃圾填埋场或垃圾堆放</td><td></td><td></td><td>－40</td></tr>
<tr><td>管道</td><td></td><td>－5</td><td></td></tr>
</table>

续表

序号	人类活动类型	所在位置		
		河道内及邻近水域	河岸带	河岸带邻近陆域（小河 10m 以内）
样区 2	沿岸建筑物（房屋）			-5
	公路（或铁路）			-5
	河滨公园			-2
	管道		-5	
样区 3	沿岸建筑物（房屋）			-5
	公路（或铁路）			-5
	河滨公园			-2
	管道		-5	

③ 云台山河

经实地调查，5 个采样区周边均未发现采砂和畜牧养殖。根据调查现场情况直接评判赋分，各样点评估调查结果见表 5-15。

表 5-15　云台山河河岸带人工干扰程度调查结果

序号	人类活动类型	所在位置		
		河道内及邻近水域	河岸带	河岸带邻近陆域（小河 10m 以内）
样区 1	沿岸建筑物（房屋）	-15		
	公路（或铁路）			-5
	管道			-2
	农业耕种			-5
样区 2	沿岸建筑物（房屋）			-5
	公路（或铁路）		-10	
	管道			-2
	农业耕种			-5
样区 3	河岸硬性砌护		-5	
	公路（或铁路）			-5
	农业耕种		-15	
样区 4	河岸硬性砌护		-5	
	公路（或铁路）			-5
样区 5	管道		-5	
	沿岸建筑物（房屋）			-5
	公路（或铁路）		-10	
	农业耕种			-5

2）河流连通阻隔状况（*RC*）

河流连通阻隔状况主要调查秦淮河干流各监测断面以下至河口河段的闸坝建设情况，以判断其是否对河道径流及鱼类造成阻隔影响。

① 秦淮河

本次重点调查了秦淮河干流 5 个监测断面以下闸坝和泵站建设情况。根据调查结果，秦淮河干流设置有秦淮新河枢纽、武定门枢纽，上游溧水区建有天生桥闸，几座枢纽对河道径流均有调节作用。结合各个河段生态流量定性分析结果，可知下泄流量一般满足生态基流，因此，最终确定各河段的阻隔类型分别为：监测采样区 1、2 均为轻度阻隔，监测采样区 3、4、5 均为阻隔。

② 牛首山河

本次重点调查了牛首山河流域内闸坝和泵站建设情况。根据调查结果，牛首山河共设置有前河泵站、开发区太平泵站、长山泵站、何魏泵站、兴家圩泵站以及斗篷泵站 6 个排涝泵站，用于排出各泵站控制区域内降水径流和生活污水。泵站建设运行对下游径流有一定的调节作用，但没有设计鱼道，对鱼类的洄游构成了一定阻隔，根据牛首山河上、中、下游 3 个河段内泵站的分布情况，结合各个河段生态流量定性分析结果，最终确定各河段的阻隔类型分别为上游轻度阻隔、中游阻隔、下游阻隔。

③ 云台山河

根据调查结果，云台山河及其支流沿线无水利枢纽，但在干流上游存在少数小型壅水建筑物，高度不超过 1m，用于抬高水位，增加水体流动性。综合考虑近年来云台山河实际情况，最终确定各河段的阻隔类型分别为：监测采样区 1、2 均为阻隔，监测采样区 3、4、5 均为轻度阻隔。

3）天然湿地保留率（*NWL*）

天然湿地重点指国家、地方湿地名录及保护区名录内与评估河流有直接水力连通关系的湿地，其水力联系包括地表水和地下水的联系，既包括现状有水力联系，也包括历史（1980s 以前）有水力联系的湿地。

① 秦淮河

当前，江宁区秦淮河拥有上秦淮湿地，面积 15.09km^2，下游有七桥瓮城市湿地公园，面积 0.24km^2，2 处湿地公园均已划入公园类省级生态红线区域，2 处湿地均与秦淮河存在水力联系。秦淮河水系的治理历史较早，新中国成立以来，先后实施了河道裁弯取直、拓宽疏浚、堤防加固、合并联圩、闸站枢纽、分洪道等工程。总体而言，秦淮河经历代变迁，由于治理时未考虑对河流自然形态的保护，存在诸多问题；秦淮河两岸天然湿地主要是天然河道弯道及其两侧河滩，河滩沿岸大片棚户区和单位无序分割占用，防洪工程建设未考虑民众亲水的需求，防洪墙割断了陆域与河道水岸区的联系，河滩湿地面积有限。根据天然湿地保留率指标的含义，结合秦淮河与周边湿地连通的实际情况，最终将该指标赋分确定为 70 分。

② 牛首山河

当前，牛首山河流域内九龙湖与牛首山河存在水力联系，虽然该湖泊并非天然湿地，也未纳入国家、地方湿地名录及保护区名录，但九龙湖自人工开挖形成后，便与牛首山河存在水力联系，斗篷泵站建成后，通过汛期排水，进一步沟通了九龙湖水体与牛首山河水体。根据天然湿地保留率指标的含义，结合九龙湖与牛首山河水体连通的实际情况，最终将该指标赋分确定为 90 分。

③ 云台山河

江宁区市级湿地公园包括江宁驻驾山湿地公园、江宁牧龙湖湿地公园、江宁金牛河湿地公园、南京霞辉庙湿地公园、南京龙山湿地公园、九龙湖市级湿地公园等，其中南京霞辉庙湿地公园和南京龙山湿地公园位于云台山河上游区域，但考虑 2 处湿地公园距离云台山河河道较远，与云台山河不存在直接水力联系，因此本次对天然湿地保留率指标不做评估。

5.3.1.3　水质

按照《水环境监测规范》（SL 219—2013）要求，采集各条河流水样，水质监测指标包括 pH、水温、溶解氧（DO）、高锰酸盐指数、化学需氧量（COD）、生化需氧量（BOD_5）、氨氮（NH_3-N）、叶绿素 a（Chl-a）、透明度等。对于秦淮河、云台山河 2 条河流，还对水体重金属污染情况进行了评价，具体包括砷、汞、镉、铬（六价）、铅 5 项指标。现场使用 2.5 L 采水器采集各点位表、中、底三层混合水样，冷藏保存带回实验室，用 GF/C 膜抽滤一定体积水样测定 Chl-a 浓度，剩余水样用于测定高锰酸盐指数、化学需氧量、五日生化需氧量、总磷、氨氮、砷、汞、铅、镉、六价铬，测定方法参照国家相关标准。

① 秦淮河

对于秦淮河而言，本次评价共开展了 2 次水质采样调查，取样时间分别为 2018 年 7 月 31 日和 2018 年 11 月 7 日。各类水质指标的实验室分析结果见表 5－16。

② 牛首山河

牛首山河生态系统健康评价过程中共开展了 2 次水质采样调查，取样时间分别为 2016 年 8 月下旬和 2016 年 11 月初。各类水质指标的实验室分析结果见表 5－17。

③ 云台山河

云台山河生态系统健康评价过程中共开展了 2 次水质采样调查，取样时间分别为 2018 年 7 月 31 日和 2018 年 11 月 7 日。各类水质指标的实验室分析结果见表 5－18。

5.3.1.4　水生态

江宁区河流生态系统的初级生产者以浮游植物为主，浮游植物能迅速响应河流水环境变化，且不同浮游植物对有机质和其他污染物敏感性不同，因而可以用藻类群落组成来评估河流的健康状况。一般而言，浮游植物的多样性越高，其群落结构越复杂，河流生态系统越稳定，也越健康；而水体受到污染时，敏感性种类消失，多样性降低，稳定性下降。

在表征河流健康方面，浮游动物与浮游植物较为类似，其对富营养化和鱼类养殖等环境胁迫的响应也较为敏感。我国河流健康评估一期试点的结果表明，浮游动物与浮游

表 5-16　秦淮河水质监测结果

指标	单位	夏季					冬季				
		点 1	点 2	点 3	点 4	点 5	点 1	点 2	点 3	点 4	点 5
水温	℃	32.6	33.0	32.5	32.8	32.8	15.5	14.6	16.6	14.9	15.1
水深	m	1.35	1.55	1.80	1.50	1.90	1.42	1.62	1.85	1.52	1.92
溶解氧	mg/L	4.5	6.6	4.4	3.8	3.4	8.2	9.2	7.8	7.6	8.6
透明度	mg/L	0.20	0.25	0.30	0.20	0.30	0.3	0.35	0.4	0.4	0.3
COD	mg/L	<15	<15	<15	<15	<15	21.8	15.7	29.1	29.1	34.3
BOD_5	mg/L	3.2	2.4	2.2	2	1.9	1	1.3	2.7	5	3.5
氨氮	mg/L	0.46	0.14	0.14	0.17	0.14	0.33	0.49	0.3	0.99	0.53
高锰酸盐	mg/L	3.5	3	3.5	3.2	3.1	3.2	3.4	3.8	3.6	3.1
六价铬	mg/L	未检出	未检出	未检出	未检出	未检出	未检出	未检出	未检出	未检出	未检出
镉	mg/L	未检出	未检出	未检出	未检出	未检出	未检出	未检出	未检出	未检出	未检出
铅	mg/L	未检出	未检出	未检出	未检出	未检出	未检出	未检出	未检出	未检出	未检出
叶绿素 a	μg/L	6.21	0.48	0.95	0.47	0.98	7.03	7.64	7.61	5.45	5.59
总磷	mg/L	0.181	0.104	0.121	0.146	0.157	0.077	0.097	0.087	0.110	0.129
砷	mg/L	<0.0002	<0.0002	<0.0002	<0.0002	<0.0002	0.0009529	0.0005919	0.0003722	0.0007028	0.0005271
汞	mg/L	<0.00001	0.00016	0.00010	0.00592	0.00065	0.0000696	0.0000701	0.0000112	0.0000103	0.0000229

图 5－17　牛首山河水质监测结果

序号	指标	单位	8 月			11 月		
			点 1	点 2	点 3	点 1	点 2	点 3
1	透明度	m	0. 35	0. 30	0. 4	0. 4	0. 35	0. 45
2	pH		7. 37	7. 64	7. 87	7. 53	7. 77	7. 53
3	溶解氧	mg/L	6. 0	4. 4	6. 5	7. 3	7. 3	7. 9
4	氨氮	mg/L	0. 62	3. 44	2. 72	2. 3	4. 8	3. 95
5	高锰酸盐指数	mg/L	4. 9	7. 8	4. 0	5. 8	7. 4	5. 4
6	化学需氧量	mg/L	16. 7	25. 9	20. 3	32. 1	30. 5	25. 8
7	生化需氧量	mg/L	3. 1	4. 2	3. 4	3. 5	5. 6	3. 6
8	叶绿素 a	μg/L	34. 9	40. 7	15. 6	24. 5	31. 4	6. 3

表 5－18　云台山河水质监测结果

指标	单位	夏季					秋季				
		点 1	点 2	点 3	点 4	点 5	点 1	点 2	点 3	点 4	点 5
水温	℃	30.6	29.3	29.4	30.3	32.9	16.4	17.5	16.4	16.2	15.4
水深	m	1.25	1.50	1.60	1.90	1.70	1.28	1.56	1.68	1.96	1.8
溶解氧	mg/L	3.5	2.4	1.1	2.9	5.4	4.7	7.0	7.0	6.8	6.9
透明度	mg/L	0.30	0.20	0.20	0.40	0.40	0.35	0.35	0.4	0.35	0.35
COD	mg/L	<15	<15	<15	<15	<15	22.6	<15	<15	<15	<15
BOD_5	mg/L	2.2	3.8	3.5	2.9	1.8	3.9	1.9	3.9	2.2	2.8
氨氮	mg/L	0.38	2.16	1.26	1.44	0.26	2.8	2.3	2	0.9	1.5
高锰酸盐	mg/L	3.6	5.2	4.4	4.8	3.2	4.8	3.5	3.9	4.2	4
六价铬	mg/L	未检出	未检出	未检出	未检出	未检出	未检出	未检出	未检出	未检出	未检出
镉	mg/L	未检出	未检出	未检出	未检出	未检出	未检出	未检出	未检出	未检出	未检出
铅	mg/L	未检出	未检出	未检出	未检出	未检出	未检出	未检出	未检出	未检出	未检出
叶绿素 a	μg/L	0.88	0.71	1.45	1.39	1.63	8.05	7.26	8.86	8.25	6.79
总磷	mg/L	0.106	0.257	0.133	0.160	0.163	0.120	0.179	0.072	0.060	0.132
砷	mg/L	<0.0002	0.0003251	<0.0002	<0.0002	0.0008235	<0.0002	0.0006286	<0.0002	<0.0002	0.0012395
汞	mg/L	<0.00001	<0.00001	<0.00001	<0.00001	<0.00001	<0.00001	<0.00001	<0.00001	<0.00001	<0.00001

植物在表征河流健康方面具有相似性，因此本次评估仅利用浮游植物进行评价，而不再采集浮游动物样品。另外，由于江宁区河流中的鱼类多为人工投放，河中无珍稀或土著鱼类，因此，本次也不对鱼类状况进行调查评价。

综上，本次评估仅对目标河流中的浮游植物和大型底栖动物进行调查，而不再调查浮游动物和鱼类。

1）样品采集和分析

浮游植物和大型底栖动物样品的采集、实验室分析工作均按照相关规范和要求进行。其中浮游植物定量样品用1000mL有机玻璃采水器在水深0.5m处采集水样1000mL，现场加入10mL鲁哥试剂并摇匀，杀死水样中的浮游植物和其他生物，并将其带回室内在筒形分液漏斗中进行沉淀和浓缩，用显微镜计数，获得单位体积（一般为1L）中浮游植物数量（丰度）。底栖动物样品采集用面积为1/16m^2的彼得森采泥器，正常每个样点采集一下，如果泥量较少，增加采集次数。洗涤工作通常采用40目分样筛进行洗涤，剩余物带回实验室进行分样。将洗净的样品置入白色盘中，加入清水，利用尖嘴镊、吸管、毛笔、放大镜等工具进行工作，挑拣出各类动物。大型底栖动物中的软体动物的优势种鉴定到属，主要参照《水生生物学》《淡水微型生物与底栖动物图谱》《中国小蚓类研究》《Aquatic insects of China useful for monitoring water quality》等进行鉴定。

2）秦淮河调查结果

（1）浮游植物

① 浮游植物种类组成

本次调查共鉴定浮游植物79种，隶属于7门。其中硅藻种类最多，有26种，占总种数的32.9%；其次是蓝藻（22种）和绿藻（20种），分别占总种数的27.8%和25.3%，裸藻发现6种，黄藻以及隐藻各发现2种，金藻仅发现1种。

采用两种计算公式表示一个采样点的优势度和整个区域的优势度。对于一个采样点的优势度可用百分比表示，具体按照式（5－1）计算：

$$D = n_i/N \times 100\% \tag{5-1}$$

式中：D为第i种的百分比优势度；n_i为第i种的数量；N为该点位群落中所有种的数量，数量可用个体数、密度、重量等单位表示。

对于某一水域的优势度，计算公式如下：

$$Y = \frac{n_i}{N} \cdot f_i \tag{5-2}$$

式中：n_i为第i种的数量；f_i为该种在各点位出现的频率；N为群落中所有种的数量。其中，$Y \geq 0.02$的判定为该区域的优势种。

据优势度计算公式，得出秦淮河浮游植物的优势种为小球藻、小席藻、小型色球藻、两栖颤藻、水生集胞藻等，优势度分别为0.813、0.447、0.447、0.276、0.247。

在5个采样点中，小球藻和阿氏颤藻均为优势种，小球藻百分比优势度分别为7.3%、13.1%、6.5%、22.3%和5.6%，阿氏颤藻则为3.3%、5.1%、6.8%、6.3%和2.8%；除此之外，小型色球藻在1、2、3、4号采样点也占据优势地位，其百分比优势度分别为10.0%、13.1%、8.6%和14.3%。

② 密度和生物量

秦淮河浮游植物密度和生物量均较高，密度平均值为5.8×10^6 cells/L，生物量则为8.2mg/L。密度方面，点1的浮游植物密度明显高于其他4个采样点，高达2.7×10^7 cells/L，点2密度最低，仅为5.9×10^6cells/L。与密度分布相类似，点1的生物量较高，为3.5mg/L，点2的生物量最低，为0.7mg/L。在5个采样点中，蓝藻对各个点位的浮游植物总密度的贡献量为最大，其占总密度的百分比分别为80.9%、77.6%、74.9%、50.0%和69.1%，绿藻和硅藻次之。生物量方面，蓝藻对点1、点2、点3、点5的贡献更大，分别为58.9%、58.7%、49.7%和42.6%，硅藻次之；绿藻对点4的贡献更大，为37.4%，蓝藻次之。

季节上，秦淮河浮游植物存在一定的变化，夏季密度较秋季有所上升，生物量也有所上升；河流夏季浮游植物的密度和生物量分别为5.4×10^7cells/L和6.9mg/L，秋季则分别为4.9×10^6 cells/L和1.3mg/L。5个采样点的季节变化趋势基本一致，各点浮游植物的密度和生物量均为夏季高于秋季。

③ 浮游植物多样性

秦淮河各监测点夏季和秋季浮游植物多样性指数见表5-19。从表中可知，夏季Simpson优势度指数为0.76~0.92，均值为0.85，秋季指数值为0.48~0.9，均值为0.75，季节差异较小。夏季各监测点Shannon-Wiener多样性指数为2.62~4.25，均值为3.36，秋季Shannon-Wiener指数为1.19~3.64，均值为2.5，夏季显著高于秋季。夏季Pielou均匀度指数为0.70~0.84，均值为0.77，秋季指数值为0.75~0.96，均值为0.90，夏季均匀度低于秋季。夏季Margalef丰富度指数为3.93~7.98，均值为5.73，秋季指数值为7.71~13.7，均值为10.3，夏季显著低于秋季。空间差异方面，点5的多样性相对较高，点2的多样性较低。

表5-19　秦淮河夏季和秋季各监测点浮游植物多样性

多样性指数	季节	点1	点2	点3	点4	点5	平均值
Simpson指数	夏季	0.88	0.76	0.80	0.88	0.92	0.85
	秋季	0.64	0.48	0.90	0.85	0.87	0.75
Shannon-Wiener指数	夏季	3.64	2.81	2.62	3.48	4.25	3.36
	秋季	1.52	1.19	3.64	3.02	3.12	2.50
Pielou指数	夏季	0.75	0.70	0.79	0.79	0.84	0.77
	秋季	0.96	0.75	0.93	0.91	0.94	0.90
Margalef指数	夏季	5.05	3.93	5.04	6.66	7.98	5.73
	秋季	12.3	8.00	7.71	9.78	13.7	10.3

（2）大型底栖动物

① 种类组成

两次调查共发现底栖动物 23 种，其中昆虫纲摇蚊科幼虫种类最多，有 9 种，其次是寡毛纲 3 种、腹足纲 3 种、其他昆虫 2 种，双壳纲、甲壳纲种类较少，各 2 种。

② 密度和生物量

底栖动物密度和生物量存在明显的季节变化，夏季和秋季总密度分别为 46.1ind/m^2 和 148.5ind/m^2，相差 3 倍。夏季密度优势种为铜锈环棱螺、霍甫水丝蚓，密度分别为 18.9ind/m^2 和 12.3ind/m^2；秋季密度第一优势种为多巴小摇蚊，密度为 76ind/m^2。生物量方面，夏季和秋季总生物量分别为 68.2g/m^2 和 54.7g/m^2。夏季生物量优势种为铜锈环棱螺和背角无齿蚌，生物量分别为 35.7g/m^2 和 24.9g/m^2。秋季生物量为铜锈环棱螺占据优势，为 48.7g/m^2。两个季节密度和生物量的差异主要是由于双壳纲的背角无齿蚌现存量的变化引起。

③ 物种多样性

秦淮河各监测点夏季和秋季底栖动物多样性指数见表 5－20。从表中可知，夏季 Simpson 优势度指数为 0.76～0.93，均值为 0.82，秋季指数值为 0.78～0.86，均值为 0.84，季节差异较小。夏季各监测点 Shannon-Wiener 多样性指数为 2.10～2.90，均值为 2.38，秋季 Shannon-Wiener 指数为 1.96～2.48，均值为 2.22，夏季略高于秋季。夏季 Pielou 均匀度指数为 0.27～0.54，均值为 0.37，秋季指数值为 0.36～0.74，均值为 0.48，夏季均匀度低于秋季。夏季 Margalef 丰富度指数为 1.60～2.15，均值为 1.91，秋季指数值为 0.88～1.82，均值为 1.37，夏季显著高于秋季。空间差异方面，监测点 5 的生物多样性相对较低，监测点 4 的生物多样性相对较高。

表 5－20　秦淮河夏季和秋季各监测点底栖动物多样性指数

多样性指数	季节	点 1	点 2	点 3	点 4	点 5	平均值
Simpson 指数	夏季	0.76	0.80	0.80	0.93	0.82	0.82
	秋季	0.86	0.85	0.85	0.78	0.84	0.84
Shannon-Wiener 指数	夏季	2.10	2.24	2.33	2.90	2.34	2.38
	秋季	2.48	2.38	2.29	1.96	2.01	2.22
Pielou 指数	夏季	0.27	0.30	0.32	0.54	0.42	0.37
	秋季	0.48	0.36	0.41	0.39	0.74	0.48
Margalef 指数	夏季	1.86	1.94	2.02	2.15	1.60	1.91
	秋季	1.57	1.82	1.49	1.09	0.88	1.37

2）牛首山河调查结果

（1）浮游植物

① 浮游植物种类组成

两次调查共鉴定浮游植物 45 种，隶属于 6 门。其中绿藻门种类最多，共 20 种，占总物种数的 44.4%；其次是蓝藻门（8 种）和硅藻门（8 种），占总物种数的 17.8%；

裸藻门发现5种，隐藻门和甲藻门各发现2种。

在浮游植物物种的季节变化方面，秋季的物种数（43种）显著高于冬季（15种）。秋季各监测点的物种数为23~30种，冬季各监测点物种数为8~11种，各监测点间物种数差异较小。根据上述优势度计算公式，确定夏季和秋季浮游植物的优势种，结果发现两个季节优势种的组成差异较大。夏季为蓝藻门占据优势，优势种主要有微囊藻、颤藻、鱼腥藻、螺旋藻和平裂藻，优势度指数分别为0.335、0.134、0.120、0.084、0.048。秋季优势种较为多样，包括蓝藻门、绿藻门、硅藻门和隐藻门的种类，优势种主要有颗粒直链藻、席藻、隐藻、束丝藻，优势度分别为0.157、0.155、0.104、0.082。

② 浮游植物密度和生物量

浮游植物密度和生物量存在显著的季节变化。夏季和秋季的密度分别为 2.02×10^8 cells/L和 1.46×10^6 cells/L，均为蓝藻门占据优势，其密度在夏季和秋季分别为 1.91×10^8 cells/L和 0.84×10^6 cells/L。夏季和秋季的生物量分别为28.57mg/L和1.26mg/L，夏季为裸藻门、绿藻门和蓝藻门占据优势，三个类群生物量分别为10.72mg/L、8.09mg/L、6.79mg/L，秋季为硅藻门和隐藻门占优，生物量分别为0.45mg/L和0.62mg/L。密度和生物量均是夏季显著高于秋季，这与藻类群落的季节变化有关，夏季温度高，更有利于藻类的生长。

空间差异方面，夏季1号和2号点密度分别为 3.04×10^8 cells/L和 2.5×10^8 cells/L，均为蓝藻门占据绝对优势，3号点密度为 0.51×10^8 cells/L，1号和2号监测点密度显著高于3号监测点，在调查中也发现1号和2号点有蓝藻水华。秋季密度在三个监测点间差异较小，分别为 1.71×10^6 cells/L、1.18×10^6 cells/L、1.50×10^6 cells/L，主要为蓝藻门和硅藻门占优。生物量方面，夏季三个监测点生物量分别为14.14mg/L、15.57mg/L和55.99mg/L，1号和2号监测点主要为蓝藻门占优，3号监测点则为绿藻门和裸藻门占优。秋季三个监测点生物量分别为0.61mg/L、1.14mg/L和2.03mg/L，空间差异相对较小，主要为硅藻门和隐藻门占优。

③ 物种多样性

牛首山河夏季和秋季各监测点浮游植物多样性指数见表5-21。从表中可知，夏季各监测点Shannon-Wiener多样性指数为1.23~2.18，均值为1.64，秋季Shannon-Wiener指数为1.10~1.70，均值为1.47，夏季略高于秋季。夏季Simpson优势度指数为0.54~0.82，均值为0.70，秋季指数值为0.53~0.78，均值为0.68，季节差异较小。夏季Margalef丰富度指数为1.14~1.64，均值为1.39，秋季指数值为0.49~0.70，均值为0.59，夏季显著高于秋季。夏季Pielou均匀度指数为0.37~0.64，均值为0.50，秋季指数值为0.46~0.82，均值为0.67，夏季均匀度低于秋季。空间差异方面，点1和点2的生物多样性相对较低，点3生物多样性较高。

表 5 -21　牛首山河夏季和秋季各监测点浮游植物多样性

多样性指数	夏季				秋季			
	点 1	点 2	点 3	均值	点 1	点 2	点 3	均值
Shannon-Wiener 指数	1.23	1.52	2.18	1.64	1.10	1.63	1.70	1.47
Simpson 指数	0.54	0.73	0.82	0.70	0.53	0.73	0.78	0.68
Margalef 指数	1.38	1.14	1.64	1.39	0.70	0.57	0.49	0.59
Pielou 指数	0.37	0.48	0.64	0.50	0.46	0.74	0.82	0.67

2）大型底栖动物

① 种类组成

两次调查共发现底栖动物 20 种，其中昆虫纲种类最多，共采集到 10 种，占总物种数的 50%，包括摇蚊幼虫 4 种和其他水生昆虫 6 种。软体动物腹足纲采集到 5 种，其次是寡毛纲 3 种和软甲纲 2 种。所有物种中，铜锈环棱螺和日本沼虾的出现率最高，达 83%。夏季和秋季的物种数分别为 8 种和 15 种，夏季显著低于秋季，主要是因为夏季仅采集到 2 种摇蚊幼虫，秋季还采集到蜻蜓目和半翅目的种类，其主要出现在河流上游 3 号监测点。

② 密度和生物量

大型底栖动物密度和生物量的分析结果表明，两个季节优势种的组成差异较大。夏季和秋季总密度分别为 146ind/m^2（ind/m^2 即个/m^2）和 48ind/m^2，夏季为腹足纲和寡毛纲占据优势。

三个类群平均密度分别为 65.6ind/m^2、48.9ind/m^{2}和 26.7ind/m^2，夏季密度优势种主要为铜锈环棱螺（63.7ind/m^2）和日本沼虾（48.9ind/m^2）。秋季为昆虫纲和软甲纲占优，密度分别为 19.6ind/m^{2}和 19.1ind/m^2，优势种主要为中华锯齿米虾（11.2ind/m^2）、尾鳃属（9.9ind/m^2）和日本沼虾（7.8ind/m^2）。

夏季和秋季底栖动物总生物量分别为 95.21g/m^{2}和 15.32g/m^2。由于腹足纲个体较大，其在夏季和秋季均为生物量的优势类群，生物量分别为 89.98g/m^{2}和 11.7g/m^2。秋季密度和生物量显著低于夏季，主要是腹足纲密度变化显著，这可能是因为春夏季是螺类生长和繁殖的盛期，故密度较高。

空间差异方面，夏季点 1、点 2、点 3 总密度分别为 147ind/m^2、65ind/m^2、227ind/m^2，各监测点间差异较大，点 1 和点 2 监测点主要为腹足纲占优，其密度分别为 147ind/m^{2}和 50ind/m^2。点 3 则为软甲纲和寡毛纲占优，密度分别为 133ind/m^{2}和 80ind/m^2。秋季点 1、点 2、点 3 总密度分别为 15ind/m^2、31ind/m^2、98ind/m^2，与夏季相比，秋季监测点间差异较小。点 1 为寡毛纲占优，而点 3 为昆虫纲和软甲纲占优。生物量方面，夏季点 1、点 2、点 3 总生物量分别为 146.99g/m^2、126.24g/m^2、12.41g/m^2，点 1 和点 2 的生物量显著高于点 3，且为腹足纲占据绝对优势。秋季点 1、点 2、点 3 总生物量分别为 9.40g/m^2、27.89g/m^2、8.66g/m^2，点 1 和点 2 为腹足纲占优。总体而言，中下游的点 1 和点 2 的密度、生物量及其组成较为类似，这与从上游至下游环境条件的变化基本一致。

③ 物种多样性

牛首山河夏季和秋季各监测点底栖动物多样性指数见表5－22。从表中可知，夏季各监测点Shannon-Wiener多样性指数为0.08～1.09，均值为0.66，秋季Shannon-Wiener指数为0.83～1.90，均值为1.47，夏季Shannon-Wiener指数低于秋季。夏季Simpson优势度指数为0.03～0.59，均值为0.35，秋季指数值为0.50～0.79，均值为0.69，夏季低于秋季。夏季Margalef丰富度指数为0.20～0.72，均值为0.49，秋季指数值为0.58～2.40，均值为1.61，夏季显著低于秋季。夏季Pielou均匀度指数为0.11～0.79，均值为0.49，秋季指数值为0.76～0.94，均值为0.82，夏季均匀度低于秋季。

空间差异方面，下游点1多样性指数均较低，这可能是因为该点夏季藻类水华严重，不利于底栖动物的生存，仅发现3个物种，而上游点3监测多样性总体较高，表明该点生境质量较好，这与现场调查一致。季节差异方面，总体上夏季多样性低于秋季，原因可能是夏季气温高，且调查时段水质较差，点1和点2均有较严重的藻类水华，水体溶氧含量较低，不利于敏感种类的栖息，而秋季水质相对较好，特别是上游点3生境异质性高，出现较多的水生昆虫。

表5－22　牛首山河夏季和秋季各监测点底栖动物多样性

多样性指数	夏季				秋季			
	点1	点2	点3	均值	点1	点2	点3	均值
Shannon-Wiener指数	0.08	0.81	1.09	0.66	1.68	0.83	1.90	1.47
Simpson指数	0.03	0.44	0.59	0.35	0.79	0.50	0.79	0.69
Margalef指数	0.20	0.72	0.55	0.49	1.85	0.58	2.40	1.61
Pielou指数	0.11	0.58	0.79	0.49	0.94	0.76	0.76	0.82

3）云台山河调查结果

（1）浮游植物

① 浮游植物种类组成

本次调查共鉴定浮游植物107种，隶属于7门。其中硅藻种类最多，有35种，占总种数的32.7%；其次是绿藻（34种）和蓝藻（21种），分别占总种数的31.8%和19.6%；裸藻发现11种，黄藻、甲藻以及隐藻各发现2种。

据优势度计算公式，得出云台山河浮游植物的主要优势种为小球藻、小席藻、椭圆小球藻、小型色球藻、巨颤藻等，优势度分别为2.737、0.741、0.183、0.127、0.104。在5个采样点中，小球藻为优势种，小球藻百分比优势度分别为33.1%、31.2%、26.6%、18.2%和23.4%。

② 密度和生物量

云台山河浮游植物密度和生物量均较高，密度平均值为3.8×10^6cells/L，生物量则为 1.5mg/L。密度方面，点 3 的浮游植物密度最高，高达 9.4×10^6cells/L，点 4 密度最低，仅为 5.5×10^6cells/L。与密度分布相类似，点 3 的生物量较高，为 2.0mg/L，但点 5 的生物量最低，为 1.0mg/L。在 5 个采样点中，绿藻对点 2、点 3、点 4、点 5 的浮游植物总密度的贡献量为最大，其占总密度的百分比分别为 45.7%、47.6%、53.0% 和 44.9%，蓝藻次之；隐藻对点 1 的浮游植物总密度的贡献量为最大，其占总密度的百分比为 29.9%，绿藻次之；生物量方面，绿藻对点 2、点 3、点 4、点 5 的贡献更大，分别为 41.2%、39.7%、45.6% 和 45.7%，硅藻次之；相反，硅藻对点 1 的贡献更大，为 40.1%，绿藻次之。

季节上，云台山河浮游植物存在一定的变化，夏季密度较秋季有所上升，生物量也有所上升；河流夏季浮游植物的密度和生物量分别为 2.7×10^7 cells/L 和 4.9mg/L，秋季则分别为 1.1×10^7 cells/L 和 2.6mg/L。5 个采样点的季节变化趋势基本一致，各点浮游植物的密度均为夏季高于秋季；生物量方面，除点 4 浮游植物生物量为秋季高于夏季，其余各点位生物量均为夏季高于秋季。

③ 物种多样性

云台山河各监测点夏季和秋季浮游植物多样性指数见表 5－23。从表中可知，夏季 Simpson 优势度指数为 0.72～0.89，均值为 0.80，秋季指数值为 0.63～0.88，均值为 0.76，季节差异较小。夏季各监测点 Shannon-Wiener 多样性指数为 2.39～3.88，均值为 2.98，秋季 Shannon-Wiener 指数为 2.17～3.89，均值为 3.04，夏季低于秋季。夏季 Pielou 均匀度指数为 0.69～0.78，均值为 0.73，秋季指数值为 0.68～0.86，均值为 0.76，夏季均匀度低于秋季。夏季 Margalef 丰富度指数为 4.79～8.58，均值为 7.30，秋季指数值为 6.37～11.77，均值为 9.00，夏季显著低于秋季。空间差异方面，点 3 的多样性相对较高，点 5 的多样性较低。

表 5－23　云台山河夏季和秋季各监测点浮游植物多样性

多样性指数	季节	点 1	点 2	点 3	点 4	点 5	平均值
Simpson 指数	夏季	0.83	0.80	0.89	0.72	0.75	0.80
	秋季	0.84	0.75	0.70	0.88	0.63	0.76
Shannon-Wienner 指数	夏季	3.06	2.96	3.88	2.39	2.61	2.98
	秋季	3.65	2.94	2.53	3.89	2.17	3.04
Pielou 指数	夏季	0.75	0.74	0.78	0.69	0.70	0.73
	秋季	0.81	0.75	0.71	0.86	0.68	0.76
Margalef 指数	夏季	8.27	6.48	8.58	8.39	4.79	7.30
	秋季	9.92	8.40	11.77	8.52	6.37	9.00

2）大型底栖动物

① 种类组成

两次调查共发现底栖动物 20 种，其中昆虫纲种类最多，共采集到 10 种，占总物种数的 50%，包括摇蚊幼虫 4 种和其它水生昆虫 6 种。软体动物腹足纲采集到 5 种，其次是寡毛纲3种和软甲纲2种。所有物种中，铜锈环棱螺和日本沼虾的出现率最高，达83%。夏季和秋季的物种数分别为8种和15种，夏季显著低于秋季，主要是因为夏季仅采集到2种摇蚊幼虫，秋季还采集到蜻蜓目和半翅目的种类，其主要出现在河流上游点3监测点。

② 密度和生物量

底栖动物密度和生物量存在明显的季节变化：夏季和秋季总密度分别为96ind/m^{2}和32ind/m^2，相差2倍。夏季密度优势种为环棱螺，平均密度为19.2ind/m^2；秋季密度优势种为环棱螺、圆田螺，平均密度为6.4ind/m^2。生物量方面，夏季和秋季总生物量分别为340.9g/m^{2}和33.3g/m^2，相差9倍多。夏季生物量优势种为环棱螺，平均生物量为68.2g/m^2；秋季生物量优势种为环棱螺、圆田螺，平均生物量为6.7g/m^2。两个季节密度和生物量的差异主要是由于环棱螺、圆田螺现存量的变化引起的。

③ 物种多样性

云台山河夏季和秋季各监测点底栖动物多样性指数见表5-24。从表中可知，夏季各监测点Shannon-Wiener多样性指数为0.08~1.09，均值为0.64，秋季Shannon-Wiener指数为0.83~1.90，均值为1.42，夏季Shannon-Wiener指数低于秋季。夏季Simpson优势度指数为0.03~0.59，均值为0.36，秋季指数值为0.50~0.79，均值为0.65，夏季低于秋季。夏季Margalef丰富度指数为0.20~0.72，均值为0.51，秋季指数值为0.58~2.40，均值为1.73，夏季显著低于秋季。夏季Pielou均匀度指数为0.11~0.79，均值为0.56，秋季指数值为0.76~0.94，均值为0.81，夏季均匀度低于秋季。

表5-24　云台山河夏季和秋季各监测点底栖动物多样性

多样性指数	季节	点1	点2	点3	点4	点5	均值
Shannon-Wiener指数	夏季	0.08	0.81	1.09	0.75	0.48	0.64
	秋季	1.68	0.83	1.9	1.45	1.23	1.42
Simpson指数	夏季	0.03	0.44	0.59	0.22	0.51	0.36
	秋季	0.79	0.5	0.79	0.64	0.55	0.65
Margalef指数	夏季	0.2	0.72	0.55	0.39	0.67	0.51
	秋季	1.85	0.58	2.4	1.7	2.12	1.73
Pielou指数	夏季	0.11	0.58	0.79	0.98	0.33	0.56
	秋季	0.94	0.76	0.76	0.82	0.79	0.81

5.3.1.5　社会服务功能

服务功能评估指标包括水功能区水质达标率、水资源开发利用率、防洪指标和公众满意度指标等。

（1）水功能区水质达标率（*WFZ*）

① 秦淮河

根据《江宁区水功能区划》，江宁区秦淮河干流共设置有 6 个水功能区，另外，本次健康评估在句容河上也设置了 1 个监测采样点，因此，本次水功能区水质达标率评价的对象共包括 7 个水功能区，这 7 个水功能区的基本情况见表 5－25。

表 5－25　秦淮河干流涉及水功能区基本情况

序号	水功能区名称	控制重点城镇	起始位置—终止位置	长度（km）	水质目标（2020 年）
1	秦淮河江宁铺头过渡区	禄口	乌刹桥—禄口镇	2	Ⅲ
2	秦淮河江宁禄口饮用水源区	禄口	禄口镇—陆纲	2	Ⅲ
3	秦淮河江宁秣陵农业、渔业用水区	秣陵	陆纲—云台山河口	12	Ⅳ
4	秦淮河江宁东头村过渡区	殷巷方山	云台山河口—殷巷	3	Ⅲ
5	秦淮河江宁殷巷饮用、渔业用水区	殷巷	殷巷—牛首山河口	2	Ⅲ
6	秦淮河江宁工业、景观娱乐用水区	东山	牛首山河口—上坊门桥	8.52	Ⅳ
7	句容河江宁渔业、农业区	湖熟镇	茅家村—西北村	17.5	Ⅲ

根据南京市水文局的监测结果，采用高锰酸盐指数、氨氮 2 个指标，按照双指标频次法进行评价，2017 年水质结果表明，7 个水功能区中，秦淮河江宁秣陵农业、渔业用水区全年达标率为 50.0%，秦淮河江宁东头村过渡区全年达标率为 50%，秦淮河江宁铺头过渡区全年达标率为 33.3%，秦淮河江宁禄口饮用水源区全年达标率为 66.7%，秦淮河江宁殷巷饮用、渔业用水区全年达标率为 58.3%，秦淮河江宁工业、景观娱乐用水区全年达标率为 50.0%，句容河江宁渔业、农业区全年达标率为 41.7%。

② 牛首山河

根据《江宁区水功能区划》，牛首山河自水阁路至桥头长度为 7.5km 的河段为牛首山河农业用水区，属省级水功能区。根据南京市水文局的监测结果，2016 年该水功能区全年共监测 6 次，达标 2 次，水质达标率为 33.3%，主要超标项目为氨氮，超标倍数为 0.6～2.2 倍。

③ 云台山河

根据《江宁区水功能区划》，江宁区云台山河划分为云台山河农业用水区 1 个水功能区。根据南京市水文局的监测结果，采用高锰酸盐指数、氨氮 2 个指标，按照双指标频次法进行评价，结果表明，2017 年云台山河农业用水区水质达标率为 91.7%。

（2）水资源开发利用指标（*WRU*）

经实地调研了解，近年来，随着城市化进程的不断加快，江宁区秦淮河主导服务功能已逐渐演变为城市排涝和景观娱乐，部分河段存在零星农业用水，用水量不大；牛首山河已演变为城市内河，其主导服务功能已逐渐演变为城市排涝和景观娱乐，目前流域内无水资源开发工程，部分河段虽有零星农业用水，但总量不大；云台山河主导服务功能为农业用水，干流上无水资源开发利用工程，部分河段虽有农业用水，但总量不大。总体而言，3 条河流水资源开发利用量很小，本次评估不对水资源开发利用指标进行评估和计算。

（3）防洪指标（*FLD*）

① 秦淮河

根据《南京城市防洪规划》，秦淮河防洪标准为流域整体 50 年一遇，主城区 200 年一遇，东山副城 100 年一遇，排涝标准为 20～50 年一遇。近年来，通过采取河道清淤、堤防除险加固、河岸护坡等工程措施，秦淮河的安全泄洪能力不断提升。根据实地调查和资料调研等相关成果，目前秦淮河堤防防洪标准基本已达到规划制定的防洪和排涝标准。

② 牛首山河

作为排涝河道，牛首山河的防洪标准主要参考《南京城市防洪规划》中秦淮河支流堤防的防洪和排涝河道的排涝标准，其中防洪标准为 50 年一遇，排涝标准为 20 年一遇。近年来，通过采取河道清淤、堤防除险加固、河岸护坡等工程措施，牛首山河的安全泄洪能力不断提升。根据实地调查和资料调研等相关成果，目前牛首山河堤防防洪标准基本已达到 50 年一遇；随着 6 座排涝泵站的建成运行，牛首山河河道的安全泄洪能力不断提升，排涝标准基本达到了 20 年一遇。

③ 云台山河

近年来，通过开展水生态文明城市建设工作，云台山河实施了多项堤防达标建设完善工程，截至 2017 年底，云台山河流域防洪圈堤防达到了 50 年一遇的标准，河道堤防总长 2km，达标堤防长度为 1.98km，达标率为 99%；主城区排涝标准达到 20～50 年一遇，副城排涝标准达到 20 年一遇，其他地区排涝标准基本达到 10 年一遇。

（4）公众满意度指标

公众满意度调查主要通过发放公众调查表的方法进行，重点调查湖泊周边居民以及从事环保和水利的专业人员，调查结果表明，秦淮河公众满意度相对较高，达到 82%；云台山河公众满意度次之，为 78%；牛首山河公众满意度相对较低，为 75%。

5.3.2　江苏省河流健康评估指标体系

5.3.2.1　自然及水文状况

（1）河岸稳定性

① 秦淮河

于2018年7月和11月开展了河岸稳定性调查。结果表明，秦淮河主要有人工草土护坡和人工硬质护坡两类。其中，人工草土护坡的岸坡高度较高，但岸坡倾角一般都在30°~40°之间，植被覆盖率一般在80%以上，土质类型以壤土和黏土为主，除汛期排涝期间外，河道内水流速度较缓，因此，河岸水力冲刷侵蚀和坍塌裂隙均较为少见，但部分河段植被覆盖率不高、土质有沙土存在，汛期行洪期间存在一定的水力侵蚀威胁；总体而言，秦淮河草土护坡的河岸稳定性较强。对于人工硬质护坡河段，护岸形式以混凝土护坡或石块+混凝土护坡为主，混凝土护岸现状良好，不存在坍塌、裂缝、冲蚀等现象，稳定性较强。

综上所述，秦淮河河岸稳定性整体良好，根据现场调查结果，最终确定河岸稳定性指数为0.9。

② 牛首山河

于2016年8月下旬和11月初开展了河岸稳定性调查。结果表明，牛首山河上游河段主要有自然护坡段和人工护坡段两类，其中人工护坡段护坡形式以水泥硬质护坡为主，河岸稳定性强；对于自然护坡段，植被覆盖率基本达到70%以上，除汛期排涝期间外，河道径流量不大、水流速度缓，因此，河岸水力冲刷侵蚀和坍塌裂隙均较为少见，但由于上游河道较窄、岸坡较高，汛期行洪期间存在一定的水力侵蚀威胁；对于中下游河段，河岸护坡形式以自然护坡为主，河道相对开阔，水流速度缓，河床及河岸基质以黏土为主，河岸植被覆盖率达到75%以上，岸坡高度一般不超过4m，岸坡倾角一般不超过35°，因此河岸具备良好的稳定性。

综上，牛首山河河岸稳定性整体良好，根据现场调查结果，最终确定河岸稳定性指数为0.8。

③ 云台山河

于2018年7月和11月开展了河岸稳定性调查。结果表明，江宁区云台山河干流主要有人工草土护坡和人工硬质护坡。其中人工草土护坡的岸坡高度较高，但岸坡倾角一般都在20°~40°之间，植被覆盖率一般在80%以上，土质类型以壤土和黏土为主，除汛期排涝期间外，水流速度较缓，因此，河岸水力冲刷侵蚀和坍塌裂隙均较为少见，但部分河段植被覆盖率不高、土质有沙土存在，汛期行洪期间存在一定的水力侵蚀威胁。总体而言，江宁区云台山河草土护坡的河岸稳定性较强。对于人工硬质护坡河段，护岸形式以混凝土护坡或石块+混凝土护坡为主，混凝土护岸现状良好，不存在坍塌、裂缝、冲蚀等现象，稳定性较强。

综上，云台山河河岸稳定性整体良好，根据现场调查结果，最终确定河岸稳定性指数为0.8。

（2）河流流动性指数

① 秦淮河

现场调查结果表明，秦淮河评估河段地处洼平原圩区，河道比降小，流速不大，下游有武定门闸等水利枢纽控制，在一定程度上减缓了河道水体流动。通过实地调查，结合南京市水文局提供的干流径流量资料和秦淮新河闸流量等数据资料，最终确定秦淮河流动性指数为0.5。

② 牛首山河

现场调查结果表明，牛首山河整体地处洼地，河道比降小，与外秦淮河连通，水流整体落差较小、流速缓慢，非汛期内无新鲜水进入，汛期内外秦淮河水位抬高后，在一定程度上阻碍了牛首山河排涝，甚至形成河水倒灌。为了排除汛期进入河道的雨水，在河道内设置有6个排涝泵站，各泵站均配套建设了滚水坝等拦水建筑物，进一步阻碍了河水的正常流动，导致河流流动性较差。

通过实地调查，结合江宁区水务局提供的汛期各主要泵站排涝过程和排涝流量等数据资料，最终确定牛首山河流动性指数为0.3。

③ 云台山河

现场调查结果表明，江宁区依托现有的秦淮河、秦淮新河自然水系，建立了红星水库—云台山河—秦淮河连通工程，增强调水引流能力。截至2017年底，江宁区境内的35条骨干河道上下游全部畅通，水系连通率100%。云台山河虽发源于云台山，但主体河道主要地处平原圩区，河道比降小，流速不大，因此河道水体流动缓慢，最终确定云台山河流动性指数为0.6。

（3）生态流量满足程度

① 秦淮河

该指标的含义和计算方法与河流健康评估一期试点中的生态流量保障程度一致，但该指标的分级标准及健康等级阈值与国家河流健康评估体系存在一定差异，由于2017年为平水年，生态流量满足程度一般，根据生态流量保障程度计算结果，生态流量满足程度指数为0.6。

② 牛首山河

牛首山河非汛期内无新鲜水进入，非汛期生态用水保证率偏低，实地调查和水质评价结果表明，河道内水质整体较差，生态环境用水保证率偏低，根据生态流量保障程度计算结果，生态流量满足程度指数为0.4。

③ 云台山河

2017年为平水年，云台山河生态流量满足程度一般，根据生态流量保障程度计算结果，生态流量满足程度指数为0.5。

5.3.2.2　水质状况

根据资料的掌握情况，采用 pH、DO、BOD_5、高锰酸盐指数、COD、NH_3-N 等 6 项指标进行评估，每个指标均选用评估年平均浓度进行赋分。评价指标为《地表水环境质量标准》（GB 3838—2002）。

① 秦淮河

将秦淮河 5 个采样点夏、秋季检测的各项水质指标取平均值，作为该点位年度水质指标，结果见表 5 – 26。

表 5 – 26　秦淮河水质指标检测结果

序号	指标	单位	点 1	点 2	点 3	点 4	点 5
1	pH		8.02	7.65	7.34	7.82	7.31
2	溶解氧	mg/L	6.35	7.9	6.1	5.7	6
3	氨氮	mg/L	0.395	0.315	0.22	0.58	0.335
4	高锰酸盐指数	mg/L	3.35	3.2	3.65	3.4	3.1
5	COD	mg/L	17.9	14.85	21.55	21.55	24.15
6	BOD_5	mg/L	2.1	1.85	2.45	3.5	2.7

② 牛首山河

将牛首山河 3 个采样点夏、秋季检测的各项水质指标取平均值，作为该点位年度水质指标，结果见表 5 – 27。

表 5 – 27　牛首山河水质指标检测结果

序号	指标	单位	点 1	点 2	点 3
1	pH		7.45	7.71	7.7
2	溶解氧	mg/L	6.65	5.85	7.2
3	氨氮	mg/L	1.46	4.12	3.34
4	高锰酸盐指数	mg/L	5.35	7.6	4.7
5	COD	mg/L	24.4	28.2	23.05
6	BOD_5	mg/L	3.3	4.9	3.5

③ 云台山河

将云台山河 5 个采样点夏、秋季检测的各项水质指标取平均值，作为该点位年度水质指标，结果见表 5 – 28。

表 5 – 28　云台山河水质指标检测结果

序号	指标	单位	点 1	点 2	点 3	点 4	点 5
1	pH		7.84	7.36	7.45	7.28	7.57
2	溶解氧	mg/L	4.1	4.7	4.05	4.85	6.15
3	氨氮	mg/L	1.59	2.23	1.63	1.17	0.88
4	高锰酸盐指数	mg/L	4.2	4.35	4.15	4.5	3.6

续表

序号	指标	单位	点 1	点 2	点 3	点 4	点 5
5	COD	mg/L	18.3	<15	<15	<15	<15
6	BOD_5	mg/L	3.05	2.85	3.7	2.55	2.3

5.3.2.3 生态特征

(1) 岸坡植被结构完整性

① 秦淮河

根据河岸带植被覆盖率、植被层次性和连续性以及河流护坡的自然特征等进行赋分，按照5个采样区对应的代表河段分别确定岸坡植被结构完整性指数，最后计算平均值，结果为0.8。

② 牛首山河

根据河岸带植被覆盖率、植被层次性和连续性以及河流护坡的自然特征等进行赋分，分上游、中游、下游3段分别确定岸坡植被结构完整性指数，最后计算平均值，结果为0.7。

③ 云台山河

根据河岸带植被覆盖率、植被层次性和连续性以及河流护坡的自然特征等进行赋分，按照5个采样区对应的代表河段分别确定岸坡植被结构完整性指数，最后计算平均值，结果为0.6。

(2) 浮游植物生物多样性

① 秦淮河

依据秦淮河夏季和秋季浮游植物监测结果，计算5个采样点内浮游植物Shannon-Wiener指数，最后计算平均值，结果为2.9。

② 牛首山河

依据牛首山河夏季和秋季浮游植物监测结果，计算3个采样点内浮游植物Shannon-Wiener指数，最后计算平均值，结果为1.56。

③ 云台山河

依据云台山河夏季和秋季浮游植物监测结果，计算5个采样点内浮游植物Shannon-Wiener指数，最后计算平均值，结果为3.0。

5.3.2.4 社会服务功能

(1) 防洪工程达标率

① 秦淮河

根据现场实地调研结果，结合江宁区水务局提供的秦淮河防洪标准等相关资料，确定防洪达标堤防长度占河流堤防总长度的比例。近年来，通过采取河道清淤、堤防除险加固、河岸护坡等工程措施，秦淮河的安全泄洪能力不断提升。截至2017年，江宁区秦淮河干流河道防洪标准基本已经达到50年一遇标准，东山副城基本达到100年一遇标准，排涝标准基本已达到 20 ~ 50 年一遇的设计标准。最终确定防洪工程达标率为 91%。

② 牛首山河

根据现场实地调研结果，结合江宁区水务局提供的牛首山河防洪标准等相关资料，确定防洪达标堤防长度占河流堤防总长度的比例。近年来，通过采取河道清淤、堤防除险加固、河岸护坡等工程措施，牛首山河的安全泄洪能力不断提升。截至 2016 年，牛首山河河道防洪标准基本已经达到 50 年一遇的设计标准，排涝标准基本已达到 20 年一遇的设计标准。最终确定防洪工程达标率为 90%。

③ 云台山河

根据现场实地调研结果，结合江宁区水务局提供的云台山河防洪标准等相关资料，确定防洪达标堤防长度占河流堤防总长度的比例。近年来，通过开展水生态文明城市建设，采取河道清淤、堤防除险加固、河岸护坡等工程措施，云台山河的安全泄洪能力不断提升。截至 2017 年，江宁区云台山河河道防洪标准已经达到 50 年一遇标准，堤防总长 2km，达标堤防长度为 1.98km，堤防达标率为 99%。最终确定防洪工程达标率为 99%。

（2）供水水量保证率

经实地调研了解，江宁区秦淮河、牛首山河、云台山河干流上均无水资源开发工程，部分河段虽有少量农业用水，但总量不大，因此，本次评估不对 3 条河流的水资源开发利用指标进行评估和计算。

（3）水功能区水质达标率

① 秦淮河

根据南京市水文局的监测结果，采用高锰酸盐指数、氨氮 2 个指标，按照双指标频次法进行评价，结果表明，7 个水功能区中，秦淮河江宁秣陵农业、渔业用水区全年达标率为 50.0%，秦淮河江宁东头村过渡区全年达标率为 50%，秦淮河江宁铺头过渡区全年达标率为 33.3%，秦淮河江宁禄口饮用水源区全年达标率为 66.7%，秦淮河江宁殷巷饮用、渔业用水区全年达标率为 58.3%，秦淮河江宁工业、景观娱乐用水区全年达标率为 50.0%，句容河江宁渔业、农业区全年达标率为 41.7%。

② 牛首山河

根据《江宁区水功能区划》，牛首山河自水阁路至桥头长度为 7.5km 的河段为牛首山河农业用水区，属省级水功能区。根据南京市水文局的监测结果，2016 年该水功能区全年共监测 6 次，达标 2 次，水质达标率为 33.3%。

③ 云台山河

根据南京市水文局的监测结果，采用高锰酸盐指数、氨氮 2 个指标，按照双指标频次法进行评价，结果表明，云台山河农业用水区 2017 年全年达标率为 91.7%。

（4）岸线利用管理系数

① 秦淮河

秦淮河已经完成“河道蓝线”划定工作，分别按照 10m、15m 两个宽度标准，明确了河道控制保护范围。实地调查结果表明，当前秦淮河蓝线管控较为到位，不存在违法、违章侵占岸线的情况。综合现场调查结果，确定岸线利用管理系数为0.95。

② 牛首山河

牛首山河已经完成“河道蓝线”划定工作，分别按照10m、15m两个宽度标准，明确了河道控制保护范围。实地调查结果表明，当前牛首山河蓝线管控较为到位，基本不存在违法、违章侵占岸线的情况。综合现场调查结果，确定岸线利用管理系数为0.9。

③ 云台山河

云台山河已经完成“河道蓝线”划定工作，河堤两边15m范围被列入隔离保护区，不得从事房地产、经营性活动以及开发建设。实地调查结果表明，当前云台山河蓝线管控较为到位，不存在违法、违章侵占岸线的情况。综合现场调查结果，确定岸线利用管理系数为0.95。

(5) 公众满意度

公众满意度调查主要通过发放公众调查表的方法进行，重点调查湖泊周边居民以及从事环保和水利的专业人员，调查结果表明，秦淮河公众满意度相对较高，达到82%；云台山河公众满意度次之，为78%；牛首山河公众满意度相对较低，为75%。

5.4 河流生态系统健康评估赋分

5.4.1 国家一期试点评估指标体系

5.4.1.1 水文水资源

水文水资源包括流量过程变异程度（*FD*）、生态流量保障程度（*EF*）2个指标。

(1) 流量过程变异程度（*FD*）

① 秦淮河

秦淮河流域内仅有秦淮新河闸水文站，由于该站仅监测秦淮新河径流量，不能代表江宁区秦淮河干流流量过程变异程度。因此本次工作采用下游武定门闸站资料，该水文站距采样点5约9km，区间内除运粮河外，无其他支流汇入，相对而言，运粮河径流量不大，对秦淮河干流径流过程虽有一定影响，但总体影响不大，因此，采用武定门闸站径流资料，可以反映江宁秦淮河干流的流量变异程度。

经过计算，秦淮河干流武定门闸站流量过程变异程度指数 $FD = 1.59$。参考该指标的赋分标准，该指标的最终赋分为24.3分。

② 牛首山河

生活污水排放是导致牛首山河流量过程变异的主要原因，本次评估选择牛首山河流域出口断面作为代表断面，分别对该断面年均径流量和生活污水排放量进行了估算，按照式（3-2）进行计算，得到牛首山河流量变异程度 FD 为0.42，参考该指标的赋分标准，该指标的最终赋分为 22. 5 分。

③ 云台山河

按照人均排污量法计算得到云台山河出口断面的生活污水排放量约为 9600m^3/d，年均排污流量计 0. 11m^3/s。2017 年，东山雨量站的降水量为 1243. 5mm，则 2017 年流域出口水量共 2002. 8 万 m^3，年平均径流量为 0. 64m^3/s。经过计算，云台山河流量过程变异程度指数 $FD=0.73$。参考该指标的赋分标准，该指标的最终赋分为 41 分。

（2）生态流量保障程度（EF）

① 秦淮河

以秦淮河干流武定门闸站断面作为代表断面，根据该断面的评估年最小日径流量和多年平均径流量估算结果，按照式（3－3）进行计算，得到丰水期和枯水期的生态流量保障程度分别为 $EF_1=1.08$、$EF_2=0.78$。实际上，2017 年是平水年，因此使得 EF_1 和 EF_2 计算结果比较接近实际情况。按照表 3－4 所列的赋分标准，赋分为 100 分。

② 牛首山河

以牛首山河流域出口断面作为代表断面，根据牛首山河出口断面的评估年最小日径流量和多年平均径流量估算结果，按照式（3－3）进行计算，得到生态流量保障程度 $EF=0.4$。按照表 3－4 所列的赋分标准，赋分为 80 分。

③ 云台山河

根据云台山河出口断面的评估年最小日径流量和多年平均径流量估算结果，按照式（3－3）进行计算，得到生态流量保障程度 $EF=0.20$。按照表 3－4 所列的赋分标准，赋分为 55 分。

5. 4. 1. 2　物理结构

（1）河岸带状况（RS）

包括河岸稳定性、河岸植被覆盖率、河岸带人工干扰程度 3 个分项指标，依据监测结果对 3 个分项指标进行赋分，然后根据 3 个分项指标的权重（河岸稳定性权重为 0. 25、河岸植被覆盖率权重为 0. 5、河岸带人工干扰程度权重为 0. 25）对 3 条评估河流河岸带状况进行赋分。

秦淮河河滨带状况最终赋分取 5 个采样区的平均值，为 78 分，结果见表 5－29；牛首山河河滨带状况最终赋分取 3 个采样区的平均值，为 77 分，结果见表 5－30；云台山河河滨带状况最终赋分取 5 个采样区的平均值，为 70. 7 分，结果见表 5－31。

（2）河流连通阻隔状况（RC）

① 秦淮河

根据调查结果，秦淮河干流设置有秦淮新河枢纽、武定门枢纽、上游溧水区建有天生桥闸，几座枢纽对河道径流均有调节作用。结合各个河段生态流量定性分析结果，综合考虑近年来秦淮河流域调水引流实践情况，最终确定各河段的阻隔类型分别为：监测

表 5－29　秦淮河各采样区河岸带指标赋分结果

分指标	调查项目	采样区 1			采样区 2			采样区 3			采样区 4			采样区 5		
		左岸	右岸	分指标	左岸	右岸	分指标	左岸	右岸	分指标	左岸	右岸	分指标	左岸	右岸	分指标
岸坡稳定性	岸坡倾角	75	62.5	77.2	62.5	67.5	66.3	62.5	62.5	76.6	75	80	65.2	50	62.5	71.5
	植被覆盖率	90	94		94	94		98	98		90	84		94	98	
	岸坡高度	75	75		50	50		37.5	37.5		10	37.5		75	75	
	基质状况	60	60		50	30		90	90		50	50		50	50	
	坡脚冲刷情况	90	90		85	80		95	95		90	85		80	80	
植被覆盖度	乔木、灌木、草本植被覆盖率	75	85	80	85	85	85	95	95	95	75	65	70	85	95	90
人类活动干扰	河岸硬性砌护			78	−5		38			90			78			83
	沿岸建筑物（房屋）	−5									−5					
	公路（或铁路）	−10			−10			−5			−10			−10		
	垃圾填埋场或垃圾堆放				−40											
	河滨公园															
	公路															
	管道	−2			−2						−2			−2		
	农业耕种	−5			−5			−5			−5			−5		
	畜牧养殖															
	渔业网箱养殖															
各采样区河岸带指标得分		78.8			68.6			89.2			70.8			83.6		

表5－30　牛首山河各采样区河岸带指标赋分结果

分指标	调查项目	采样区1			采样区2			采样区3		
		左岸	右岸	分指标	左岸	右岸	分指标	左岸	右岸	分指标
岸坡稳定性	岸坡倾角	10	20	57.6	74	60	69.7	56	50	72.4
	植被覆盖率	96	74		73	80		98	100	
	岸坡高度	20	20		70	40		60	60	
	基质状况	96	60		60	60		60	60	
	坡脚冲刷情况	90	90		90	90		90	90	
植被覆盖度	乔木、灌木、草本植被覆盖率	100	70	85	73	75	74	100	100	100
人类活动干扰	河岸硬性砌护	－5		40			83			83
	沿岸建筑物（房屋）	－5			－5			－5		
	公路（或铁路）	－5			－5			－5		
	垃圾填埋场或垃圾堆放	－40								
	河滨公园				－2			－2		
	公路									
	管道	－5			－5			－5		
	农业耕种									
	畜牧养殖									
	渔业网箱养殖									
各采样区河岸带指标得分				66.9			75.2			88.9

表 5-31　云台山河各采样区河岸带指标赋分结果

分指标	调查项目	采样区 1			采样区 2			采样区 3			采样区 4			采样区 5		
		左岸	右岸	分指标	左岸	右岸	分指标	左岸	右岸	分指标	左岸	右岸	分指标	左岸	右岸	分指标
岸坡稳定性	岸坡倾角	75	62.5	71.2	90	80	79.3	75	96.7	66.1	62.5	50	62.9	50	80	64.3
	植被覆盖率	98	94		96	84		33.3	98		96	20		50	75	
	岸坡高度	62.5	40		90	62.5		37.5	75		50	25		37.5	50	
	基质状况	50	50		50	50		25	50		55	85		85	50	
	坡脚冲刷情况	90	90		95	95		75	95		90	95		90	75	
植被覆盖度	乔木、灌木、草本植被覆盖率	98	95	96.5	92	65	78.5	30	98	64	92	20	56	40	50	45
人类活动干扰	河岸硬性砌护			73			78	-5		75	-5		90			75
	沿岸建筑物（房屋）	-15			-5									-5		
	公路（或铁路）	-5			-10			-5			-5			-10		
	垃圾填埋场或垃圾堆放															
	河滨公园															
	公路															
	管道	-2			-2									-5		
	农业耕种	-5			-5			-15						-5		
	畜牧养殖															
	渔业网箱养殖															
各采样区河岸带指标得分		84.3			78.6			67.3			66.2			57.3		

采样区1、2均为轻度阻隔，监测采样区3、4、5均为阻隔。对照表3－9的赋分表进行赋分。最终得到秦淮河河流连通阻隔状况的最终赋分为50分。

② 牛首山河

根据实地调查结果，牛首山河流域内的6个排涝泵站均建有滚水坝等拦水建筑物，但没有设计鱼道，结合下泄流量与生态基流的分析结果，以及上、中、下游各个河段河流连通阻隔状况分析结果，对照表3－11的赋分表进行赋分。最终得到牛首山河河流连通阻隔状况的最终赋分为40分。

③ 云台山河

根据调查结果，云台山河及其支流沿线无水利枢纽，但在干流上游存在少数小型壅水建筑物，高度不超过1m，用于抬高水位，增加水体流动性。综合考虑近年来云台山河实际情况，最终确定各河段的阻隔类型分别为：监测采样区1、2均为阻隔，监测采样区3、4、5均为轻度阻隔。对照表3－9的赋分表进行赋分。最终得到云台山河河流连通阻隔状况的最终赋分为60分。

（3）天然湿地保留率（*NWL*）

① 秦淮河

江宁区秦淮河拥有上秦淮湿地，面积15.09km^2，下游有七桥瓮城市湿地公园，面积0.24km^2，两处湿地公园均已划入公园类省级生态红线区域，两处湿地均与秦淮河存在水力联系。秦淮河水系的治理历史较早，新中国成立以来，先后实施了河道裁弯取直、拓宽疏浚、堤防加固、合并联圩、闸站枢纽、分洪道等工程。总体而言，秦淮河经历代变迁，由于治理时未考虑对河流自然形态的保护，存在诸多问题；秦淮河两岸天然湿地主要是天然河道弯道及其两侧河滩，河滩沿岸大片棚户区和单位无序分割占用，防洪工程建设未考虑民众亲水的需求，防洪墙割断了陆域与河道水岸区的联系，河滩湿地面积有限。根据天然湿地保留率指标的含义，结合秦淮河实际情况，最终将该指标赋分确定为70分。

② 牛首山河

牛首山河流域内九龙湖与牛首山河存在水力联系，虽然该湖泊并非天然湿地，也未纳入国家、地方湿地名录及保护区名录，但九龙湖自人工开挖形成后，便与牛首山河存在水力联系，斗篷泵站建成后，通过汛期排水，进一步沟通了九龙湖水体与牛首山河水体。

根据天然湿地保留率指标的含义，结合九龙湖与牛首山河水体连通的实际情况，最终将该指标赋分确定为90分。

③ 云台山河

江宁区市级湿地公园包括江宁驻驾山湿地公园、江宁牧龙湖湿地公园、江宁金牛河湿地公园、南京霞辉庙湿地公园、南京龙山湿地公园、九龙湖市级湿地公园等，其中南京霞辉庙湿地公园和南京龙山湿地公园位于云台山河上游区域，但考虑两处湿地公园距离云台山河河道较远，与云台山河不存在直接水力联系，因此本次对天然湿地保留率指标不做评估。

5.4.1.3 水质

(1) DO 水质状况

① 秦淮河

根据秦淮河 5 个样点的水质监测结果，按照表 3－10 对溶解氧含量指标赋分，结果见表 5－32。据此，秦淮河 DO 水质状况最终赋分为 74 分。

表 5－32 秦淮河溶解氧状况赋分表

监测点位	监测点 1	监测点 2	监测点 3	监测点 4	监测点 5
溶解氧含量（mg/L）	6.35	7.9	6.1	5.7	6
赋分	84.7	100	81.3	74	80

② 牛首山河

根据牛首山河 3 个样点的水质监测结果，按照表 3－10 对溶解氧含量指标赋分，结果见表 5－33。据此，牛首山河 DO 水质状况最终赋分为 87.7 分。

表 5－33 牛首山河溶解氧状况赋分表

监测点位	监测点 1	监测点 2	监测点 3
溶解氧含量（mg/L）	6.7	5.9	7.2
赋分	89	78	96

③ 云台山河

根据云台山河 5 个样点的水质监测结果，按照表 3－10 对溶解氧含量指标赋分，结果见表 5－34。据此，云台山河 DO 水质状况最终赋分为 45.75 分。

表 5－34 云台山河溶解氧状况赋分表

监测点位	监测点 1	监测点 2	监测点 3	监测点 4	监测点 5
溶解氧含量（mg/L）	4.1	4.7	4.05	4.85	6.15
赋分	46.5	55.5	45.75	57.75	82

(2) 耗氧有机物污染状况（OCP）

① 秦淮河

根据高锰酸盐指数、化学需氧量、BOD_5和氨氮的水质监测结果，按照表 3－11 进行赋分，结果见表 5－35。分别计算 5 个监测点的耗氧有机物污染状况赋分，并按照赋分平均值作为最终赋分，结果为 84.3 分。

表 5－35 秦淮河耗氧有机物污染状况赋分表

监测点位	高锰酸盐指数	COD	BOD_5	氨氮
监测点 1	86.5	76.8	100	86

续表

监测点位	高锰酸盐指数	COD	BOD_5	氨氮
监测点 2	88	100	100	90.6
监测点 3	83.5	55.4	100	96
监测点 4	86	55.4	80	76.8
监测点 5	89	47.6	100	89.4

② 牛首山河

根据高锰酸盐指数、化学需氧量、BOD_5 和氨氮的水质监测结果，按照表 3－11 进行赋分，结果见表 5－36。分别计算 3 个监测点的耗氧有机物污染状况赋分，并按照赋分平均值作为最终赋分，结果为 47 分。

表 5－36　牛首山河耗氧有机物污染状况赋分表

监测点位	高锰酸盐指数	COD	BOD_5	氨氮
监测点 1	66	46.8	88	30
监测点 2	48	35.4	46.5	0
监测点 3	73	50.7	80	0

③ 云台山河

根据高锰酸盐指数、化学需氧量、BOD_5和氨氮的水质监测结果，按照表 3－11 进行赋分，结果见表 5－37。分别计算 5 个监测点的耗氧有机物污染状况赋分，并按照赋分平均值作为最终赋分，结果为 74.9 分。

表 5－37　云台山河耗氧有机物污染状况赋分表

监测点位	高锰酸盐指数	COD	BOD_5	氨氮
监测点 1	78	73.6	98	24.6
监测点 2	76.5	100	100	0
监测点 3	78.5	100	72	22.2
监测点 4	75	100	100	49.8
监测点 5	84	100	100	64.8

（3）重金属污染状况（*HMP*）

① 秦淮河

根据汞、镉、铬、铅及砷的监测结果，在 5 个监测点中，除汞（Hg）外，其余 4 种重金属含量均远低于 I 类水标准。汞（Hg）在监测点 4 浓度最高，达到 2.97μg/L，严重超标，秋季水体汞含量相对较低，根据各种重金属指标监测结果，对照表 3－12 进行赋分，结果为 0 分。

② 牛首山河

牛首山河未评价重金属污染状况。

③ 云台山河

根据汞、镉、铬、铅及砷的监测结果，在5个监测点中，各种重金属含量均远低于I类水标准。对照表3-11进行赋分，结果为100分。

5.4.1.4 水生态

（1）浮游植物多样性指数（*BIP*）

① 秦淮河

采用Simpson优势度指数反映秦淮河浮游植物多样性。秦淮河监测点1浮游植物的Simpson指数为0.76，赋分为62分；监测点2浮游植物的Simpson指数为0.62，赋分为43分；监测点3浮游植物的Simpson指数为0.85，赋分为80分；监测点4浮游植物的Simpson指数为0.87，赋分为83分；监测点5浮游植物的Simpson指数为0.90，赋分为87分。根据5个监测点浮游植物的Simpson指数的计算结果和赋分标准，取5个监测点赋分的平均值作为该指标的最终赋分，为71分。

② 牛首山河

采用Simpson优势度指数反映牛首山河浮游植物多样性。牛首山河监测点1浮游植物的Simpson指数为0.54，赋分为35.2分；监测点2浮游植物的Simpson指数为0.73，赋分为57.3分；监测点3浮游植物的Simpson指数为0.8，赋分为70分。根据3个监测点浮游植物的Simpson指数的计算结果和赋分标准，取3个监测点赋分的平均值作为该指标的最终赋分，为54.2分。

③ 云台山河

采用Simpson优势度指数反映云台山河浮游植物多样性。云台山河监测点1浮游植物的Simpson指数为0.84，赋分为78分；监测点2浮游植物的Simpson指数为0.78，赋分为66分；监测点3浮游植物的Simpson指数为0.80，赋分为70分；监测点4浮游植物的Simpson指数为0.80，赋分为70分；监测点5浮游植物的Simpson指数为0.69，赋分为52分。根据5个监测点浮游植物的Simpson指数的计算结果和赋分标准，取5个监测点赋分的平均值作为该指标的最终赋分，为67.2分。

（2）大型底栖动物生物多样性指数（*BIB*）

① 秦淮河

采用Shannon-Wiener多样性指数（*H*）表征秦淮河大型底栖动物生物多样性。秦淮河监测点1大型底栖动物的Shannon-Wiener指数为2.29，赋分为71.6分；监测点2大型底栖动物的Shannon-Wiener指数为2.31，赋分为72.4分；监测点3大型底栖动物的Shannon-Wiener指数为2.31，赋分为72.4分；监测点4大型底栖动物的Shannon-Wiener指数为2.43，赋分为77.2分；监测点5大型底栖动物的Shannon-Wiener指数为2.18，赋分为67.2分。根据5个监测点大型底栖动物的Shannon-Wiener指数的计算结果和赋分标准，取5个监测点赋分的平均值作为该指标的最终赋分，为72.2分。

② 牛首山河

采用Shannon-Wiener多样性指数（*H*）表征牛首山河大型底栖动物生物多样性。牛首山河监测点 1 大型底栖动物的 Shannon-Wiener 指数为 1. 2，赋分为 44 分；监测点 2 大型底栖动物的 Shannon-Wiener 指数为 1. 6，赋分为 52 分；监测点 3 大型底栖动物的 Shannon-Wiener 指数为 1. 9，赋分为 58 分。根据 3 个监测点大型底栖动物的 Shannon-Wiener 指数的计算结果和赋分标准，取 3 个监测点赋分的平均值作为该指标的最终赋分，为 51. 3 分。

③ 云台山河

采用 Shannon-Wiener 多样性指数（*H*）表征云台山河大型底栖动物生物多样性。云台山河监测点 1 大型底栖动物的 Shannon-Wiener 指数为 0. 88，赋分为 35. 2 分；监测点 2 大型底栖动物的 Shannon-Wiener 指数为 0. 82，赋分为 32. 8 分；监测点 3 大型底栖动物的 Shannon-Wiener 指数为 1. 50，赋分为 50 分；监测点 4 大型底栖动物的 Shannon-Wiener 指数为 1. 10，赋分为 42 分；监测点 5 大型底栖动物的 Shannon-Wiener 指数为 0. 86，赋分为 34. 4 分。根据 5 个监测点大型底栖动物的 Shannon-Wiener 指数的计算结果和赋分标准，取 5 个监测点赋分的平均值作为该指标的最终赋分，为 38. 9 分。

5. 4. 1. 5　服务功能

根据水功能区水质达标率、防洪指标和公众满意度指标进行评价，并分别进行赋分。

（1）水功能区水质达标率（*WFZ*）

① 秦淮河

根据南京市水文局的监测结果，2017 年江宁区秦淮河干流段涉及的 7 个水功能区中，水功能区达标率最高为 66. 7%，最低为 33. 3%。按照算数平均值法计算，水功能区达标率平均值为 49. 9%，按照该指标的赋分标准，秦淮河水功能区水质达标率指标最终赋分为 49. 9 分。

② 牛首山河

根据南京市水文局的监测结果，2016 年该水功能区全年共监测 6 次，达标 2 次，水质达标率为 33. 3%，按照该指标的赋分标准，牛首山河水功能区水质达标率指标最终赋分为 33. 3 分。

③ 云台山河

根据南京市水文局的监测结果，2017 年云台山河农业用水区达标率为 91. 7%，按照该指标的赋分标准，最终赋分为 91. 7 分。

（2）防洪指标（*FLD*）

① 秦淮河

根据现状调查与资料调研成果，秦淮河防洪标准为流域整体 50 年一遇，主城区 200 年一遇，东山副城 100 年一遇，排涝标准为 20 ~ 50 年一遇。近年来，通过采取河道清淤、堤防除险加固、河岸护坡等工程措施，秦淮河的安全泄洪能力不断提升。根据实地调查和资料调研等相关成果，目前秦淮河堤防防洪标准基本已达到规划制定的防洪和排涝标准，因此赋分为 95 分。

② 牛首山河

根据现状调查与资料调研成果，牛首山河堤防已基本达到 50 年一遇防洪标准，排涝基本达到 20 年一遇设计标准，因此赋分为 95 分。

③ 云台山河

根据现状调查与资料调研成果，云台山河防洪标准为 50 年一遇，堤防总长 2km，达标堤防长度为 1.98km，堤防达标率为 99%。目前，江宁主城区防洪达标率基本达到 100 年一遇，副城防洪标准基本达到 50 年一遇，其他区域防洪标准基本达到 20 年一遇；主城区排涝达标率达到 20～50 年一遇，副城排涝标准达到 20 年一遇，其他地区排涝标准基本达到 10 年一遇。云台山河堤防防洪标准基本已达到规划制定的防洪和排涝标准，因此赋分为 95 分。

（3）公众满意度指标

① 秦淮河

公众满意度调查结果表明，本次评估公众满意度最高为 96 分，最低为 68 分，通过加权平均得出公众满意度指标赋分为 82 分。

② 牛首山河

公众满意度调查结果表明，本次评估公众满意度最高为 95 分，最低为 45 分，通过加权平均得出公众满意度指标赋分为 75 分。

③ 云台山河

公众满意度调查结果表明，本次评估公众满意度最高为 92 分，最低为 65 分，通过加权平均得出公众满意度指标赋分为 78 分。

5.4.2 江苏省指标体系

5.4.2.1 自然及水文状况

（1）河岸稳定性

① 秦淮河

根据现场调查结果，秦淮河河岸稳定性整体良好，根据现场调查结果，最终确定河岸稳定性指数为 0.9。对照河岸稳定性指数分级标准，该指标的最终赋分为 83.3 分。

② 牛首山河

根据现场调查结果，牛首山河河岸稳定性整体良好，根据现场调查结果，最终确定河岸稳定性指数为 0.8。对照河岸稳定性指数分级标准，该指标的最终赋分为 73.3 分。

③ 云台山河

根据现场调查结果，云台山河河岸稳定性整体良好，根据现场调查结果，最终确定河岸稳定性指数为 0.8。对照河岸稳定性指数分级标准，该指标的最终赋分为 66.7 分。

（2）河流流动性指数

① 秦淮河

通过实地调查，结合江宁区水务局提供的汛期各主要泵站排涝过程和排涝流量等数据资料，最终确定秦淮河流动性指数为0.5。对照河流流动性指数分级标准，该指标的最终赋分为50分。

② 牛首山河

通过实地调查，结合江宁区水务局提供的汛期各主要泵站排涝过程和排涝流量等数据资料，最终确定牛首山河流动性指数为0.3。对照河流流动性指数分级标准，该指标的最终赋分为30分。

③ 云台山河

通过实地调查，结合江宁区水务局提供的汛期各主要泵站排涝过程和排涝流量等数据资料，最终确定云台山河流动性指数为0.6。对照河流流动性指数分级标准，该指标的最终赋分为55分。

（3）生态流量满足程度

① 秦淮河

该指标的含义和计算方法与国家河流健康评估体系中的生态流量保障程度一致，根据生态流量保障程度计算结果，生态流量满足程度指数为0.6。对照生态流量满足程度指标分级标准，该指标的最终赋分为40分。

② 牛首山河

根据生态流量保障程度计算结果，生态流量满足程度指数为0.4。对照生态流量满足程度指标分级标准，该指标的最终赋分为20分。

③ 云台山河

根据生态流量保障程度计算结果，生态流量满足程度指数为0.5。对照生态流量满足程度指标分级标准，该指标的最终赋分为40分。

5.4.2.2　水质状况

① 秦淮河

根据秦淮河5个采样点pH、DO、BOD_5、高锰酸盐指数、COD、NH_3-N等6项指标的检测结果，按照《地表水环境质量标准》（GB 3838—2002）进行评价，确定各个采样点的水体水质类别，然后按照水质指标分级标准进行赋分。其中，监测点1的DO、NH_3-N和高锰酸盐指数指标为Ⅱ类，BOD_5指标为Ⅰ类，COD指标为Ⅲ类，水质类别为Ⅲ类，赋分为60分；监测点2的DO、COD和BOD_5指标为Ⅰ类，NH_3-N和高锰酸盐指数指标为Ⅱ类，水质类别为Ⅱ类，赋分80分；监测点3的DO、NH_3-N和高锰酸盐指数指标为Ⅱ类，BOD_5指标为Ⅰ类，COD指标为Ⅳ类，水质类别为Ⅳ类，赋分为40分；监测点4的DO和高锰酸盐指数指标为Ⅱ类，NH_3-N和BOD_5指标为Ⅲ类，COD指标为Ⅳ类，水质类别为Ⅳ类，赋分为40分；监测点5的DO、NH_3-N和高锰酸盐指数指标为Ⅱ类，BOD_5指标为Ⅰ类，COD 指标为Ⅳ类，水质类别为Ⅳ类，赋分为40分。

根据5个监测点水质赋分结果，取5个监测点赋分的平均值作为该指标的最终赋分，为52分。

② 牛首山河

根据牛首山河3个采样点pH、DO、BOD_5、高锰酸盐指数、COD、NH_3-N等6项指标的检测结果，按照《地表水环境质量标准》（GB 3838—2002）进行评价，确定各个采样点的水体水质类别，然后按照水质指标分级标准进行赋分。其中，监测点1COD、NH_3-N指标为IV类，BOD_5、高锰酸盐指数指标为III类，水质类别为IV类，赋分为40分；监测点2水质类别为劣V类，主要是NH_3-N指标超标，赋分为5分；监测点3水质类别为劣V类，主要也是NH_3-N指标超标，其他指标总体好于监测点2，赋分为10分。

根据3个监测点水质赋分结果，取3个监测点赋分的平均值作为该指标的最终赋分，为18.3分。

③ 云台山河

根据云台山河5个采样点pH、DO、BOD_5、高锰酸盐指数、COD、NH_3-N等6项指标的检测结果，按照《地表水环境质量标准》（GB 3838—2002）进行评价，确定各个采样点的水体水质类别，然后按照水质指标分级标准进行赋分。其中，监测点1的DO指标为Ⅳ类，COD、BOD_5和高锰酸盐指数指标为Ⅲ类，NH_3-N指标为Ⅴ类，水质类别为Ⅴ类，赋分20分；监测点2的DO指标为Ⅳ类，COD和BOD_5指标为Ⅰ类，高锰酸盐指数指标为Ⅲ类，NH_3-N指标为劣Ⅴ类，水质类别为劣Ⅴ类，赋分0分；监测点3的DO指标为Ⅳ类，COD指标为Ⅰ类，BOD_5和高锰酸盐指数指标为Ⅲ类，NH_3-N指标为Ⅴ类，水质类别为Ⅴ类，赋分20分；监测点4的DO和NH_3-N指标为Ⅳ类，COD和BOD_5指标为Ⅰ类，高锰酸盐指数指标为Ⅲ类，水质类别为Ⅳ类，赋分40分；监测点5的DO和高锰酸盐指数指标为Ⅱ类，COD和BOD_5指标为Ⅰ类，NH_3-N指标为Ⅲ类，水质类别为Ⅲ类，赋分60分。

根据5个监测点水质赋分结果，取5个监测点赋分的平均值作为该指标的最终赋分，为28分。

5.4.2.3 生态特征

（1）岸坡植被结构完整性

① 秦淮河

根据现场调查结果，秦淮河岸坡植被结构完整性指数最终为0.8。根据该指标分级标准，确定该指标最终赋分为68分。

② 牛首山河

根据现场调查结果，牛首山河岸坡植被结构完整性指数最终为0.7。根据该指标分级标准，确定该指标最终赋分为59分。

③ 云台山河

根据现场调查结果，云台山河岸坡植被结构完整性指数最终为0.6。根据该指标分级标准，确定该指标最终赋分为50分。

（2）浮游植物生物多样性

① 秦淮河

依据秦淮河夏季和秋季浮游植物监测结果，计算5个采样点内浮游植物Shannon-Wiener指数，最后计算平均值，结果为2.9。根据该指标赋分标准，该指标最终得分为72.5分。

② 牛首山河

依据牛首山河夏季和秋季浮游植物监测结果，计算3个采样点内浮游植物Shannon-Wiener指数，最后计算平均值，结果为1.56。根据该指标赋分标准，该指标最终得分为51.2分。

③ 云台山河

依据云台山河夏季和秋季浮游植物监测结果，计算5个采样点内浮游植物Shannon-Wiener指数，最后计算平均值，结果为3.0。根据该指标赋分标准，该指标最终得分为75分。

5.4.2.4 社会服务功能

（1）防洪工程达标率

① 秦淮河

根据现场调查结果，结合江宁区提供的资料，最终确定秦淮河防洪工程达标率为90%。根据防洪工程达标率指标赋分标准，该项指标赋分为80分。

② 牛首山河

根据现场调查结果，结合江宁区提供的资料，最终确定牛首山河防洪工程达标率为90%。根据防洪工程达标率指标赋分标准，该项指标赋分为80分。

③ 云台山河

根据现场调查结果，结合江宁区提供的资料，最终确定云台山河堤防达标率为99%。根据防洪工程达标率指标赋分标准，该项指标赋分为95分。

（2）供水水量保障率

① 秦淮河

经实地调研了解，江宁区秦淮河干流主导服务功能已逐渐演变为城市排涝和景观娱乐，上游支流有部分抗旱涵闸，用于引水灌溉。总体而言，干流上无水资源开发工程，部分河段虽有少量农业用水，但总量不大，因此，本次评估不对水资源开发利用指标进行评估和计算。

② 牛首山河

目前牛首山河流域内无水资源开发工程，部分河段虽有零星农业用水，但总量不大，因此，本次评估不对供水水量保障率指标进行评估和计算。

③ 云台山河

经实地调研了解，江宁区云台山河主导服务功能为农业用水，上游有部分抗旱涵闸，用于引水灌溉。总体而言，干流上无水资源开发工程，部分河段虽有农业用水，但总量不大，因此，本次评估不对该指标进行评估和计算。

（3） 水功能区水质达标率

① 秦淮河

根据南京市水文局的监测结果，2017 年江宁区秦淮河干流段涉及的 7 个水功能区中，水功能区达标率最高为 66.7%，最低为 33.3%。按照算术平均值法计算，水功能区达标率平均值为 49.9%，按照该指标的赋分标准，秦淮河水功能区水质达标率指标最终赋分为 49.9 分。

② 牛首山河

根据南京市水文局的监测结果，2016 年该水功能区全年共监测 6 次，达标 2 次，水质达标率为 33.3%，按照该指标的赋分标准，最终赋分为 26.6 分。

③ 云台山河

根据南京市水文局的监测结果，2017 年江宁区云台山河农业用水区水质达标率为 91.7%，按照该指标的赋分标准，最终赋分为 89.6 分。

（4） 岸线利用管理系数

① 秦淮河

实地调查结果表明，当前秦淮河蓝线管控较为到位，基本不存在违法、违章侵占岸线的情况。综合现场调查结果，确定岸线利用管理系数为 0.95。按照该指标的赋分标准，最终赋分为 95 分。

② 牛首山河

实地调查结果表明，当前牛首山河蓝线管控较为到位，基本不存在违法、违章侵占岸线的情况。综合现场调查结果，确定岸线利用管理系数为 0.9。按照该指标的赋分标准，最终赋分为 80 分。

③ 云台山河

实地调查结果表明，当前云台山河蓝线管控较为到位，基本不存在违法、违章侵占岸线的情况。综合现场调查结果，确定岸线利用管理系数为 0.95。按照该指标的赋分标准，最终赋分为 95 分。

（5） 公众满意度

① 秦淮河

公众满意度调查主要通过发放公众调查表的方法进行，重点调查湖泊周边居民以及从事环保和水利的专业人员，调查结果表明，公众满意度达到 82%。按照该指标的赋分标准，最终赋分为 82 分。

② 牛首山河

公众满意度调查主要通过发放公众调查表的方法进行，重点调查河流周边居民以及从事环保和水利的专业人员，调查结果表明，公众满意度达到 75%。按照该指标的赋分标准，最终赋分为 65 分。

③ 云台山河

公众满意度调查主要通过发放公众调查表的方法进行，重点调查湖泊周边居民以及从事环保和水利的专业人员，调查结果表明，公众满意度达到 78%。按照该指标的赋分标准，最终赋分为 78 分。

5.5　河流生态系统健康评估结果及问题诊断

5.5.1　国家一期试点评估指标体系

在指标赋分的基础上，采用层次分析法对指标层和属性层分别赋权，通过一致性检验，最终确定各指标的权重值，获得各河流生态系统健康评估指标的赋分值和权重值。

（1）秦淮河

根据秦淮河 5 个属性层 13 个健康评估指标的最终赋分和权重值，计算得到秦淮河的健康评分为 51.7 分（表 5 - 38）。根据河流健康评估分级表，可知秦淮河健康状况处于“中”。

采用雷达图形式，分别给出秦淮河 5 个属性层的健康状况评价结果，秦淮河健康评估结果雷达图如图 5 - 9 所示。可见，秦淮河五个准则层健康赋分差异较大，最高分为水生态指标，得分 71.7 分，最低分为水质指标，得分 0 分。水质为 0 分的主要原因是重金属污染严重，金属汞（Hg）浓度较高。

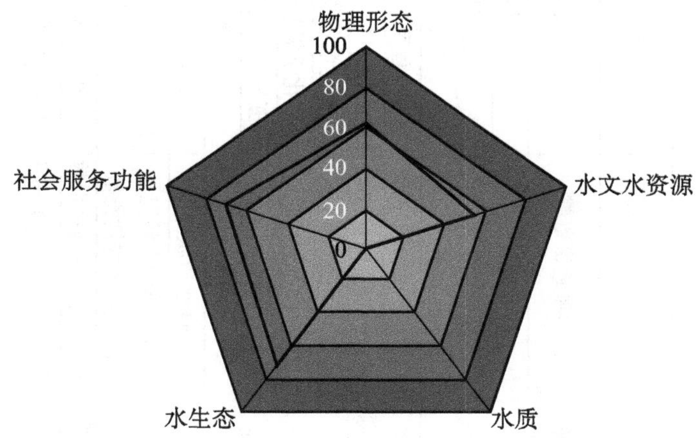

图 5 - 9　秦淮河健康评估结果雷达图（国家一期试点指标）

表 5－38　秦淮河国家一期试点指标赋分和权重计算结果

准则层	指标层	指标	指标值	指标层赋分	指标层权重	准则层赋分	准则层权重	健康赋分
物理结构	河流连通阻隔状况	阻隔程度	样区 1、2 轻度阻隔，样区 3、4、5 阻隔	50	0.5	62	0.15	51.7
	天然湿地保留率	天然湿地保留率	与上秦淮湿地、下游七桥瓮湿地连通状况良好	70	0.25			
	河岸带状况	岸坡稳定性	基本稳定	78	0.25			
		植被覆盖率	重度覆盖					
		人工干扰程度	有一定干扰					
水文水资源	流量过程变异程度		1.59	24.3	0.6	54.58	0.2	
	生态流量保障程度		$EF_1=1.08$、$EF_2=0.78$	100	0.4			
水质	耗氧有机物污染状况	高锰酸盐指数（mg/L）	3.34	84.3	取指标最差得分	0	0.2	
		化学需氧量（mg/L）	20					
		五日生化需氧量（mg/L）	2.52					
		氨氮（mg/L）	0.37					
	DO 水质状况	DO 平均值（mg/L）	6.41	74				
	重金属污染状况	汞、镉、铬、铅、砷（mg/L）	0.00592（Hg）	0				
水生态	浮游植物多样性指数	Simpson 指数	0.83	71	0.4	71.72	0.15	
	大型底栖生物结构指数	Shannon-Wiener 指数	2.3	72.2	0.6			
服务功能	水功能区水质达标率		49.9%	49.9	0.5	69.2	0.3	
	防洪指标	防洪工程达标率	90%	95	0.25			
	公众满意度指标	根据调查结果加权平均	基本满意	82	0.25			

(2) 牛首山河

根据牛首山河 5 个属性层 12 个健康评估指标的最终赋分和权重值，计算得到牛首山河的健康评分为 58. 9 分（表 5 – 39）。根据河流健康评估分级表，可知牛首山河健康状况处于“中”。

采用雷达图形式，分别给出牛首山河 5 个属性层的健康状况评价结果，牛首山河健康评估雷达图如图 5 – 10 所示。

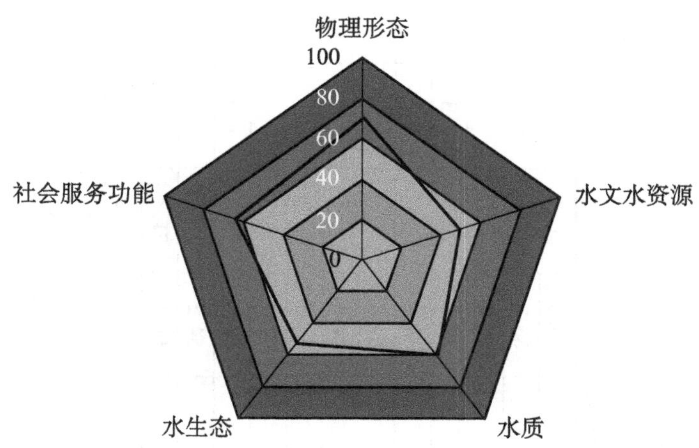

图 5 – 10　牛首山河健康评估结果雷达图（国家一期试点指标）

由图 5 – 10 可见，牛首山河 5 个准则层健康赋分差异不大，介于 48. 75 分和 69. 45 分之间。其中物理结构准则层中的河流连通阻隔状况指标得分较低，仅有 40 分；水文水资源准则层中流量过程变异程度仅 22. 5 分；水质准则层中耗氧有机物污染状况指标得分较低，其中氨氮指标得分仅为 10 分；服务功能准则层中的水功能区水质达标率指标得分仅为 33. 3 分。

(3) 云台山河

根据云台山河 5 个属性层 13 个健康评估指标的最终赋分和权重值，计算得到云台山河的健康评分为 63. 6 分（表 5 – 40）。根据河流健康评估分级表，可知云台山河健康状况处于“良”。

采用雷达图形式，分别给出云台山河 5 个属性层的健康状况评价结果，云台山河健康评估结果雷达图如图 5 – 11 所示。

由图 5 – 11 可见，云台山河 5 个准则层健康赋分差异较大，介于 45. 8 分和 89. 1 分之间。其中水质指标得分较低，主要是由于水质准则层中 DO 状况较差所致；另外，水文水资源指标分数亦较低，由于云台山河沿线存在部分工业企业排水和生活排水，对河流水文情势产生一定的影响，同时可能存在误差导致得分较低。

表 5－39 牛首山河国家一期试点指标赋分和权重计算结果

准则层	指标层	指标	指标值	赋分	指标层赋分	指标层权重	准则层赋分	准则层权重	健康赋分
物理结构	河流连通阻隔状况	阻隔程度	上游轻度阻隔，中下游阻隔	40	40	0.25	69.45	0.14	58.9
	天然湿地保留率	天然湿地保留率	与九龙湖连通状况良好	90	90	0.25			
	河岸带状况	岸坡稳定性	较不稳定	66.6	73.9	0.5			
		植被覆盖率	重度覆盖	86.3					
		人工干扰程度	有一定干扰	68.7					
水文水资源	流量过程变异程度		0.42	22.5	22.5	0.3	48.75	0.14	
	生态流量保障程度		0.4	60	60	0.7			
水质	耗氧有机物污染状况	高锰酸盐指数（mg/L）	5.88	62.3	47	0.7	59.21	0.14	
		化学需氧量（mg/L）	25.2	44.3					
		五日生化需氧量（mg/L）	3.9	71.5					
		氨氮（mg/L）	2.97	10					
	DO 水质状况	DO 平均值（mg/L）	6.56	87.7	87.7	0.3			
水生态	浮游植物多样性指数	Simpson 指数	0.69	54.2	54.2	0.4	52.46	0.28	
	大型底栖生物结构指数	Shannon-Wiener 指数	1.57	51.3	51.3	0.6			
服务功能	水功能区水质达标率		33.3%	33.3	33.3	0.33	64.44	0.3	
	防洪指标	防洪工程达标率	90%	95	95	0.33			
	公众满意度指标	根据调查结果加权平均	基本满意	65	65	0.34			

表 5-40 云台山河国家一期试点指标赋分和权重计算结果

准则层	指标层	指标	指标值	赋分	指标层赋分	指标层权重	准则层赋分	准则层权重	健康赋分
物理结构	河流连通阻隔状况	阻隔程度	上游轻度阻隔，中下游阻隔	40	40	0.25	69.45	0.14	58.9
	天然湿地保留率	天然湿地保留率	与九龙湖连通状况良好	90	90	0.25			
	河岸带状况	岸坡稳定性	较不稳定	66.6	73.9	0.5			
		植被覆盖率	重度覆盖	86.3					
		人工干扰程度	有一定干扰	68.7					
水文水资源	流量过程变异程度		0.42	22.5	22.5	0.3	48.75	0.14	
	生态流量保障程度		0.4	60	60	0.7			
水质	耗氧有机物污染状况	高锰酸盐指数（mg/L）	5.88	62.3	47	0.7	59.21	0.14	
		化学需氧量（mg/L）	25.2	44.3					
		五日生化需氧量（mg/L）	3.9	71.5					
		氨氮（mg/L）	2.97	10					
	DO 水质状况	DO 平均值（mg/L）	6.56	87.7	87.7	0.3			
水生态	浮游植物多样性指数	Simpson 指数	0.69	54.2	54.2	0.4	52.46	0.28	
	大型底栖生物结构指数	Shannon-Wiener 指数	1.57	51.3	51.3	0.6			
服务功能	水功能区水质达标率		33.3%	33.3	33.3	0.33	64.44	0.3	
	防洪指标	防洪工程达标率	90%	95	95	0.33			
	公众满意度指标	根据调查结果加权平均	基本满意	65	65	0.34			

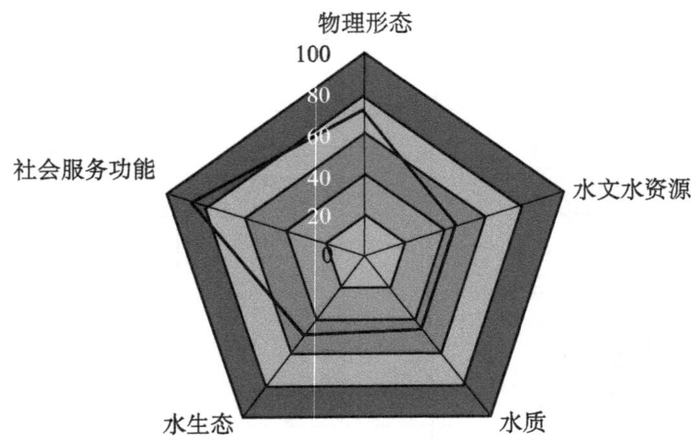

图5－11　云台山河健康评估结果雷达图（国家一期试点指标）

5.5.2　江苏省指标体系

在指标赋分的基础上，采用专家咨询法对指标层和属性层分别赋权，最终确定各评估河流对应的评估指标分值。

（1）秦淮河

根据秦淮河4个属性层10个健康评估指标（水质指标按1个计）的最终赋分和权重值，计算得到秦淮河的健康评分为65.6分（表5－41），可知秦淮河健康状况处于“良”。

采用雷达图形式，分别给出秦淮河10个指标层的健康状况评价结果，秦淮河健康评估结果雷达图如图5－12所示。

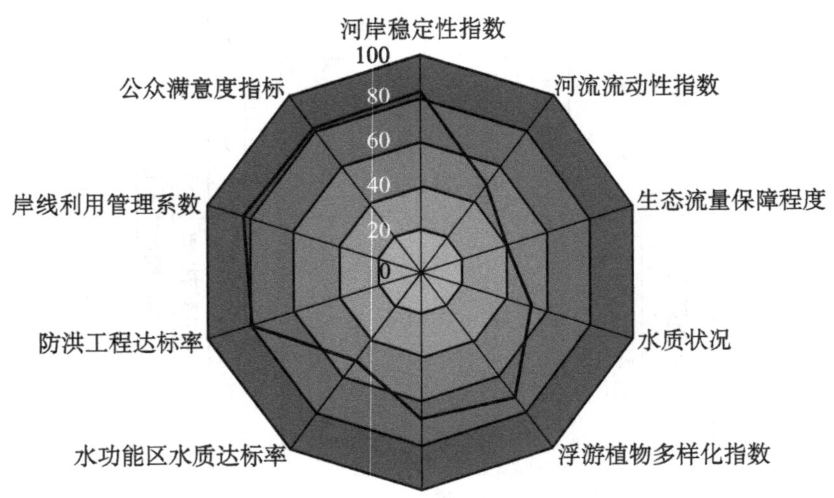

图5－12　秦淮河健康评估结果雷达图（江苏省指标）

表5－41　秦淮河江苏省指标赋分和权重计算结果

准则层	指标层	指标实际值	指标层赋分	指标层权重	准则层赋分	准则层权重	健康赋分
自然及水文状况	河岸稳定性指数	0.9	83.3		55.99	0.2	65.6
	河流流动性指数	0.5	50				
	生态流量保障程度	0.8	40				
水质状况	pH	7.8	52		52	0.2	
	高锰酸盐指数（mg/L）	3.34					
	化学需氧量（mg/L）	20					
	五日生化需氧量（mg/L）	2.52					
	氨氮（mg/L）	0.37					
	溶解氧（mg/L）	6.41					
生态特征	浮游植物多样性指数	2.9	72.5		71.15	0.3	
	岸坡植被结构完整性	0.8	68				
社会服务功能	水功能区水质达标率	49.9%	49.9		75.58	0.3	
	防洪工程达标率	90%	80				
	岸线利用管理系数	0.95	85				
	公众满意度指标	82%	82				

由图5－12可见，秦淮河岸线利用管理系数、防洪工程达标率、河岸稳定性指数和公众满意度4个指标分数较高，岸坡植被结构完整性和浮游植物多样性指数2个指标健康状况处于良好的级别。

河流流动性指数、生态流量保障程度、水质状况和水功能区水质达标率4个指标得分较低，其中生态流量保障程度指标的评价标准较国家一期试点生态流量保障程度的评价标准更为严格，因此，该指标的得分较国家一期试点指标得分低。

水质状况和水功能区水质达标率两个指标偏低，由于江苏省评价指标体系中水质状况不考虑重金属含量，因此水质得分比国家一期试点指标体系评价得分略高，但是水质仍然是制约江宁区秦淮河干流健康的关键因素。河流流动性指数低的原因主要是秦淮河干流坡降小，且下游有武定门闸枢纽控制，在一定程度上造成了河道阻隔；枯水季水体流动性下降后，在一定程度上加剧了水环境恶化。

实际上，随着近年来对秦淮河水环境的重视，特别是《关于加强全省水功能区管理工作的意见》（苏政办发〔2016〕102号）、《关于开展水功能区达标整治工作的通知》（苏水资〔2016〕47号）、《“两减六治三提升”专项行动方案》《江宁区“两减六治三提升”专项行动实施意见》（〔2017〕6号）等一系列文件的印发，对江宁区骨干河流水环境治理和水功能区达标提出了明确要求，特别是近几年来，江宁区秦淮河干流及主要支流水环境综合治理工作不断推进，同时依托干流闸坝水利枢纽开展调水引流，在一定程度上增大了水体流动性，改善了秦淮河干流中下游水质。

（2）牛首山河

根据牛首山河4个属性层10个健康评估指标（水质指标按1个计）的最终赋分和权重值，计算得到牛首山河的健康评分为58.4分（表5－42），可知牛首山河健康状况处于“中”。

采用雷达图形式，分别给出牛首山河10个指标层的健康状况评价结果，牛首山河健康评估结果雷达图如图5－13所示。

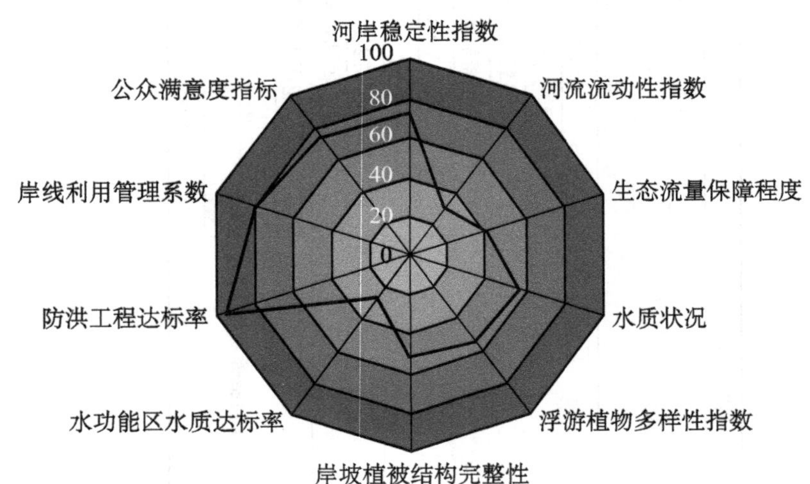

图5－13　牛首山河健康评估结果雷达图（江苏省指标）

表 5－42　牛首山河江苏省指标赋分和权重计算结果

准则层	指标层	指标实际值	赋分	指标层赋分	指标层权重	准则层赋分	准则层权重	健康赋分
自然及水文状况	河岸稳定性指数	0.8	73.3	73.3	0.3	47	0.2	58.4
	河流流动性指数	0.3	30	30	0.3			
	生态流量保障程度	0.4	40	40	0.4			
水质状况	pH	7.6	80	56.7	1.0	56.7	0.2	
	高锰酸盐指数（mg/L）	5.88	61.2					
	化学需氧量（mg/L）	25.2	49.6					
	五日生化需氧量（mg/L）	3.9	62					
	氨氮（mg/L）	2.97	0					
	溶解氧（mg/L）	6.56	87.5					
生态特征	浮游植物多样性指数	1.56	51.2	54.2	0.7	53.33	0.3	
	岸坡植被结构完整性	0.7	68	51.3	0.3			
社会服务功能	水功能区水质达标率	33.3%	26.6	26.6	0.2	72.32	0.3	
	防洪工程达标率	90%	95	95	0.3			
	岸线利用管理系数	0.9	80	80	0.2			
	公众满意度指标	75%	65	75	0.3			

由图5－13可见，牛首山河防洪工程达标率、岸线利用管理系数、河岸稳定性指数、公众满意度4个指标分数较高，而其余6个指标相对较差，尤其是河流流动性指数和水功能区水质达标率两个指标赋分较低。其中，河流流动性指数指标赋分低，主要是由于牛首山河河道比降小、水动力条件差，加之河道内修建了多座滚水坝等阻水建筑物，导致河道水流不畅所致。对于水功能区水质达标率，按照《江宁区水功能区划》，牛首山河农业用水区水质目标为Ⅳ类，2016年共监测6次，其中2次达标，4次监测结果为劣Ⅴ类。牛首山河河道两侧存在诸多排水管道，由于雨污分流工程尚未实施到位，河道沿线排入大量生活污水，导致河道水体氨氮指标超标严重，水质达标率偏低。

（3）云台山河

根据云台山河4个属性层10个健康评估指标（水质指标按1个计）的最终赋分和权重值，计算得到云台山河的健康评分为68.7分（表5－43），可知云台山河健康状况处于“良”。

采用雷达图形式，分别给出云台山河10个指标层的健康状况评价结果，云台山河健康评估结果雷达图如图5－14所示。

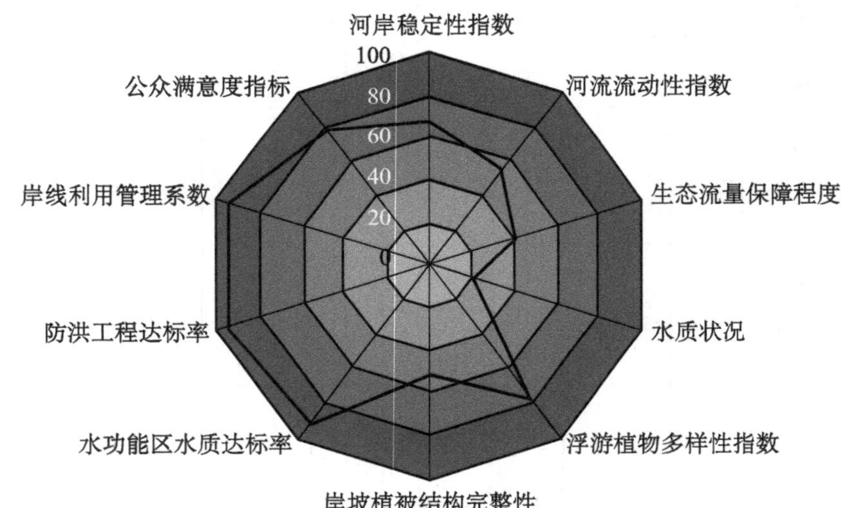

图5－14　云台山河健康评估结果雷达图（江苏省指标）

由图5－14可见，云台山河岸线利用管理系数、防洪工程达标率、水功能区水质达标率3个指标分数较高，河岸稳定性指数、浮游植物多样性指数和公众满意度3个指标健康状况处于良好的级别。

河流流动性指数、生态流量保障程度、水质状况和岸坡植被结构完整性等4个指标得分较低，其中生态流量保障程度指标的评价标准较国家一期试点生态流量保障程度指标的评价标准更为严格，因此，该指标的得分较国家一期试点指标得分低。水质状况指标明显偏低，但水功能区水质达标率较高，由于水质状况的采样时间和采样地点与水文局的常规监测时间、监测地点差异较大，因此结果差别较大，但水质状况仍是制约江宁区云台

表5-43 云台山河江苏省指标赋分和权重计算结果

准则层	指标层	指标实际值	指标层赋分	指标层权重	准则层赋分	准则层权重	健康赋分
自然及水文状况	河岸稳定性指数	0.8	66.7	0.3	52.51	0.2	68.7
	河流流动性指数	0.6	55	0.3			
	生态流量保障程度	0.5	40	0.4			
水质状况	pH	7.5	20	1	56.7	0.2	
	高锰酸盐指数（mg/L）	4.16					
	化学需氧量（mg/L）	18.3					
	五日生化需氧量（mg/L）	2.89					
	氨氮（mg/L）	1.5					
	溶解氧（mg/L）	4.77					
生态特征	浮游植物多样性指数	3	75	0.7	67.5	0.3	
	岸坡植被结构完整性	0.6	50	0.3			
社会服务功能	水功能区水质达标率	91.70%	89.6	0.2	88.82	0.3	
	防洪工程达标率	99%	95	0.3			
	岸线利用管理系数	0.95	95	0.2			
	公众满意度指标	78%	78	0.3			

山河健康的关键因素。河流流动性指数低的原因主要是云台山河坡降小，且枯水季水体流动性下降后，在一定程度上加剧了水环境恶化。另外，云台山河沿岸部分地区植被较单一，完整性较差。

实际上，随着近年来对云台山河水环境的重视，特别是《关于加强全省水功能区管理工作的意见》（苏政办发〔2016〕102 号）、《关于开展水功能区达标整治工作的通知》（苏水资〔2016〕47 号）、《“两减六治三提升”专项行动方案》《江宁区“两减六治三提升”专项行动实施意见》（〔2017〕6 号）等一系列文件的印发，对江宁区骨干河流水环境治理和水功能区达标提出了明确要求，特别是近几年来，云台山河水环境综合治理工作不断推进，编制了多个《云台山水体达标方案》，改善了云台山河中下游水质。

5.6 河流生态系统健康保障对策和措施

5.6.1 秦淮河

近年来，针对秦淮河存在的健康问题，江宁区采取了秦淮河综合整治、秦淮河主要支流水环境综合治理和水体达标工作、断面达标工作等，使江宁区秦淮河水环境得到一定程度的改善。但由于河流水环境治理和水生态修复的复杂性，维持秦淮河生态系统健康，未来需要着力解决水质污染及其导致的水生态服务功能衰退等问题。

（1）深入开展污染源调查

要对干流及主要支流、特别是污染严重的城区支流沿河排口全面摸排，对沿河排水单元、排水状态全面梳理，河道沿线控源截污要做到全覆盖。点源调查包括污染物来源、排放口位置及污染物类型、排放浓度及排放量，以及上述指标的时间、空间变化特征。尤其要关注雨污分流工程中雨污水管网错接所造成的污染问题。

（2）彻底截污治污，确保污水不下河

科学编制包含河道规划在内的秦淮河及其主要支流雨污分流详细规划，并定期修编。吸引社会公众广泛参与，使规划制定的过程成为发扬民主、集中民智、凝聚人心的过程。超前储备技术项目，分步实施统一的规划，在不负新债的基础上，加快偿还旧账，形成“规划一批，储备一批，设计一批，施工一批，投用一批”的良性循环。尽快完成已经列入计划的排水达标区创建，实现雨污分流。对漏接、错接问题要真正整改到位。尽快完成城东污水处理厂三期污水管网接管建设计划。

（3）治理黑臭河道，改善河道水质

尽快完成秦淮河主要支流以及区内秦淮新河的所有黑臭河道整治。推进城区黑臭水体整治工作，具体应遵循黑臭河道治理指南提出的适用性、综合性、经济性、长效性和安全性等原则，根据水体黑臭程度、污染原因和整治阶段目标的不同，有针对性地选择适用的技术方法及组合；系统考虑不同技术措施的组合，多措并举、多管齐下，实现黑臭水体的整治；对拟选择的整治方案进行技术经济比选，确保技术的可行性和合理性；

既要满足近期消除黑臭的目标，也要兼顾远期水质进一步改善和水质稳定达标；审慎采取投加化学药剂和生物制剂等治理技术，强化技术安全性评估，避免对水环境和水生态造成不利影响和二次污染。

要针对不同地域的自然环境特点、水体特征、人文社会环境条件和区域经济发展水平，兼顾近远期目标，提出适合本市黑臭水体整治的策略。整体规划、科学识别黑臭水体及其形成机理与变化特征，结合污染源、水系分布和补水来源等情况，合理制定城市黑臭水体的整治目标、总体方案和具体工作计划。结合黑臭水体污染源和环境条件调查结果，系统分析黑臭水体污染成因，合理确定水体整治和长效保持技术路线。实施河道清淤，清除内源污染，分类实施生态清淤、垃圾清除、河道清淤。

（4）加大生态护岸建设力度，改善河滨带生态环境

野外调查结果表明，目前秦淮河河滨带挺水植物和浮叶植物总体缺失，河道中沉水植物少见。随着城市化进程的加快，秦淮河城市河段的景观娱乐功能要求不断提高，在河道综合整治过程中，可通过在河滨带人工种植芦苇、香蒲、水葱、慈姑、再力花、荷花等大型挺水植物；在河道内浅水区种植狐尾藻、眼子菜、金鱼藻等沉水植物。通过构建清水型河流生态系统，提高河道自净能力，提升河道生态系统稳定性。未来治理过程中，可结合城市内河景观娱乐等功能要求，在满足城市建设用地要求和防洪要求的前提下，尽量提高河道生态护岸率。

（5）加强河道管理养护，全面落实河长制

推进市政设施维护体制改革，充分发挥市场在资源配置中的决定性作用，通过公开、公平、公正的市场竞争，择优选择河道和污水管网养护运营企业。量化、细化养护工程量监管考核，保证管道清淤、漂浮物打捞等养护作业任务落到实处，让公共财政养护支出物有所值。严格规范城市排水许可、城市河道挖掘占用审批等行政许可行为，严格执法，严厉查处违规排水、非法挖掘占用城市河道行为，严禁在已经建成雨污分流管网和截流式合流制污水管网的地区将污水管道直接接入河道，建立长效管理机制。重点加强沿河泵站排水日常管控，全面落实河长制。

5.6.2　牛首山河

近年来，随着江宁区结合太湖水污染治理、牛首山河塘清淤及水系连通、牛首山河小流域综合治理等项目的实施，采取了河道清淤、沿线排污口整治、人工设置曝气装置、大型水生植物修复等综合措施，牛首山河综合治理已取得一定成效。为了改善牛首山河生态系统健康，未来需要采取以下主要措施。

（1）外源污染控制

目前，牛首山河源头为纳污渠，河道两侧设置有诸多生活污水排污口。根据目前掌握的资料，牛首山河尚未系统开展雨污分流工程建设，实地调查结果表明，当前牛首山河源头段的河道两侧仍存在诸多排污口，外源污染仍未得到有效控制。因此，以减少外源污染负荷为目的的雨污分流工程成为当前河道水环境治理的首选措施。

（2）水质提升工程

在前期工作基础上，继续推进河道淤塞、水流不畅等重点河段的生态清淤工程；结合人工介质生物滤床、MBR 生物膜反应器、人工充氧曝气设施等工程措施，提高水体溶解氧浓度，改善牛首山河水体水质。

（3）生态修复工程

大型水生植物是河流生态系统的重要初级生产者，也是系统中关键构成要素之一。国内外大量研究成果表明，大型水生植物能够有效吸附水中的悬浮物质，提高水体透明度，增加水体中溶解氧含量；吸收固定底泥和水中的营养盐，并向水体释放化感物质抑制浮游植物的生长；减少或避免底泥的再悬浮，从而起到改善河道水质的作用。

野外调查结果表明，目前牛首山河河滨带挺水植物和浮叶植物总体缺失，河道中沉水植物生物多样性也比较低。随着城市化进程的加快，牛首山河城市河段的景观娱乐功能要求不断提高，在河道综合整治过程中，可在河滨带人工种植芦苇、香蒲等大型挺水植物，在河道内浅水区种植狐尾藻、眼子菜、金鱼藻等沉水植物。通过构建清水型河流生态系统，提高河道自净能力，提升河道生态系统稳定性。

（4）生态护岸措施

河滨带在截留面源污染、净化河流水质、休闲旅游、维持生物多样性和生态系统的完整性等方面有重要作用。实地调查结果表明，由于牛首山河有防洪排涝的功能要求，因此河道上游段部分护岸采取了硬性砌护等措施，在一定程度上造成了河流水陆交错带整体缺失，少数岸线虽实施了自然护岸或生态护岸措施，但河滨带挺水植物等大型水生植物总体缺失，普遍缺乏自然河流水陆交错带的湿生植物。

未来治理过程中，可结合城市内河景观娱乐等功能要求，在满足城市建设用地要求和防洪要求的前提下，尽量提高河道生态护岸率，并在实施生态护岸工程的岸线的陆域范围内近水带适当补植本地湿生植物。

5.6.3 云台山河

近年来，针对云台山河存在的健康问题，江宁区采取了云台山河综合整治、云台山河水体达标工作、断面达标工作等，使江宁区云台山河水环境得到一定程度的改善。但由于河流水环境治理和水生态修复的复杂性，为了维持云台山河健康，未来需要着力解决水质污染及其导致的水生态服务功能下降等问题。

（1）控制污染物排放

云台山河汇水区范围内开发区、秣陵街道、紫金江宁社区严格执行国家工业行业淘汰落后生产工艺装备和产品指导目录、产业结构调整指导目录，省工业和信息产业结构调整限制、淘汰目录和能耗限额，围绕水质改善目标，结合转型升级要求，对落后产能进行淘汰。对汇水区现有较重污染企业，进行改造退出治理。工业集聚区必须建有集中式污水处理设施及配套管网，工业集聚区企业必须经预处理达到接管标准排入集中污水处理设施进行处理。

优化农业生态环境，推广测土配方施肥、病虫草害绿色防控、畜禽和水产健康养殖等标准、规范和技术。取缔网箱养殖；对百亩以上连片养殖池塘因地制宜开展池塘标准化改造，建设养殖尾水净化区，推广养殖尾水达标排放技术，有效控制水产养殖业污染。

（2）严格环境执法监管，加强水环境管理

建立全面和严格的环境污染责任赔偿制度。造成环境污染危害的单位和个人，须排除危害，对直接受到损害的单位或者个人赔偿损失，并对环境造成的污染损害给予赔偿，为环境修复提供资金保障。探索建立环保公益基金，为环境公益诉讼、环境修复、环境应急处置、有奖举报、环保公益宣传等提供支持。

推动工业集聚区水环境监测、监控系统联网平台建设；工业集聚区污水集中处理设施全部安装自动在线监控装置。工业集聚区要确保污水集中处理设施达标排放，在线监控设备稳定运行，保持与上级环保部门监控平台实时信息传输和上报。建立涉河全要素水环境监测体系，优化地表水、地下水、饮用水源地等监测网络，增补跨界河流和重点控制区水环境监测点位，提升水环境监测网络的整体功能。

提高环境监察、监测、应急的标准化、现代化建设水平，开展人员专业技术培训，环境监察机构要配备使用便携式手持移动执法终端。完善污染源在线监控平台，提升水环境质量、污染源和应急监测能力。

第 6 章　江宁区湖泊生态系统健康评估

6.1　研究对象概况及存在问题

根据本研究提出的湖泊生态系统健康评价方法，选择江宁区百家湖、九龙湖、梅龙湖、安基山水库和横山水库 5 个湖泊（水库）开展健康评价。

6.1.1　百家湖

百家湖是江宁区第一大湖泊，也是南京市区内面积仅次于玄武湖的第二大湖，水面面积约 0.66km²。作为江宁区城市景观的重要构成要素和城市湿地生态系统的重要组成部分，百家湖具有重要的景观娱乐、水质净化、防洪排涝、降低城市热岛效应和维持城市生物多样性等多种服务功能。

6.1.1.1　自然概况

（1）地理概况

百家湖是江宁区最大的人工湖泊，相传为明洪武年间人工开挖形成，其地理位置为北纬 31°55′55″～31°56′41″、东经 118°48′10″～118°48′58″，水面面积约 0.66km²。百家湖地处江宁区城市核心区域，近年来，随着湖泊周边房地产业和第三产业的快速发展，百家湖已经逐渐发展成为江宁区城市景观的标志之一。百家湖西邻将军山风景区，北邻秦淮新河，东邻秦淮河杨家圩河段，南邻秦淮河支流牛首山河。

（2）地质地貌

百家湖地处江宁区中部偏北，该区域属于新华夏系第二巨型隆起带与秦岭东西向复杂构造带东延的复合部位，属元古代形成的华南地台。地表为新生代第四纪的松散沉积层堆积。

百家湖地区属低海拔冲积平原地貌，湖泊周边地势平坦，西部和北部最高，高程多在 10～16m 之间；东部略低，高程在 8～12m 之间；南部最低，高程在 6.5～9m 之间。

从地貌形态上看，百家湖湖盆呈浅碟形，湖底十分平坦，高程多在 6 ~ 7m 之间，最低处为 5m，最高处约 9m。其总的趋势为中间低、四周高，湖底被现代洪积物和冲积物所覆盖。

（3）气候特征

百家湖地处亚热带季风气候区，四季分明、气候温和、无霜期长、雨水丰沛、光照充足。春秋冷暖多变、夏季炎热多雨、冬季寒冷少雨。由于同时受到西风带、副热带和低纬度天气系统的共同影响，常出现雨涝、台风、寒潮、干旱、雷雨等灾害性天气。百家湖地区多年平均降水量为 1072.9mm，多年平均水面蒸发量为 1472.5mm，年平均气温 15.7℃，年平均日照时数 2148h，日照率为 49%，年平均无霜期 224d。

（4）土壤植被

根据江宁区第二次土壤普查成果，百家湖及周边土壤类型以水稻土和黄棕壤为主。该地区开发较早，目前整个湖岸带已全部实施人工硬化，通过实施路面硬化、景观建设，湖泊外围的自然陆生生态系统也已经被人工景观如树木、花草等代替，周边土地利用率极高，自然植被已基本消失。

百家湖内的大型水生植物主要以沉水植物为主，常见物种包括金鱼藻、穗花狐尾藻等，沉水植物在湖内分布较为广泛；挺水植物以人工种植的芦苇、水葱、菖蒲等为主，挺水植物仅在湖滨带区域有零星分布，可起到改善水质或美化水景观的作用；浮叶植物偶见槐叶萍。

6.1.1.2　社会经济概况

百家湖地区在行政区划上属秣陵街道，秣陵街道地处南京市区南部、江宁区中部，由原秣陵、百家湖、东善桥三大片区构成，区域面积 185.28km^2，总人口 40.8 万人，户籍人口 13.5 万人。下辖 21 个社区、4 个村，区域内商品房住宅小区 150 多个。

街道产业特色明显，着力发展通信电子、汽车及配套、智能电网和机械加工四大主导产业，形成了工业集中区、科技创新园、社区特色产业园三大产业体系，创建了南京市电子信息制造业特色名街，现有英华达、佳力图、奥特佳、四方亿能等企业 360 余家，其中规模以上企业 67 家。

2014 年全年实现地区生产总值 84.9 亿元，完成规模以上工业总产值 96 亿元，实现公共财政预算收入 6.45 亿元，是江宁区开放程度高、经济增长快、发展活力强的街道之一。

6.1.1.3　主要生态环境问题

（1）换水周期长，湖泊自净能力较差

百家湖无出湖、入湖河流与其连通，湖水补给水源主要来自降水和汛期周边地区城市排放的雨水，水量支出项主要为水面蒸散发，年内丰水期与枯水期的湖泊水位变幅一般不超过 1m。枯水期，湖泊水位通常高于周边地区地下水位，以湖泊补给地下水为主；

丰水期，地下水位通常高于湖泊水位，以地下水补给湖泊为主。由于湖泊面积较小，加之湖盆地形相对平稳，因此，不具备形成湖流的动力条件，湖泊水体动力条件较差，加之湖泊内大型挺水植物和浮叶植物缺失，导致湖泊自净能力较差，湖泊较易发生富营养化。

（2）湖岸带过度硬化，生态护岸措施不到位

作为湖泊流域中陆地生态系统与湖泊生态系统之间的过渡带，湖岸带具有水陆交错带的典型特征，可起到拦截和过滤面源污染、稳定湖岸、美化环境和物种生境补缺等作用。近十几年来，江宁百家湖地区城市化发展十分迅速，湖泊外围地面硬化率不断提高，出于城市建设、防洪、固岸等目的，百家湖沿岸陆续实施了护岸工程，但过去由于人们对湖滨带的重要性认识不够，导致护岸形式以硬化为主，生态护岸措施不到位，导致百家湖水陆交错带功能遭受一定程度的破坏。

（3）大型水生植物缺失，生态系统稳定性差

挺水植物通常可为湖泊营造出非常复杂的生境体系结构：水下密集的植物根系和新生植株成为底栖动物、鱼类等水生动物的生存和繁殖的天然庇护所；水面以上部分则为湿地涉禽、游禽和其他鸟类觅食、栖息和繁殖等行为提供了高质量的生境。

百家湖目前处于中度富营养状态，湖泊中维管束植物优势物种为沉水植物中的金鱼藻，挺水植物和浮叶植物等大型水生植物种类、数量均很少。根据本项目组现场调查结果，百家湖仅在极少数区域的湖岸硬质护坡内侧零星分布着人工种植的芦苇、水葱、菖蒲等挺水植物，浮叶植物偶见槐叶萍，挺水植物的缺失使得百家湖水域生态系统组成和结构相对简单，生态系统的稳定性也较差，较易受到人类活动干扰，而向藻型湖泊发展。

6.1.2 九龙湖

6.1.2.1 自然概况

（1）地理位置

九龙湖位于南京市江宁开发区南部，东山街道中部南侧，位于百家湖正南方，地理位置为北纬31°90′~31°92′、东经118°81′~118°82′。九龙湖北距百家湖1.5km，北邻牛首山河，西抱群山，南望秣陵新河，东环秦淮河。

（2）地形地貌

九龙湖所处的东山街道位于江宁区马鞍状地形的中部，地势较低，山体高度都在海拔400m以下，属典型的丘陵、平原地貌。常见地形有低山丘陵、岗地、平原等，众多河流、湖泊散布其间。

九龙湖西部群山有牛首山、将军山、翠屏山、韩府山、戴山等，山体多由砂岩、凝灰岩和粗面岩构成，部分山峰蕴藏铁矿。山体海拔普遍较矮，由于常年风化剥蚀，有些

山体逐年变矮，形成缓坡地，有些形成山前堆积层、丘地或山坳。低山丘陵区几乎都被植被覆盖，有常绿针叶林、落叶阔叶林、竹林、乔灌木混杂林、人工茶林或荒草地。土壤主要为黄棕壤（地带性土壤），由于地势呈残丘缓岗，岗地地表起伏显著，高10～40m。长、宽1至数千米不等，几乎被第四系黄色黏土覆盖，俗称黄土岗地。

6.1.2.2 形态特征

九龙湖湖泊面积约0.883km^2，湖泊呈“工”字形，分为南北两区，中间被诚信大道拦断，九龙湖北区湖泊面积约0.407km^2，南区湖泊面积约0.476km^2。九龙湖湖底起伏较大，高程多在6～9m之间，最低处为4m，最高处约10m，湖泊平均水深为1.5～2.0m，为城市小型浅水湖泊。根据现状湖滨带内面积，查询九龙湖水位-面积-容积关系曲线（图6-1），得到现状水位为9.3m，相应库容为18.0万m^3（2014年）。

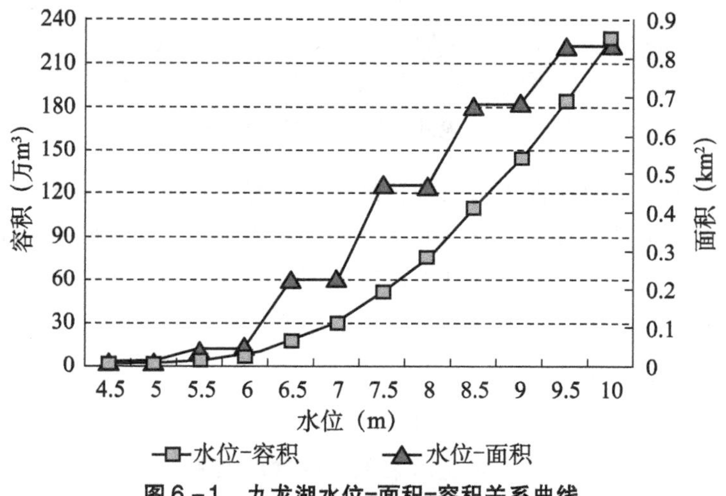

图6-1 九龙湖水位-面积-容积关系曲线

6.1.2.3 水文/水动力特征

九龙湖为闭口湖泊，属秦淮河水系，九龙湖的水量补给主要以降雨为主，牛首山河为唯一与九龙湖连通河流，位于九龙湖的北岸。牛首山河是秦淮河的一条支流，因发源于牛首山而得名，自西向东蜿蜒曲折，全长约8km，贯穿于整个江宁区，滋润着两岸广阔的土地，整个流域面积约42km^2，最大流量可达230m^3/s，最后汇入秦淮河，九龙湖与牛首山河位置关系如图6-2所示。

6.1.2.4 社会服务功能

目前已知九龙湖主要社会服务功能为景观娱乐功能，不具备供水功能。所在区域建有九龙湖公园，公园占地上千亩，保留了湿地的原生态，提供了休闲旅游的场所。九龙湖北岸与牛首山河连通，入口处建有泵站，为斗篷泵站，九龙湖流域范围主要通过泵站向牛首山河排水，起到排泄污水、净化水质的作用；同时在汛期极端来水情况下，牛首山河可通过斗篷泵站排泄洪水，起到调控蓄水作用，因此九龙湖具有一定的调蓄洪水作用。

图 6－2　九龙湖与牛首山河位置关系图

牛首山河的主要功能是排泄山洪与农田灌溉，随着城区建设，牛首山河逐渐演变成一条城市内河，农灌的功能逐渐弱化，其水功能区功能主要转变为城市排水、景观娱乐以及工业用水功能，有时还可能作为开发区工业用水的水源，现在牛首山河枯水季节最低水位只有 6.0m。

6.1.2.5　主要生态环境问题

（1）生活污水直接排入，湖泊水质恶化

对九龙湖流域内工业污染源、农业污染源、畜禽污染源和生活污染源分别进行了调研，研究区内工业污水主要经过污水处理厂进行集中处理，不直接排入九龙湖，农业用地相对较少，基本无禽畜养殖，可见农田面源污染及畜禽养殖污染对河流水质影响较小。结合现场调研，生活污水通过排污管道直接排入九龙湖，严重影响到湖泊水质，同时由于九龙湖为闭口型湖泊，更易产生污染物富集，无法快速地稀释自净，使得九龙湖水质有恶化的趋势。

（2）富营养化加重，生物多样性下降

随着入湖污染负荷不断增加，尤其是 TP、TN 浓度增加较为明显，九龙湖湖泊水质处于Ⅳ类标准，水体呈中度富营养化，湖泊藻类密度高达 4000 万个/L，对九龙湖水生态系统造成了严重破坏。藻类中蓝藻已成为九龙湖的绝对优势藻类，致使九龙湖生物多样性明显下降，在两次调查监测中，监测到的底栖动物物种数分别为 7 种、4 种，未发现软体动物。底栖动物生境条件逐渐恶化，底栖动物种类数明显下降，耐污种明显增加，清洁种逐渐消失，数量和生物量波动较大，且个体趋于小型化，九龙湖底栖动物优势种主要为摇蚊类。

6.1.3 梅龙湖

6.1.3.1 自然概况

（1）地理概况

梅龙湖是江宁区淳化街道最大的人工湖泊，地理位置为东经 118°55′13″～118°55′40、北纬 31°55′53″～31°56′29″，水面面积约 0.37km^2，为浅水型湖泊。淳化街道位于江宁区东大门，梅龙湖地处淳化街道以西，淳化街道集镇地势奇特，北高南低，山水相依，镇内名胜古迹众多，有“南朝石刻”“虎洞明曦”等众多文物保护景点。

（2）地质地貌

梅龙湖地处江宁区东部偏北，该区域属于新华夏系第二巨型隆起带与秦岭东西向复杂构造带东延的复合部位，属元古代形成的华南地台。地表为新生代第四纪的松散沉积层堆积。

梅龙湖地区属低海拔冲积平原地貌，湖泊周边地势平坦，东部和北部最高，高程多在 30m 左右；西部和南部略低，高程在 20m 左右。从地貌形态上看，梅龙湖呈较为规整的长方形，其总的趋势为中间低、四周高，湖底被现代洪积物和冲积物所覆盖。

6.1.3.2 社会经济概况

梅龙湖地区在行政区划上属淳化街道，街道毗连，西北是东山街道，东北是汤山街道，南接湖熟街道。淳化街道总面积 192km^2，下辖 30 个社区，户籍人口 17.2 万。境内交通便捷，104 国道、宁溧省道、汤铜路穿境而过，距中华门、南京新生圩港和禄口国际机场均为 18km。

街道围绕“服务发展、发展服务”工作主线，促进经济社会快速健康发展。一产完成了以种养殖为主，多经并举的结构调整，初步形成了以稻米、茶叶、青虾等“农业三品”为龙头的都市农业框架；二产深化企业结构和产品结构调整，加大招商引资力度，工业经济持续快速健康发展；三产充分利用区位优势，加快新市镇建设步伐，逐步成为人流、物流、信息流的聚集地。

6.1.3.3 主要生态环境问题

（1）湖泊富营养化加重，存在藻类暴发风险

随着入湖污染负荷不断增加，尤其是 TN 浓度超标尤为明显，梅龙湖湖泊水质处于Ⅳ类标准，水体呈中度富营养化，湖泊藻类密度高达 3895 万个/L，对梅龙湖水生态系统造成了严重破坏，使其生物多样性明显下降。在两次调查监测中，监测到的底栖动物物种数分别为 4 种、5 种，优势种主要为寡毛纲和昆虫纲摇蚊幼虫，未发现软体动物。

（2）大型水生植物缺失，生态系统稳定性差

梅龙湖目前处于中度富营养状态，湖泊挺水植物和浮叶植物等大型水生植物种类、数量均很少。根据本项目组现场调查结果，梅龙湖仅在极少数区域的湖岸硬质护坡内侧零星分布着人工种植的芦苇、水葱、菖蒲等挺水植物，浮叶植物偶见槐叶萍，挺水植物

的缺失使得梅龙湖水域生态系统组成和结构相对简单，生态系统的稳定性也较差，较易受到人类活动干扰，向藻型湖泊发展。

6.1.4 安基山水库

6.1.4.1 自然概况

（1）地理概况

安基山水库位于汤山街道东北部的孟塘社区，处于长江流域七乡河上游，集水面积 15.72km^2，总库容为 690 万 m^3，是南京市江宁区的村镇饮用水源地，地理位置为北纬 32°4′~32°8′、东经 119°3′~119°7′，水库东北部与句容市亭子镇接壤，西临 S337 省道，北临安基山，南临东山、阴山、文山等山脉。

（2）地质地貌

安基山水库流域以低山丘陵地貌为主，南部为北东东向的东山—阴山—文山，北部为安基山。山前与山间为第四系覆盖，垅岗与冲沟发育构成高亢波状平原地貌景观。西北部地势低平，与七乡河的上游相连接。

6.1.4.2 社会经济概况

安基山水库在行政区划上属汤山街道。汤山街道位于南京市江宁区东北端，距东山 30km。2010 年 2 月区划调整后，麒麟门等社区（村）分出，辖区面积调整为 170.6km^2，户籍人口 7 万余人，下辖 8 个居委会、8 个村委会。2016 年，汤山街道所属的江宁区 GDP 总量达到 1680.52 亿元，同比增长 9.5%；全区规模工业实现工业销售产值 2958.89 亿元，同比增长 3.8%，产销率为 98.5%，较 2015 年提高了 1.8 个百分点，是南京市开放程度高、经济增长快、发展活力强的区县之一。

6.1.4.3 主要生态环境问题

（1）周围农村基础设施建设不足

区域内农村生活污水缺少配套污水收集系统，大多数农村生活污水就近排入附近河流、沟渠，农村生活污水处理率不足。周边地区正在结合开发打造生态旅游项目，农家乐等休闲娱乐场所的水污染排放缺少污染防治与监管措施。地区农村生活垃圾集中处理率仅为 40%，生活垃圾随着地表径流进入水体现象突出。村民环保意识仍需加强，存在居民向河沟倾倒生活垃圾的现象，造成水环境卫生状况较差。调查发现库区管理站存在入库生活污水排污，地区水库周边存在黑臭河塘，水流不畅，降水量较多时也可能会对水库水质产生不利影响。

（2）水库自净能力较弱

安基山水库三面环山，特别是库湾区及溢洪道口水深较浅的相对封闭区，风浪小，水体混合不剧烈，水流缓滞。若遇枯水期，水力停留时间长，导致淤积后的氮磷等污染物在一定条件下释放，容易产生水体的内源污染并引发水体富营养化。库区多年未经清淤，同时库区植被面低，生态系统不足，自净能力较弱。

（3）上游来水的影响

上游句容境内的汇水面积约 12. 23km^2，是汤山街道汇水面积的 3. 5 倍。安基山水库周边均以农田、山地为主，上游有部分区域无植被覆盖，加上充沛的降水过程，雨水对地面不断冲刷作用造成水土流失，地表的可溶性氮磷污染物随径流进入库区水体。另外上游句容范围内农村生活、农业生产、矿山径流等污染物的汇集造成水体污染。安基山入库河道属于句容辖区，河道为原始态河岸，水土流失较多，入库前水中泥沙和污染物沉积，一定程度上影响了入库水质和生态环境，特别是安基山入库口处的铜矿宿舍区生活污水排放，对水库水质影响较大。

6. 1. 5　横山水库

6. 1. 5. 1　自然概况

（1）地理概况

横山水库位于江宁区东山街道佘村社区，其地理位置为北纬 31°59′38″～32°00′39″、东经 118°56′12″～118°56′45″，水面面积约 0. 12km^2。属于秦淮河流域，地处青龙山脚下，三面环山。

（2）地质地貌

横山水库地处江宁区东北部，该区域属于秦淮河流域。库区地貌属于低山丘陵。水库三面环山。横山水库周边以山地为主，东南和西北部最高，高程多在 80～90m 之间；东北部略低，高程在 75～80m 之间；西南部最低，高程在 65～70m 之间。从地貌形态上看，横山水库库底较为平坦，高程多在 78m 左右，最低处为 75m，最高处约为 85m。其总的趋势为中间低、四周高。

6. 1. 5. 2　社会经济概况

东山街道位于江宁区中部，是江宁区的政治、经济、文化中心，区委、区政府所在地，也是南京四大副城之一的“东山副城”的主体部分，因关于中国古代东晋时期著名宰相谢安的典故“东山再起”而得名。东山街道总面积 73. 3km^2，下辖 16 个社区，户籍总人口约 18. 1 万人。

6. 1. 5. 3　主要生态环境问题

（1）库岸带生态护岸措施不到位

近十几年来，江宁横山水库周边地区发展十分迅速，水库外围地面硬化率不断提高，出于城市建设、防洪、固岸等目的，但过去由于人们对库岸带的重要性认识不够，护岸形式以硬化为主，生态护岸措施不到位，导致横山水库水陆交错带功能遭受一定程度的破坏。

（2）大型水生植物缺失，生态系统稳定性差

横山水库目前处于中度富营养状态，水库中维管束植物优势物种为水华微囊藻，挺水植物和浮叶植物等大型水生植物种类、数量均很少。根据本项目组现场调查结果，横

山水库仅在极少数区域的库岸硬质护坡内侧零星分布着人工种植的芦苇、水葱、菖蒲等挺水植物，浮叶植物偶见槐叶萍，挺水植物的缺失使得横山水库水域生态系统组成和结构相对简单，生态系统的稳定性也较差，较易受到人类活动干扰，而向藻型湖泊发展。

6.2 湖泊分区和监测点位确定

6.2.1 湖泊水域分区

6.2.1.1 百家湖

百家湖仅有经三路撇洪沟与其连通，无其他出湖、入湖河流，根据江苏省水文水资源勘测局南京分局水质监测结果，百家湖不同区域水质无明显差异，目前湖泊的主导功能为景观娱乐。根据《水环境监测规范》（SL 219—2013），采用网格法均匀布设水质监测断面，由于百家湖面积仅 0.66km^2，且其形态总体呈南北长、东西窄的格局，因此，本次评估将百家湖划分为南、北两个区域。每个区域中心位置布设一个采样点，用于采集水质和浮游植物、大型底栖动物等样品。百家湖分区情况和监测点位分布如图 6－3 所示。

图 6－3　百家湖监测点位分布图

6.2.1.2　九龙湖

九龙湖在正常蓄水位时现状水面面积为0.883km²，呈“工”字形，中间被九龙湖大桥拦断，分为相对隔离的南北两侧，并结合实地考察结果，南北两个分区开发程度不同，因此对九龙湖分为南、北两个区域分别进行监测，分区情况和水生态监测点位分布如图6－4所示。其中南分区控制面积为0.476km²，北分区控制面积为0.407km²。

图6－4　九龙湖监测点分布图

6.2.1.3　梅龙湖

梅龙湖无其他出湖、入湖河流，根据江苏省水文水资源勘测局南京分局水质监测结果，梅龙湖不同区域水质无明显差异，目前湖泊的主导功能为景观娱乐。根据《水环境监测规范》（SL 219—2013），由于梅龙湖面积仅0.37km²，且其形态总体呈南北长、东西窄的格局，因此，本次评估将梅龙湖划分为南、北两个区域。每个区域中心位置布设一个采样点，用于采集水质和浮游植物、大型底栖动物等样品。梅龙湖湖泊分区和水生态监测点位分布如图 6 –5 所示。

图 6 –5　梅龙湖监测点位分布图

6. 2. 1. 4　安基山水库

根据江苏省水文水资源勘测局南京分局水质监测结果，安基山水库不同区域水质无明显差异，目前湖泊的主导功能为饮用水源区。根据《水环境监测规范》（SL 219—2013），考虑安基山水库面积大小、水库形态特征和评估需要，本次评估设置两个调查监测点，用于采集水质和浮游植物、大型底栖动物等样品。安基山水库水域分区监测点位如图 6 –6 所示。

图 6 –6　安基山水库监测点位分布图

6.2.1.5　横山水库

根据横山水库形态特征和评估需要，设置两个调查监测点。调查时间选择的两个季节为夏季和冬季，具体为2017年6月19日、2017年9月19日，是浮游植物生长的盛期，也是水质的敏感时期，分两次对横山水库开展了湖泊水质、浮游植物、底栖动物现场监测与调查。因此能较好地反映湖泊生态系统健康状况。横山水库水域分区和水生态监测点位分布如图6-7所示。

图6-7　横山水库水生态监测点分布图

6.2.2　湖岸带监测点位确定

根据《水环境监测规范》（SL 219—2013），一般按照岸线10等分湖岸线距离布设10个湖滨带取样区；根据取样的便利性和安全性，可对湖滨带取样区做适当调整；湖泊面积较大或较小时，可对湖滨带取样区布设数量做适当增减。

6.2.1.1　百家湖

由于百家湖面积仅0.66km^2，同时湖岸带均已硬化，不同区域湖岸带特征并无太大差异，因此本次评价在南部、北部两个湖区分别设置两个湖岸带监测区域，百家湖湖滨带调查区域分布图如图 6－8 所示。

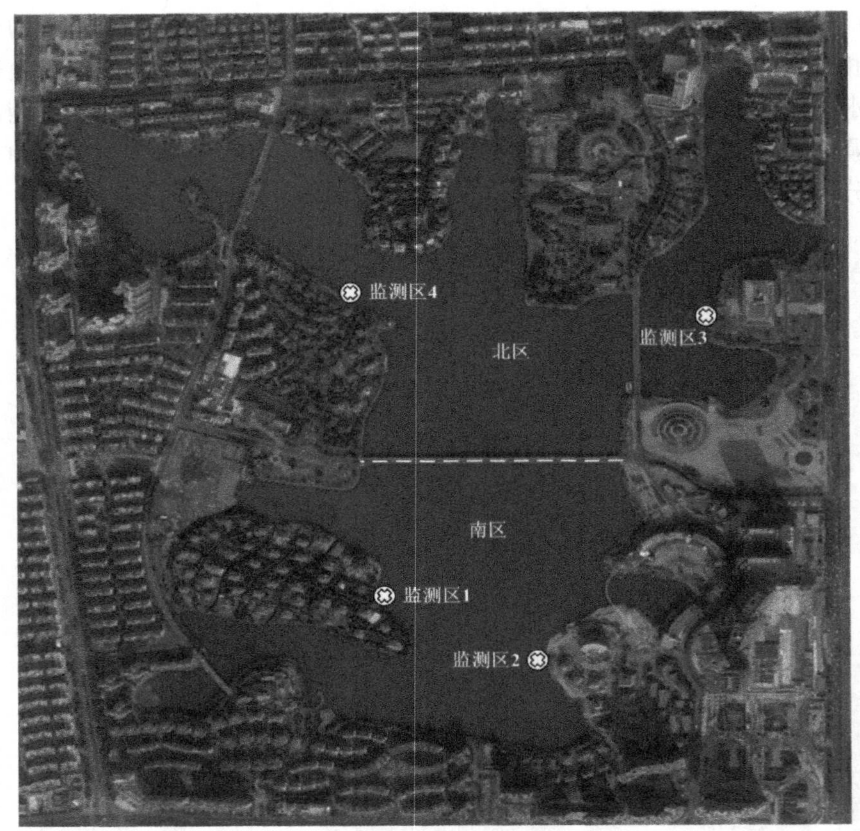

图 6－8　百家湖湖滨带调查区域分布图

6.2.1.2　九龙湖

根据本次现场调研，九龙湖湖岸带多为原始状态下近自然驳岸，湖滨带状况较为一致，同时依据九龙湖湖泊形态，由两条近似带状湖区组成，因此按照监测点位等分湖岸带并在湖区带状两侧对应的原则，共布设 3 个监测点位。经现场踏勘后，监测点位可根据取样的便利性和安全性等进行适当调整，在湖岸带陆向区域监测湖滨带状况，九龙湖湖岸带监测点分布如图 6－4 所示。

6.2.1.3　梅龙湖

根据梅龙湖的水域面积、形态特征、水文条件和评估需要，因此本次评价在南部、北部两个湖区分别设置两个湖岸带监测区域，梅龙湖湖滨带调查区域分布图如图 6－9 所示。

6.2.1.4　安基山水库

根据安基山水库的水域面积、形态特征、水文条件和评估需要，因此本次评价设置的安基山水库湖滨带调查点分布图如图 6－10 所示。

图6－9 梅龙湖湖滨带调查区域分布图

图6－10 安基山水库湖滨带调查点分布图

6.2.1.5 横山水库

由于横山水库湖面面积仅0.29km^2，同时库岸带基本无冲刷痕迹，不同区域湖岸带特征并无明显差异，因此，本次评价在南部、北部两个库区分别设置两个库岸监测区域，横山水库库岸带调查区域分布图如图 6－11 所示。

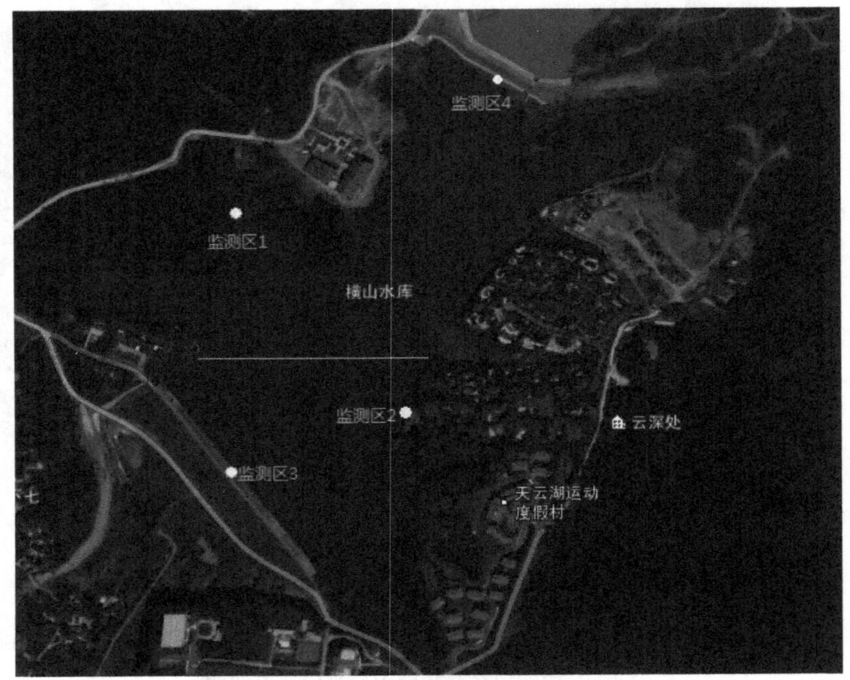

图 6－11　横山水库库岸带调查区域分布图

6.3　基础数据获取

本次湖泊健康评价涉及的基础数据包括湖泊形态结构、水文水资源、水动力、水质、水生态、社会服务功能等多个方面，其中湖泊形态结构、水质、水生态数据主要通过野外调查采样的方法获取；水文水资源、水动力、社会服务功能等数据则主要通过资料收集、统计分析和调查分析等方法获取。

6.3.1　国家一期试点评估指标体系

6.3.1.1　物理结构

1）河湖连通状况

（1）百家湖

百家湖周边仅有经三路撇洪沟与其连通，该撇洪沟目前尚未建设任何闸坝、泵站，湖泊周边部分雨洪水经由该撇洪沟进入百家湖，除此之外，百家湖不存在其他入湖或出湖河流。根据实地调查了解情况，目前，百家湖尚承担少量绿地灌溉用水和道路清洗用水。因此，百家湖水源补给项主要来自降水和汛期由经三路撇洪沟排入的雨洪水，而水量输出项主要是湖泊水面蒸发以及少量城镇生态环境用水。

根据江宁区水利局提供的资料，每年自百家湖中取用的市政取用水量约为 10 万 m^3/a，与汛期由经三路撇洪沟进入百家湖的多年平均雨洪水量相当。考虑到百家湖属典型的特小型城市湖泊，其虽不存在出湖河流，但考虑到自湖中取水，实质上也属于湖泊出流。事实上，由于汛期周边雨洪水的汇入和周边区域市政取用水，在一定程度上加快了百家湖的换水周期，有利于维持湖泊健康。

综上，由于经三路撇洪沟不存在人为阻隔，因此，本次评估认为百家湖环湖河流的顺畅状况良好。

（2）九龙湖

根据江宁区水利局提供的《南京市水雨情分析》《江宁区开发区内泵站统计表》及中国市政工程中南设计研究总院有限公司的《江宁开发区殷巷及九龙湖片区水环境综合整治工程——水循环系统方案》，同时参考以牛首山河为研究对象的城市小流域水量水质模型中相关的一些数据（《城市小流域水量水质模型及水环境容量计算的研究与应用》，荣杰，2014 年），九龙湖与牛首山河入口建有泵站，为斗篷泵站，泵站满功率运行流量为 $15m^3/s$，九龙湖流域范围内雨水主要通过斗篷泵站排放至牛首山河；同时在汛期极端来水情况下，牛首山河可通过斗篷泵站排泄洪水，起到调控蓄水作用。

根据南京市水雨情分析结果，斗篷泵站以满功率流量 $15m^3/s$ 折算，全年排水时长为 210.5 小时；同时考虑在汛期极端来水情况下牛首山河通过泵站暂时储存洪水，起到调控蓄水作用，汛期周边雨洪水的汇入和通过泵站抬高水位向牛首山河排水，在一定程度上加快了九龙湖的换水周期，有利于维持湖泊健康。

综合考虑，认为其断流阻隔时间为 2 个月，顺畅状况为阻隔。

（3）梅龙湖

梅龙湖周边目前尚未建设任何闸坝、泵站，梅龙湖不存在其他入湖或出湖河流。根据实地调查了解情况，目前梅龙湖尚承担少量绿地灌溉用水和道路清洗用水。因此，梅龙湖水源补给项主要来自降水和汛期排入的雨洪水，而水量输出项主要是湖泊水面蒸发以及少量城镇生态环境用水。

根据江宁区水利局提供的资料，每年自梅龙湖中取用的市政取用水量与降水和汛期排入梅龙湖的多年平均雨洪水量相当。考虑到梅龙湖属典型的特小型城市湖泊，其虽不存在出湖河流，但考虑到自湖中取水，实质上也属于湖泊出流。事实上，由于汛期周边雨洪水的汇入和周边区域市政取用水，在一定程度上加快了梅龙湖的换水周期，有利于维持湖泊健康。

综上，本次评估认为梅龙湖环湖河流的顺畅状况良好。

（4）安基山水库

安基山水库周边目前尚未建设任何闸坝、泵站，水库来水主要来自于本流域集水，包括上游河道来水和周围山区降水两部分。上游河道来水主要来自句容市亭子镇的七乡河，于孟塘社区的安基山附近进入安基山水库。水量输出项主要是湖泊水面蒸发以及流入七乡河中。汤山街道内安基山水库流域主要涉及安基山水库库区以及周边的孟塘村。

本次评估认为安基山水库环湖河流的顺畅状况良好。

（5）横山水库

横山水库目前建有输水涵洞以及无闸控制溢洪道，下游仅与解溪河相连通。根据实地调查了解情况，目前横山水库承担江宁足球训练基地草坪灌溉用水。因此，横山水库水源补给项主要来自降水和汛期河流上游来水，而水量输出项主要是水库蒸发、下泄以及下游灌溉用水。

根据江宁区水利局提供的资料，每年自横山水库取用的灌溉用水与降水和汛期上游排入横山水库的多年平均雨洪水量相当。考虑到横山水库属于典型的小（1）型水库，汛期雨水汇入和周边灌溉用水在一定程度上加快了横山水库的换水周期，有利于维持水库健康。

综上所述，本次评估认为横山水库环湖河流的顺畅状况良好。

2）湖泊萎缩状况

（1）百家湖

百家湖现状水面面积采用遥感和地理信息系统的空间分析方法获取：首先在 Google earth 上下载覆盖百家湖区域的无偏移遥感影像，时相为 2014 年 12 月 29 日，然后添加新的矢量图层，并以百家湖四周堤岸为界，用多边形描绘出其水面范围，并保存为 ESRI Shp 格式；再将新生成的 ESRI Shp 文件导入 ArcGIS 完成坐标转换，转换为 Krasovsky _ 1940_ Albers 坐标系；最后，利用 ArcGIS 自带的脚本语言，对百家湖的面积进行计算，计算结果为 0.66km^2。根据目前掌握的资料，2003 年以来，百家湖水面面积基本无变化。依据式（4－3）进行计算，最终得到百家湖萎缩比例为 0。

（2）梅龙湖

首先在 Google earth 上下载覆盖梅龙湖区域的无偏移遥感影像，时相为 2015 年 7 月 29 日，利用 ArcGIS 自带的脚本语言，对梅龙湖的面积进行计算，计算结果为 0.37km^2。根据 Google earth 历史影像，最早可以追溯到 2005 年，选择时相为 2005 年 1 月 1 日，同样下载梅龙湖无偏移遥感影像，计算梅龙湖的水面面积，与 2015 年 7 月 29 日的影像资料对比，可知梅龙湖水面面积基本无变化。依据式（4－3）进行计算，最终得到梅龙湖萎缩比例为 0。

（3）安基山水库

首先在 Google earth 上下载覆盖安基山水库区域的无偏移遥感影像，时相为 2017 年 8 月 23 日，利用 ArcGIS 自带的脚本语言，对安基山水库的面积进行计算，计算结果为 0.57km^2。根据 Google earth 历史影像，最早可以追溯到 2005 年，选择时相为 2005 年 9 月 13 日，同样下载安基山水库无偏移遥感影像，计算安基山水库的水面面积，与 2017 年 8 月 23 日的影像资料对比，可知安基山水库水面面积基本无变化。依据式（4－3）进行计算，最终得到安基山水库萎缩比例为 0。

（4）横山水库

首先在 Google earth 上下载覆盖横山水库区域的无偏移遥感影像，时相为 2017 年 6 月 8 日，利用 ArcGIS 自带的脚本语言，对横山水库的面积进行计算，计算结果为 0.28km^2。根据 Google earth 历史影像，最早可以追溯到 2007 年，选择时相为 2007 年 8 月 1 日，同样下载横山水库无偏移影像，计算横山水库的水面面积，与 2017 年 6 月 8 日的影像资料进行对比，可知横山水库面积基本无变化。因此，依据式（4－3）进行计算，最终得到横山水库萎缩比例为 0。

3）湖/库岸带状况

（1）湖/库岸带稳定性

湖/库岸带稳定性指标根据湖岸侵蚀现状（包括已经发生的或潜在发生的河岸/湖岸侵蚀）进行评估。湖/库岸坡稳定性评估要素包括岸坡倾角、岸坡高度、岸坡植被覆盖率、基质类别、坡脚冲刷强度等。

① 百家湖

岸坡倾角、岸坡高度通过量尺进行水平测量、高度测量得到，然后计算斜坡倾角。基质特征、岸坡植被覆盖率和岸坡冲刷强度通过实地调查，直接进行评估。本次评估确定的百家湖 4 个湖滨带采样特征如图 6－12 所示。

图 6－12　百家湖湖滨带采样区特征

根据实地调查结果，百家湖湖岸带已全部实施护岸工程，护岸形式主要有硬化护岸和生态护岸两种。由图 6－12 可见，采样点 1、采样点 2 均为硬化护岸，样点 4 为生态护岸，采样点3则采取硬化护岸和生态护岸相结合的方式。对于硬化护岸而言，不存在侵蚀问题，也不具有潜在发生侵蚀的条件，因此，本次评估不再对样点1和样点2的湖岸稳定性的各个单项要素进行评价，也不再区分两个湖滨带采样点之间的差异，而是根据湖滨带健康评价准则，对该项指标进行直接赋分。对于样点3和样点4，则根据百家湖的湖滨带实际调查情况，分别确定湖岸稳定性的各个单项要素数据，结果见表6-1。依据表4-6和表6-1进行综合分析，可见，样点3和样点4的湖岸均处于稳定状态。

表6-1　百家湖湖滨带稳定性调查结果

监测内容	样点	监测项目	监测情况
岸坡稳定性	样点3	岸坡倾角（°）	35
		植被覆盖率（%）	90
		岸坡高度（m）	2
		基质特征	岩石、水泥
		坡脚冲刷情况	基本无冲刷
	样点4	岸坡倾角（°）	25
		植被覆盖率（%）	95
		岸坡高度（m）	2.5
		基质特征	卵石、黏土
		坡脚冲刷情况	基本无冲刷

② 九龙湖

监测点a位于接近九龙湖路一侧的湖岸带上，有硬性砌护，为九龙湖湿地公园修建的垂直水泥人工堤坝，湖岸轻度冲刷。监测点b位于九龙湖南部分区，靠近兰台街一侧的湖岸带上，湖岸无硬性砌护，基质为黏土和砂，湖岸中度冲刷。监测点c靠近诚信大道一侧，湖岸无硬性砌护，基质为黏土和砂。湖岸带监测结果见表6-2，九龙湖的3个湖滨带监测点如图6-13所示。

表6-2　九龙湖湖岸带状况监测结果

监测内容	监测项目	监测情况		
		九龙湖a监测点	九龙湖b监测点	九龙湖c监测点
岸坡稳定性	斜坡倾角（°）	90	16	31
	植被覆盖率（%）	70	94	85
	斜坡高度（m）	0.2	2	2
	基质	水泥	黏土和砂	黏土和砂
	湖岸冲刷情况	轻度冲刷	中度冲刷	轻度冲刷

图 6－13　九龙湖湖滨带状况

③ 梅龙湖

本次评估确定的梅龙湖 4 个湖滨带监测点特征如图 6－14 所示。根据实地调查结果，梅龙湖湖岸带基本没有实施护岸工程。由图 6－14 可见，4 个采样点均未实施护岸工程，采取硬化护岸和生态护岸相结合的方式，根据梅龙湖的湖滨带实际调查情况，分别确定湖岸稳定性的各个单项要素数据，结果见表 6－3。依据表 4－6 和表 6－3 进行综合分析，可见，4 个采样点的湖岸带均处于稳定状态。

图 6－14　梅龙湖湖滨带采样区特征

表 6－3　梅龙湖湖滨带稳定性调查结果

监测内容	样点	监测项目	监测情况
岸坡稳定性	样点 1	岸坡倾角（°）	20
		植被覆盖率（%）	90
		岸坡高度（m）	1
		基质特征	卵石、黏土湖岸
		坡脚冲刷情况	基本无冲刷
	样点 2	岸坡倾角（°）	25
		植被覆盖率（%）	95
		岸坡高度（m）	1.5
		基质特征	黏土湖岸
		坡脚冲刷情况	基本无冲刷
	样点 3	岸坡倾角（°）	15
		植被覆盖率（%）	90
		岸坡高度（m）	2.5
		基质特征	石砌、黏土湖岸
		坡脚冲刷情况	基本无冲刷
	样点 4	岸坡倾角（°）	20
		植被覆盖率（%）	90
		岸坡高度（m）	1
		基质特征	卵石、黏土湖岸
		坡脚冲刷情况	基本无冲刷

④ 安基山水库

本次评估确定的4个湖滨带监测点的特征如图6－15所示。实地调查结果显示，安基山水库湖岸带基本没有实施护岸工程。由图6－15可见，4个采样点均未实施护岸工程。根据安基山水库的湖滨带实际调查情况，分别确定湖岸稳定性的各个单项要素数据，结果见表6－4。依据表4－6和表6－4进行综合分析，可见，4个采样点的湖岸带均处于稳定状态。

图6－15　安基山水库湖滨带状况

表6－4　安基山水库湖滨带稳定性调查结果

监测内容	样点	监测项目	监测情况
岸坡稳定性	样点1	岸坡倾角（°）	15
		植被覆盖率（%）	95
		岸坡高度（m）	1
		基质特征	黏土湖岸
		坡脚冲刷情况	基本无冲刷
	样点2	岸坡倾角（°）	25
		植被覆盖率（%）	50
		岸坡高度（m）	1.5
		基质特征	石砌湖岸
		坡脚冲刷情况	基本无冲刷

续表

监测内容	样点	监测项目	监测情况
岸坡稳定性	样点 3	岸坡倾角（°）	15
		植被覆盖率（%）	90
		岸坡高度（m）	1.5
		基质特征	石砌、黏土湖岸
		坡脚冲刷情况	基本无冲刷
	样点 4	岸坡倾角（°）	15
		植被覆盖率（%）	70
		岸坡高度（m）	1
		基质特征	卵石、黏土湖岸
		坡脚冲刷情况	基本无冲刷

⑤ 横山水库

本次评估确定横山水库的 4 个库岸带监测点的特征如图 6－16 所示。根据实地调查结果，横山水库库岸带并未全部实施护岸工程，实施护岸部分主要采用硬化护岸为主。由图 6－16 可见，采样点 3、采样点 4 均为硬化护岸，不存在侵蚀问题，也不具备潜在发生侵蚀的条件，因此，本次评估不再对样点 3 和样点 4 的水库稳定性的各个单项要素进行评价，而是根据湖滨带健康评价准则，对该项指标进行直接赋分。对于样点 1 和样点 2，则根据横山水库的库岸带实际调查情况，分别确定库岸稳定性的各项单项要素数据，结果见表 6－5。

图 6－16　横山水库库岸带采样区特征

表6-5　横山水库湖滨带稳定性调查结果

监测内容	样点	监测项目	监测情况
岸坡稳定性	样点1	岸坡倾角（°）	20
		植被覆盖率（%）	85
		岸坡高度（m）	2.5
		基质特征	黏土湖岸
		坡脚冲刷情况	基本无冲刷
	样点2	岸坡倾角（°）	5
		植被覆盖率（%）	80
		岸坡高度（m）	0.5
		基质特征	黏土湖岸
		坡脚冲刷情况	基本无冲刷

依据表4-6和表6-5进行综合分析，可见，样点1和样点2的库岸带均处于稳定状态。

（2）湖/库滨带植被覆盖率

① 百家湖

湖滨带植被是城市湖泊景观的重要组成部分，对保障城市湖泊各项生态功能正常发挥具有重要作用。湖滨带植被覆盖率调查样方设置为10m×15m，分别记录样方内植被总覆盖率和乔木、灌木、草本植物覆盖率，各个样点的调查结果见表6-6。

表6-6　百家湖湖滨带植被覆盖率调查结果　　单位：%

监测内容	样点	监测项目	监测情况
植被覆盖率	样点1	乔木植被覆盖率	8
		灌木植被覆盖率	10
		草本植被覆盖率	5
		植被总覆盖率	7.7
	样点2	乔木植被覆盖率	4
		灌木植被覆盖率	5
		草本植被覆盖率	0
		植被总覆盖率	3
	样点3	乔木植被覆盖率	25
		灌木植被覆盖率	15
		草本植被覆盖率	80
		植被总覆盖率	40
	样点4	乔木植被覆盖率	76
		灌木植被覆盖率	30
		草本植被覆盖率	55
		植被总覆盖率	53.7

② 九龙湖

九龙湖 a 监测点堤岸为公园铺设的水泥小路，两侧有刚刚栽种的防护林，树木低矮；监测点 b 植被多为草本植被，植被覆盖率较高，湖岸边有大量的芦苇和柳树；监测点 c 植物多为草本植物和低矮灌木。各监测点植被覆盖率监测结果见表 6 – 7。

表 6 –7　九龙湖湖岸带状况监测结果　　单位:%

监测内容	监测项目	监测情况		
		九龙湖 a 监测点	九龙湖 b 监测点	九龙湖 c 监测点
植被覆盖率	乔木植被覆盖率	8	12	5
	灌木植被覆盖率	2	21	8
	草本植被覆盖率	80	95	95
	植被总覆盖率	70	94	85

③ 梅龙湖

梅龙湖各个监测点的湖滨带植被覆盖率调查结果见表 6 – 8。

表 6 –8　梅龙湖湖滨带植被覆盖率调查结果　　单位:%

监测内容	样点	监测项目	监测情况
植被覆盖率	样点 1	乔木植被覆盖率	10
		灌木植被覆盖率	17
		草本植被覆盖率	50
		植被总覆盖率	77
	样点 2	乔木植被覆盖率	0
		灌木植被覆盖率	50
		草本植被覆盖率	40
		植被总覆盖率	90
	样点 3	乔木植被覆盖率	15
		灌木植被覆盖率	15
		草本植被覆盖率	60
		植被总覆盖率	95
	样点 4	乔木植被覆盖率	10
		灌木植被覆盖率	30
		草本植被覆盖率	45
		植被总覆盖率	85

④ 安基山水库

安基山水库各个监测点的湖滨带植被覆盖率调查结果见表 6 – 9。

⑤ 横山水库

横山水库各个监测点的湖滨带植被覆盖率调查结果见表 6 – 10。

表6－9　安基山水库湖滨带植被覆盖率调查结果　　单位:%

监测内容	样点	监测项目	监测情况
植被覆盖率	样点1	乔木植被覆盖率	10
		灌木植被覆盖率	90
		草本植被覆盖率	50
		植被总覆盖率	90
	样点2	乔木植被覆盖率	5
		灌木植被覆盖率	50
		草本植被覆盖率	20
		植被总覆盖率	50
	样点3	乔木植被覆盖率	15
		灌木植被覆盖率	80
		草本植被覆盖率	60
		植被总覆盖率	80
	样点4	乔木植被覆盖率	15
		灌木植被覆盖率	70
		草本植被覆盖率	30
		植被总覆盖率	70

表6－10　横山水库湖滨带植被覆盖率调查结果　　单位:%

监测内容	样点	监测项目	监测情况
植被覆盖率	样点1	乔木植被覆盖率	10
		灌木植被覆盖率	95
		草本植被覆盖率	50
		植被总覆盖率	90
	样点2	乔木植被覆盖率	20
		灌木植被覆盖率	95
		草本植被覆盖率	55
		植被总覆盖率	95
	样点3	乔木植被覆盖率	10
		灌木植被覆盖率	10
		草本植被覆盖率	25
		植被总覆盖率	7
	样点4	乔木植被覆盖率	10
		灌木植被覆盖率	15
		草本植被覆盖率	20
		植被总覆盖率	6

（3）湖/库岸带人工干扰程度

重点调查评估在湖岸带及其邻近陆域进行的9类人类活动，包括湖岸硬性砌护、沿岸建筑物、公路、垃圾填埋场或垃圾堆放、湖滨公园、管道、农业耕种、畜牧养殖、渔业网箱养殖等。

① 百家湖

根据调查现场情况直接评判赋分，各样点评估结果见表6－11。

表6－11 百家湖湖滨带人工干扰程度调查结果

监测内容	样点	监测项目	监测情况
人工干扰程度	样点1	硬性砌护	湖岸带
		沿岸建筑物（房屋）	湖岸带邻近陆域（50m内）
		公路	湖岸带邻近陆域（50m内）
		管道	湖岸带邻近陆域（50m内）
		湖滨公园	湖岸带邻近陆域（50m内）
	样点2	硬性砌护	湖岸带
		沿岸建筑物（房屋）	湖岸带邻近陆域（50m内）
		公路	湖岸带邻近陆域（50m内）
		管道	湖岸带邻近陆域（50m内）
		湖滨公园	湖岸带邻近陆域（50m内）
	样点3	硬性砌护	湖岸带
		公路	湖岸带邻近陆域（50m内）
		管道	湖岸带邻近陆域（50m内）
		湖滨公园	湖岸带邻近陆域（50m内）
	样点4	沿岸建筑物（房屋）	湖岸带邻近陆域（50m内）
		公路	湖岸带邻近陆域（50m内）
		管道	湖岸带邻近陆域（50m内）
		湖滨公园	湖岸带邻近陆域（50m内）

② 九龙湖

据调查现场情况直接评判赋分，各样点评估结果见表6－12。

表6－12 九龙湖湖滨带状况监测结果

监测内容	监测项目	监测情况		
		九龙湖a监测点	九龙湖b监测点	九龙湖c监测点
人工干扰程度	湖岸硬性砌护	湖岸带		
	沿岸建筑物（房屋）	湖岸带邻近陆域（10m内）		湖岸带邻近陆域（10m内）
	农业耕种		湖岸带	
	湖滨公园	湖岸带邻近陆域（50m内）		
	管道	湖岸带		
	公路	湖岸带邻近陆域（50m内）	湖岸带邻近陆域（10m内）	湖岸带邻近陆域（10m内）

③ 梅龙湖

根据调查现场情况直接评判赋分，各样点评估结果见表6－13。

表 6－13　梅龙湖湖滨带人工干扰程度调查结果

监测内容	样点	监测项目	监测情况
人工干扰程度	样点 1	公路	湖岸带邻近陆域（50m 内）
		农业耕种	湖岸带邻近陆域（50m 内）
		湖滨公园	湖岸带邻近陆域（50m 内）
	样点 2	沿岸建筑物（房屋）	湖岸带邻近陆域（50m 内）
		公路	湖岸带邻近陆域（50m 内）
		农业耕种	湖岸带邻近陆域（50m 内）
		湖滨公园	湖岸带邻近陆域（50m 内）
	样点 3	公路	湖岸带邻近陆域（50m 内）
		沿岸建筑物（房屋）	湖岸带邻近陆域（50m 内）
		管道	湖岸带邻近陆域（50m 内）
		湖滨公园	湖岸带邻近陆域（50m 内）
	样点 4	沿岸建筑物（房屋）	湖岸带邻近陆域（50m 内）
		公路	湖岸带邻近陆域（50m 内）
		湖滨公园	湖岸带邻近陆域（50m 内）

④ 安基山水库

根据调查现场情况直接评判赋分，各样点评估结果见表 6－14。

表 6－14　安基山水库库岸带人工干扰程度调查结果

监测内容	样点	监测项目	监测情况
人工干扰程度	样点 1	公路	库岸带邻近陆域（50m 内）
		农业耕种	库岸带邻近陆域（50m 内）
		湖滨公园	无
	样点 2	沿岸建筑物（房屋）	库岸带邻近陆域（50m 内）
		公路	库岸带邻近陆域（50m 内）
		农业耕种	库岸带邻近陆域（50m 内）
		湖滨公园	无
	样点 3	公路	库岸带邻近陆域（50m 内）
		沿岸建筑物（房屋）	库岸带邻近陆域（50m 内）
		管道	库岸带邻近陆域（50m 内）
		湖滨公园	无
	样点 4	沿岸建筑物（房屋）	库岸带邻近陆域（50m 内）
		公路	库岸带邻近陆域（50m 内）
		湖滨公园	无

⑤ 横山水库

根据调查现场情况直接评判赋分，各样点评估结果见表 6－15。

表6－15　横山水库库岸带人工干扰程度调查结果

监测内容	样点	监测项目	监测情况
人工干扰程度	样点1	公路	库岸带邻近陆域（50m内）
		沿岸建筑物（房屋）	库岸带邻近陆域（50m内）
	样点2	沿岸建筑物	库岸带邻近陆域（50m内）
		公路	库岸带邻近陆域（50m内）
		农业耕种	库岸带邻近陆域（50m内）
	样点3	公路	库岸带邻近陆域（50m内）
		沿岸建筑物（房屋）	库岸带邻近陆域（50m内）
		库岸硬性砌护	库岸带邻近陆域（50m内）
		管道	库岸带邻近陆域（50m内）
	样点4	沿岸建筑物（房屋）	库岸带邻近陆域（50m内）
		库岸硬性砌护	库岸带邻近陆域（50m内）
		管道	库岸带邻近陆域（50m内）
		公路	库岸带邻近陆域（50m内）

6.3.1.2　水文水资源

1）最低生态水位满足程度

（1）百家湖

由于百家湖尚未开展系统的水位观测，因此缺乏水位、蓄水量等相关资料。实际上，对于缺乏水位长系列观测资料的湖泊，已有多种较为成熟的最低生态水位确定方法，如湖泊形态法、水量面积法、功能法等等。由于百家湖属特小型城市湖泊，功能相对单一，且水位变幅相对不大，因此，本次评价主要采用湖泊形态法确定其最低生态水位。

百家湖湖泊地形数据采用遥感和地理信息系统的空间分析方法获取：首先在Google earth上下载覆盖百家湖区域的高程数据，栅格分辨率为9m，高程基准为WGS84大地高程；然后以百家湖湖区范围的Shp文件为依据，利用ArcGIS的空间分析功能，提取湖区的DEM，百家湖湖区DME如图6－17所示。

以百家湖湖区DEM为依据，人为设置不同的水位值，水位区间为5.5～12.5m（WGS高程基准），递增步长为0.5m；然后利用ArcGIS的3D分析功能，计算不同水位下的水体容积和水面面积，并绘制百家湖水位-面积-容积关系曲线，结果如图6－18所示。

随着湖泊水位的降低，湖泊面积随之减小，由于湖泊水位和面积之间为非线性关系，当水深不同时，湖泊水位每减少一个单位，湖泊面积的减少量也不相同，为此，建立湖泊水位和湖泊水面面积减少量的关系曲线，百家湖水位-面积变化曲线如图6－19所示。湖泊面积变化率为湖泊面积与水位关系函数的一阶导数，由图6－19可见，湖泊面积变化率有一个最大值，此最大值意义是，最大值相应湖泊水位向下，水位每降低一个单位，湖泊水面面积的减少量将显著增加，对于城市湖泊而言，随着湖泊水面面积的急剧减小，其所能提供的生态服务功能也相应地急剧下降，因此，可以将最大值对应的

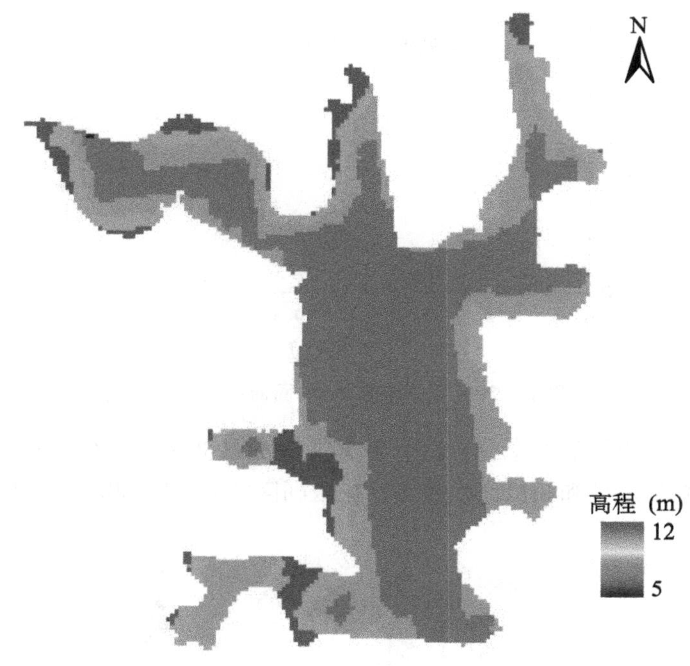

图 6－17　百家湖湖区 DEM

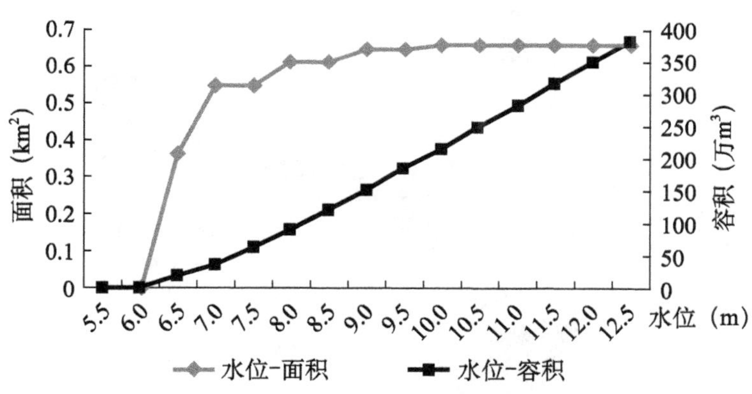

图 6－18　百家湖水位-水面面积-容积关系曲线

水位视为湖泊最低生态水位。

由图 6－19 可见，当百家湖水位为 6.5m 时，对应的湖泊面积变化率达到最大值，因此，百家湖的最低生态水位为 6.5m。根据目前掌握的资料，百家湖现状湖泊水位约 7.6m（WGS 84 高程基准），年际水位波动不大，多在 0.5m 以内，因此，年内日平均水位多在最低生态水位以上，最低生态水位满足程度较高。

（2）九龙湖

目前九龙湖尚未开展水位监测，缺乏水位观测数据。结合九龙湖目前已有的资料及

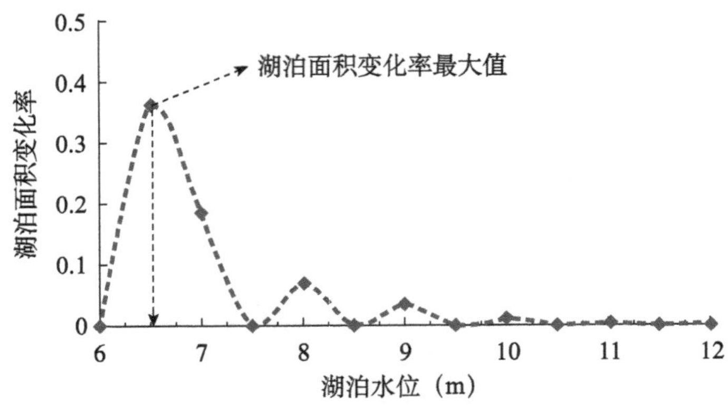

图 6－19　百家湖水位-水面面积变化率曲线

流域情况，同样采用湖泊形态分析法计算九龙湖的最低生态水位。根据 Google earth 的遥感影像获取湖泊水位和湖泊面积数据，提取湖区的 DEM，如图 6－20 所示。

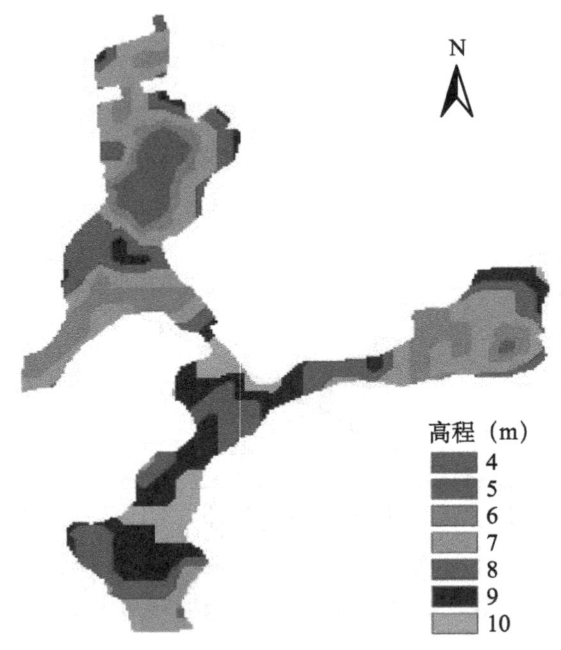

图 6－20　九龙湖湖区 DEM

在九龙湖高程数据基础上，使用 OriginPro 软件的 Differentiate 工具，绘制湖泊面积与水位关系函数的一阶导数为湖面面积变化率曲线，即为反映湖泊水位和湖泊面积的减少量的关系曲线，如图 6－21 所示。可见湖面面积变化率在一定的水位范围内达到最大值，此最大值即为根据湖泊形态分析法确定的最低生态水位。

同时，因为湖泊地形差异，湖泊水位与湖泊面积变化率关系曲线可能存在多个最大值，九龙湖水位为 7m、7.5m 时，变化率均为最大值，考虑到本报告中九龙湖的湖泊形

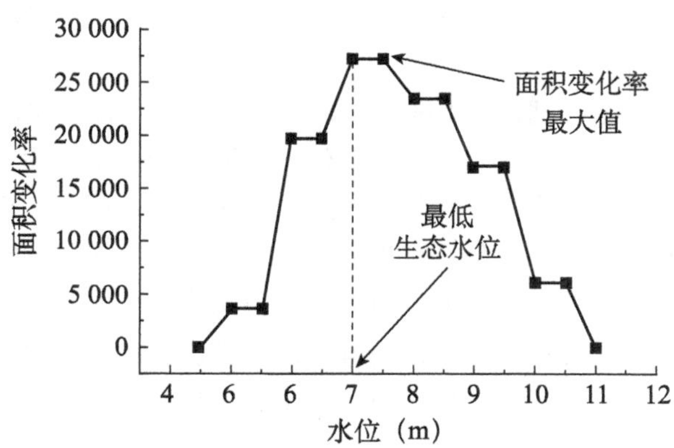

图6-21　九龙湖水位和湖泊面积变化率关系示意图

态、水源补给等条件，选定最低生态水位为7m更合理，因此，采用的九龙湖最低生态水位为7m，湖泊生态需水量为28.99万m^3。

（3）梅龙湖

由于梅龙湖属特小型城市湖泊，功能相对单一，且水位变幅相对不大，因此，本次评价主要采用湖泊形态法确定其最低生态水位。根据Google earth的遥感影像获取湖泊水位和湖泊面积数据，提取湖区的DEM，如图6-22所示。

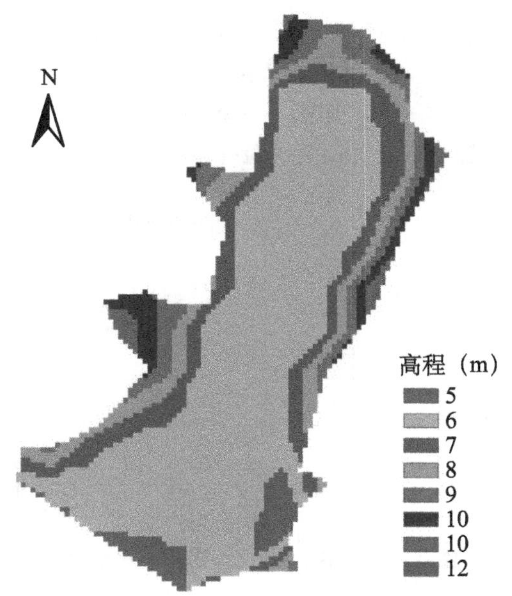

图6-22　梅龙湖湖区DEM

以梅龙湖湖区DEM为依据，人为设置不同的水位值，高程区间为23～31m（WGS高程基准），设置递增步长为1m；然后利用ArcGIS的3D分析功能，计算不同水位下的水体容积和水面面积，导入 excel 中绘制 X、Y 折线图，得到梅龙湖的水位-面积-容积关系曲线，结果如图 6－23 所示。

随着湖泊水位的降低，湖泊面积随之减小，由于湖泊水位和面积之间为非线性关系，当水深不同时，湖泊水位每减少一个单位，湖泊面积的减少量也不相同，为此，建立湖泊水位和湖泊水面面积减少量的关系曲线，如图 6－24 所示。湖泊面积变化率为湖泊面积与水位关系函数的一阶导数，由图 6－24 可见，湖泊面积变化率有一个最大值，此最大值意义是，最大值相应湖泊水位向下，水位每降低一个单位，湖泊水面面积的减少量将显著增加，对于城市湖泊而言，随着湖泊水面面积的急剧减小，其所能提供的生态服务功能也相应地急剧下降，因此，可以将最大值对应的水位视为湖泊最低生态水位。

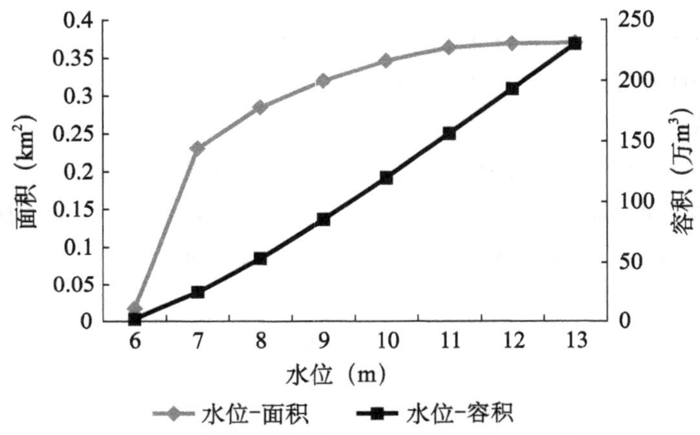

图 6－23　梅龙湖水位-面积-容积关系曲线

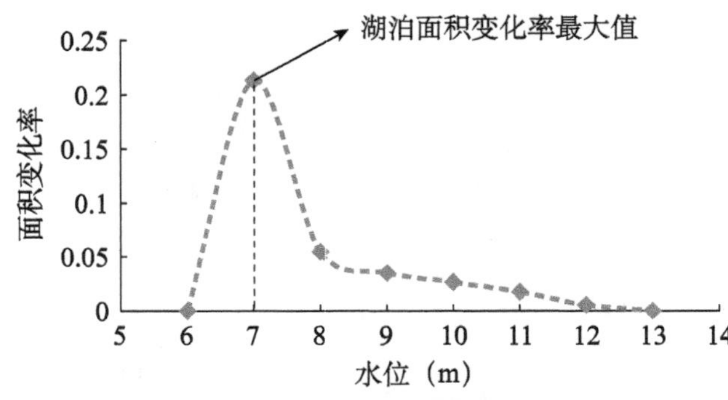

图 6－24　梅龙湖水位-面积变化率曲线

由图 6－24 可见，当梅龙湖水位为 7m 时，对应的湖泊面积变化率达到最大值，因此，梅龙湖的最低生态水位为 7m。根据目前掌握的资料，梅龙湖现状年际水位波动不大，多在 0.5m 以内，因此，年内日平均水位多在最低生态水位以上，最低生态水位满足程度较高。

（4）安基山水库

由于安基山水库水位变幅相对不大，因此，本次评价主要采用湖泊形态法确定其最低生态水位。根据 Google earth 的遥感影像获取水库水位和水库面积数据，提取库区的 DEM，如图 6-25 所示。

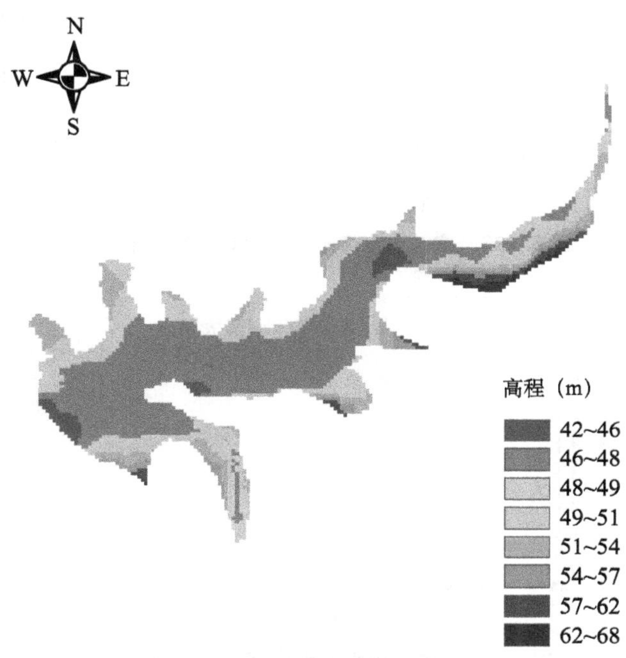

图 6-25　安基山水库库区 DEM

以安基山水库库区 DEM 为依据，人为设置不同的水位值，高程区间为 43～68m（WGS 高程基准），设置递增步长为 1m；然后利用 ArcGIS 的 3D 分析功能，计算不同水位下的水体容积和水面面积，导入 excel 中绘制 X、Y 折线图，得到安基山水库的水位-面积-容积关系曲线，结果如图 6-26 所示。

随着湖泊水位的降低，湖泊面积随之减小，由于湖泊水位和面积之间为非线性关系，当水深不同时，湖泊水位每减少一个单位，湖泊面积的减少量也不相同，为此，建立湖泊水位和湖泊水面面积减少量的关系曲线，如图 6-27 所示。湖泊面积变化率为湖泊面积与水位关系函数的一阶导数，由图 6-27 可见，湖泊面积变化率有一个最大值，此最大值意义是，最大值相应湖泊水位向下，水位每降低一个单位，湖泊水面面积的减少量将显著增加，对于城市湖泊而言，随着湖泊水面面积的急剧减小，其所能提供的生态服务功能也相应地急剧下降，因此，可以将最大值对应的水位视为湖泊最低生态水位。

由图 6-27 可见，当安基山水库水位为 47m 时，对应的湖泊面积变化率达到最大值，因此，安基山水库的最低生态水位为 47m。根据目前掌握的资料，安基山水库现状

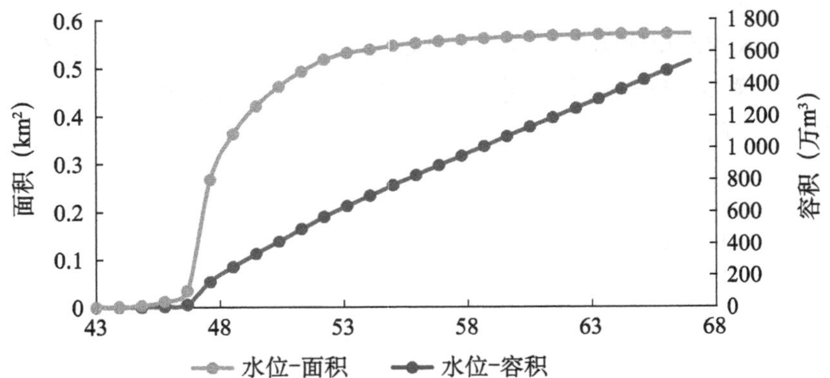

图6－26　安基山水库水位-面积-容积关系曲线

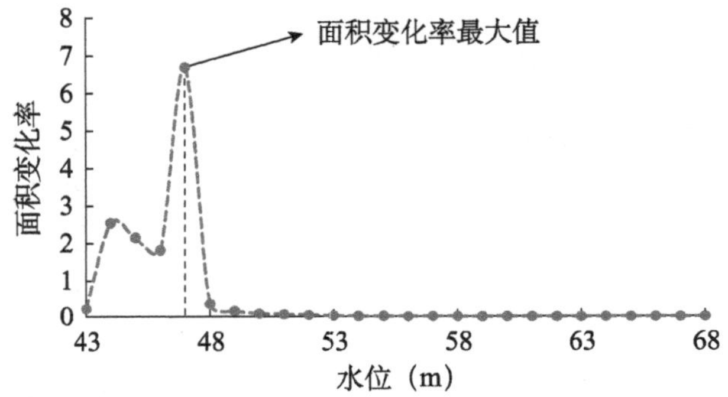

图6－27　安基山水库水位-面积变化率曲线

年际水位波动不大，多在0.5m以内，因此，年内日平均水位多在最低生态水位以上，最低生态水位满足程度较高。

（5）横山水库

经与当地水利站调研，横山水库水位变幅相对不大，因此，本次评价主要采用湖泊形态法确定其最低生态水位。根据Google earth的遥感影像获取湖泊水位和湖泊面积数据，提取湖区的DEM，如图6－28所示。

以横山水库DEM为依据，人为设置不同的水位值，高程区间为74～90m（WGS高程基准），设置递增步长为2m；然后利用ArcGIS的3D分析功能，计算不同水位下的水体容积和水面面积，导入Excel中绘制X、Y折线图，得到横山水库的水位-面积-容积关系曲线，结果如图6－29所示。

随着湖泊水位的降低，湖泊面积随之减小，由于湖泊水位和面积之间为非线性关系，当水深不同时，湖泊水位每减少一个单位，湖泊面积的减小量也不相同，为此，建立湖泊水位和湖泊水面面积减小量的关系曲线，如图6－30所示。湖泊面积变化率为湖泊面积与水位关系函数的一阶导数，由图6－30可见，湖泊面积变化率有一个最大值，该值对应的水位即湖泊最低生态水位。

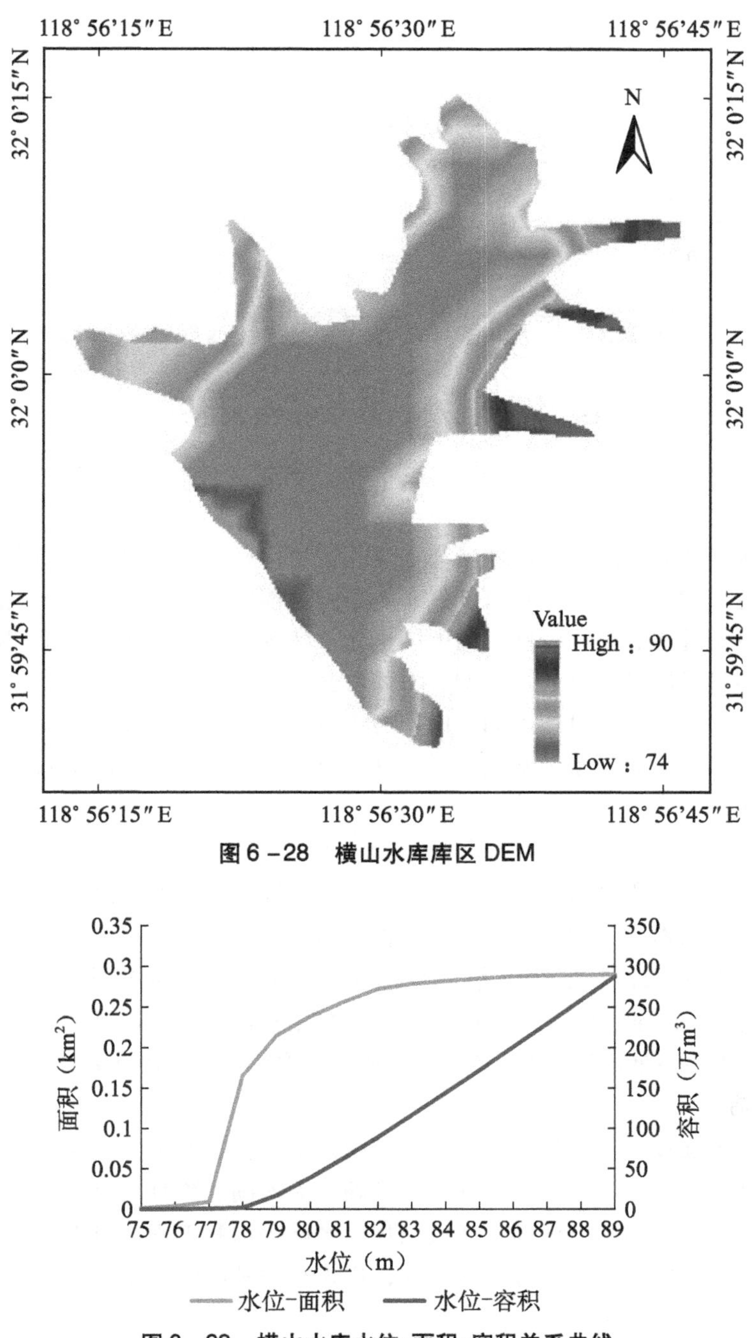

图 6－28　横山水库库区 DEM

图 6－29　横山水库水位-面积-容积关系曲线

2）入库流量变异程度

（1）百家湖

百家湖周边仅有经三路撇洪沟与其连通，该撇洪沟目前尚未建设任何闸坝、泵站，

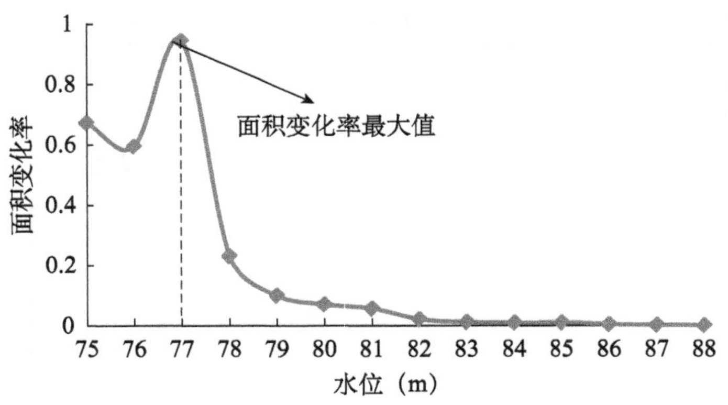

图 6－30　横山水库水位-面积变化率曲线

湖泊周边部分雨洪水经由该撇洪沟进入百家湖，除此之外，百家湖不存在其他入湖河流。

根据入湖流量变异程度指标的内涵与定义，该指标反映环湖河流入湖实测月径流量与天然月径流过程的差异。由于百家湖仅有一条撇洪沟属入湖河流，且该撇洪沟目前尚未建设闸坝、泵站等水利工程，撇洪沟上游也无水资源开发利用要求，汛期雨洪水达到一定规模后，即可沿撇洪沟进入百家湖。不同水文年，由于降水等方面的差异，沿撇洪沟进入百家湖内的雨洪水量可能不同，但都属于自然水文节律的波动过程。

综上，本次评估认为百家湖撇洪沟的入湖径流量与天然入湖径流量基本一致，入湖流量变异程度很小。

（2）九龙湖

根据入湖流量变异程度指标的内涵与定义，该指标反映环湖河流入湖实测月径流量与天然月径流过程的差异。由于九龙湖与牛首山河入口建有泵站，为斗篷泵站，泵站满功率运行流量为 $15m^3/s$，九龙湖流域范围内雨水主要通过斗篷泵站排放至牛首山河；同时在汛期极端来水情况下，牛首山河可通过斗篷泵站排泄洪水，起到调控蓄水作用。综上，本次评估认为斗篷泵站对九龙湖的入湖径流量影响很小，入湖流量变异程度很小。

（3）梅龙湖

梅龙湖周边未建设任何闸坝、泵站，梅龙湖并不存在任何出入湖河流。根据入湖流量变异程度指标的内涵与定义，该指标反映环湖河流入湖实测月径流量与天然月径流过程的差异。由于梅龙湖周围目前尚未建设闸坝、泵站等水利工程，也无水资源开发利用要求，不同水文年，由于降水等方面的差异，进入梅龙湖内的雨洪水量可能不同，但都属于自然水文节律的波动过程。

综上，本次评估认为梅龙湖入湖径流量与天然入湖径流基本一致，入湖流量变异程度很小。

（4）安基山水库

安基山水库周边未建设任何闸坝、泵站，存在 1 条出湖河流为七乡河。根据入湖流量变异程度指标的内涵与定义，该指标反映环湖河流入湖实测月径流量与天然月径流过程的差异。由于安基山水库周围目前尚未建设闸坝、泵站等水利工程，也无水资源开发利用要求，不同水文年，由于降水等方面的差异，进入安基山水库内的雨洪水量可能不同，但都属于自然水文节律的波动过程。

综上，本次评估认为安基山水库入库径流量与天然入湖径流基本一致，入湖流量变异程度很小。

（5）横山水库

由于横山水库上游仅有几条撇洪沟与其连通，且撇洪沟上游无水资源开发利用要求，汛期雨洪水达到一定规模后，即可沿撇洪沟进入横山水库。不同水文年，由于降水等方面的差异，沿撇洪沟进入横山水库的雨洪水量可能不同，但都属于自然水文节律的波动过程。

综上，本次评估认为横山水库撇洪沟的入库径流量与天然径流基本一致，入库流量变异程度很小。

6.3.1.3　水质

（1）百家湖

本次评价共布置 2 个水质采样点，采样点位置如图 6－3 所示。水质监测指标包括 pH、水温、溶解氧（DO）、高锰酸盐指数、化学需氧量（COD）、生化需氧量（BOD_5）、氨氮（NH_3-N）、总磷（TP）、总氮（TN）、叶绿素 a（Chl－a）、透明度等，监测项目及监测方法见表 6－16。

表 6－16　百家湖水质监测指标

序号	水质指标	监测方法	测定依据
1	透明度	塞氏盘	SL 219—2013
2	水温	YSI—6600 V2	GB 3838—2002
3	pH	YSI—6600 V2	GB 3838—2002
4	溶解氧	YSI—6600 V2	GB 3838—2002
5	总氮	碱性过硫酸钾消解紫外分光光度法	GB 3838—2002
6	总磷	钼酸铵分光光度法	GB 3838—2002
7	氨氮	纳氏试剂比色法	GB 3838—2002
8	高锰酸盐指数	酸性高锰酸钾法	GB 3838—2002
9	化学需氧量	重铬酸钾法	GB 3838—2002
10	生化需氧量	微生物传感器快速测定法	GB 3838—2002
11	叶绿素 a	叶绿素的测定	GB 3838—2002

现场使用美国 YSI 公司生产的 YSI—6600 V2 型多参数水质检测仪，测定水温、pH、溶解氧等参数；用 2.5L 采水器采集各点位表、中、底三层混合水样，冷藏保存带回实验室，用 GF/C 膜抽滤一定体积水样测定 Chl－a 浓度。各水质指标测定方法主要参考《地表水环境质量标准》（GB 3838—2002）和《水环境监测规范》（SL 219—2013）。百

家湖水质采样过程如图 6 – 31 所示。

图 6 – 31　百家湖水质采样过程

本次评价共开展了 2 次水质采样调查，夏季、秋季各取样一次，取样时间分别为 2015 年 7 月 3 日和 2015 年 10 月 13 日，水质监测结果见表 6 – 17。

表 6 – 17　百家湖水质监测结果

序号	指标	单位	夏季		秋季	
			监测点 1	监测点 2	监测点 1	监测点 2
1	透明度	m	0.3	0.35	0.2	0.25
2	水温	℃	27.88	27.28	20.21	20.32
3	pH		7.66	7.88	7.82	7.87
4	溶解氧	mg/L	12.13	11.74	8.01	8.38
5	总氮	mg/L	2.44	2.58	2.28	2.33
6	总磷	mg/L	0.18	0.17	0.13	0.12
7	氨氮	mg/L	1.059	1.176	0.547	0.669
8	高锰酸盐指数	mg/L	4.68	4.36	4.53	4.12
9	化学需氧量	mg/L	21.1	19.5	20.8	18.7
10	生化需氧量	mg/L	3.2	3.4	3.5	3.6
11	叶绿素 a	μg/L	37.6	32.3	34.96	33.45

以表 6 – 17 中的水质监测结果为依据，结合表 4 – 11 进行分析，并采用式（4 – 7）进行计算，结果表明，百家湖富营养状况指数 $EI=66.5$。可见，百家湖目前处于中度富营养状态。

（2）九龙湖

本次调查监测的项目和监测方法与百家湖相同。根据监测方案，对九龙湖南北各两个分区 10 个指标进行监测，共监测 2 次，监测时间选取在汛期，为 2015 年 6 月、7 月，采样点位置如图 4 – 4。评估年九龙湖水质指标监测结果见表 6 – 18。

调查结果发现，其中氨氮含量 7 月两个分区皆超出Ⅲ类标准值，汛期氨氮平均浓度为 1.11mg/L。氨氮主要来源于工业和生活污染物，雨水径流以及农用化肥的流失也是氮的重要来源。目前江宁区将九龙湖片区列为重点发展地区，周边房地产开发强度较大，可能是造成九龙湖地区氨氮含量较高的原因。评估年化学需氧量含量较高，超过检出限 20mg/L，其中九龙湖汛期化学需氧量平均浓度为 28.95mg/L。

湖泊水体中有机污染物含量较高，总磷、总氮浓度监测结果都远高于Ⅲ类标准值，九龙湖汛期总磷、总氮浓度为 0.26mg/L、2.28mg/L。

表 6－18　九龙湖水质指标监测结果

指标	单位	Ⅲ类标准值	九龙湖北区		九龙湖南区	
			2015－6－25	2015－7－21	2015－6－25	2015－7－21
pH		6～9	7.77	7.95	7.77	7.96
电导率	μS/cm		347	318	343	317
氨氮	mg/L	≤1.0	0.93	1.35	0.87	1.27
溶解氧	mg/L	≥5	7.3	6.5	7.4	6.5
高锰酸盐指数	mg/L	≤6	5	4.4	4.7	4.5
五日生化需氧量	mg/L	≤4	3.3	3.6	3.6	3.6
化学需氧量	mg/L	≤20	28.5		29.4	
总磷	mg/L	≤0.05	0.29	0.23	0.28	0.25
总氮	mg/L	≤1.0	3.57	1.39	2.84	1.31
叶绿素 a	μg/L		36.31	20.5	45.72	13.2
透明度	m		0.3	0.1	0.3	0.1

（3）梅龙湖

本次评价共开展了 2 次水质采样调查，水质监测指标和监测方法与百家湖相同。夏季、秋季各取样一次，调查时间分别为 2016 年 8 月和 2016 年 11 月，采样点位置如图 6－5 所示。根据现场取样的室内水质分析结果见表 6－19。

表 6－19　梅龙湖水质监测结果

指标	水温	pH	溶解氧	总氮	总磷	氨氮	高锰酸盐指数	化学需氧量	生化需氧量	叶绿素 a
单位	℃		mg/L	mg/L	mg/L	mg/L	mg/L	mg/L	mg/L	μg/L
平均值	16.15	7.89	8.12	2.81	0.08	0.26	4.0	15.2	3.1	42.3

以表 6－19 中的水质监测结果为依据，结合表 4－11 进行分析，并采用式（4－7）进行计算，结果表明，梅龙湖富营养状况指数 $EI=61.4$。可见，梅龙湖目前处于中度富营养状态。

（4）安基山水库

本次评价共开展了 2 次水质采样调查，夏季、秋季各取样一次，调查时间分别为 2017 年 6 月 16 日和 2017 年 9 月 19 日，调查采样点位置如图 4－6 所示。根据现场取样的室内水质分析结果见表 6－20。

表 6 –20　安基山水库水质监测结果

指标	水温	pH	溶解氧	总氮	总磷	氨氮	高锰酸盐指数	化学需氧量	生化需氧量	叶绿素 a
单位	℃		mg/L	mg/L	mg/L	mg/L	mg/L	mg/L	mg/L	μg/L
平均值	25.90	8.69	13.07	0.75	0.02	0.27	3.2	<15	2.15	

以表 6 –20 中的水质监测结果为依据，结合表 4 –11 进行分析，并采用式（4 –7）进行计算，结果表明，安基山水库富营养状况指数 EI =46.7。可见，安基山水库目前处于中营养状态。

（5）横山水库

本次评价共开展了 2 次水质采样调查，夏季、秋季各取样一次，取样时间分别为 2017 年 6 月 19 日、2017 年 9 月 19 日。调查采样点位置如图 4 –7 所示。根据现场取样的室内水质分析结果见表 6 –21。

表 6 –21　横山水库各调查点常规水质指标监测结果

指标	单位	夏季		秋季	
		横山 01	横山 02	横山 01	横山 02
透明度	m	0.3	0.25	0.25	0.35
水温	℃	24.83	25.13	25.86	25.83
pH		7.66	7.54	8.67	8.64
溶解氧	mg/L	8.84	8.99	8.44	8.46
总氮	mg/L	1.87	1.94	3.03	3.07
总磷	mg/L	0.029	0.009	0.086	0.086
氨氮	mg/L	0.11	0.12	0.2	0.22
电导率	μS/cm	221	223	247	246
高锰酸盐指数	mg/L	4.8	4.8	4.5	2.5
化学需氧量	mg/L	16.8	17.3	<15	<15
生化需氧量	mg/L	4.7	4.6	3.1	3.0
叶绿素 a	μg/L	74.2	72.4	67.6	71.2

以表 4 –6 中的水质监测结果为依据，结合表 4 –11 进行分析，并采用式（4 –7）进行计算，结果表明，横山水库富营养化状况指数 EI =54.25。可见，横山水库目前处于轻度富营养化状态。

6.3.1.4　水生态

浮游植物能迅速响应湖泊水环境变化，且不同浮游植物对有机质和其他污染物敏感性不同，因而可以用浮游植物群落组成来评估湖泊的健康状况。一般而言，浮游植物的多样性越高，其群落结构越复杂，湖泊生态系统越稳定，也越健康；而水体受到污染时，敏感性种类消失，多样性降低，稳定性下降。

在表征湖泊健康方面，浮游动物与浮游植物较为类似，其对富营养化和鱼类养殖等环境胁迫的响应也较为敏感。我国湖泊健康评估一期试点的结果表明，浮游动物与浮游植物在表征湖泊健康方面具有相似性，因此本次研究仅利用浮游植物进行评价，而不再采集浮游动物样品。另外，前期调查结果表明，5个湖库中鱼类均是人工养殖或投放，湖泊中无珍稀鱼类和土著鱼类，因此，本次也不对鱼类状况进行调查评价，仅对浮游植物和大型底栖动物进行调查和评价。

1）百家湖

（1）现场调查情况

浮游植物采样时根据水体深浅而定，百家湖水深在2m以内，且水团混合良好，取样时分别取表层和底层加以混合水样。采集1000mL混合水样装瓶，立即用鲁哥氏液加以固定，即杀死水样中的浮游植物和其他生物。固定剂量为水样的1%，即往水样中加10mL左右，使水样呈棕黄色即可。

底栖动物样品采集用面积为1/20m^{2}的改良的彼得森采泥器，每个样点采集三下，底栖动物与底泥、碎屑等混为一体，必须冲洗后才能进行挑拣。洗涤工作通常采用网孔径为0.45mm的尼龙筛网进行洗涤，剩余物带回实验室进行分样。将洗净的样品置入白色盘中，加入清水，利用尖嘴镊、吸管、毛笔、放大镜等工具进行工作，挑拣出的各类动物分别放入已装好固定液的50mL塑料瓶中，直到采样点采集到的标本全部检完为止。标本可直接投入7%福尔马林中固定。百家湖水生态调查采样过程如图6－32所示。

图6－32　百家湖水生态现场调查情况

（2）室内鉴定

浮游植物水样带回实验室后，摇匀倒入1000mL的筒形分液漏斗并固定好，放在稳定的实验台上，静置24~48h。用细小虹吸管小心吸取上层清液，直至浮游植物沉淀物体积约为20mL，旋开分液漏斗活塞放入50mL的标本瓶中，再用少许上层清洗液冲洗沉淀分液漏斗1~3次，定格到30~50mL左右。用显微镜计数，取0.1mL充分摇匀的浓缩样品，置于0.1mL浮游植物计数框中，在10×40倍的显微镜下进行鉴定并计数，获得单位体积中浮游植物数量。根据近似几何图形测量长、宽、厚，并分别计算出生物体积和生物量。

软体动物和水栖寡毛类的优势种鉴定到种，摇蚊科幼虫至少鉴定到属，水生昆虫等鉴定到科。对于疑难种类应有固定标本，以便进一步分析鉴定。把每个采样点所采到的底栖动物按不同种类准确地统计个体数，根据采样器的开口面积推算出$1m^2$内的数量，包括每种的数量和总数量，样品称重获得的结果换算为$1m^2$面积上的生物量（g/m^2）。底栖动物鉴定主要参照《中国经济动物志·淡水软体动物》《中国小蚓类研究》等鉴定书籍。室内鉴定过程如图6-33所示。

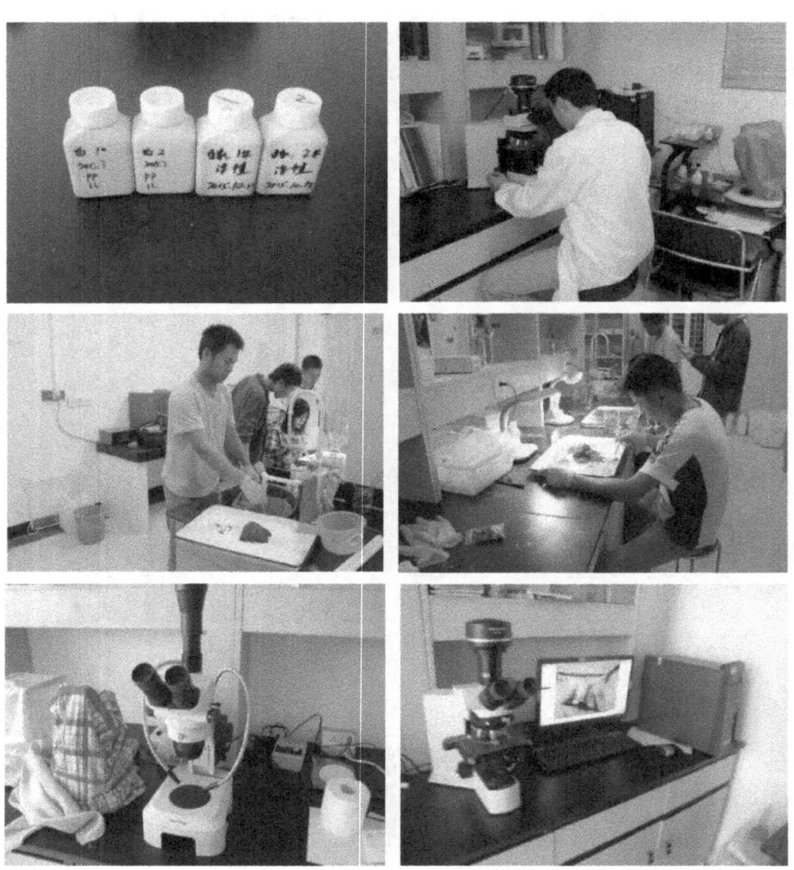

图6-33　百家湖浮游植物和底栖动物样品实验室处理照片

（3）调查结果

① 浮游植物

本次调查共鉴定浮游植物 23 种，隶属于 6 门。其中绿藻种类最多，有 13 种，占总种数的 56.5%；其次是硅藻（4 种）和隐藻（3 种），分别占总种数的 17.4% 和 13.0%，蓝藻、甲藻以及裸藻均仅发现 1 种（图 6－34）。

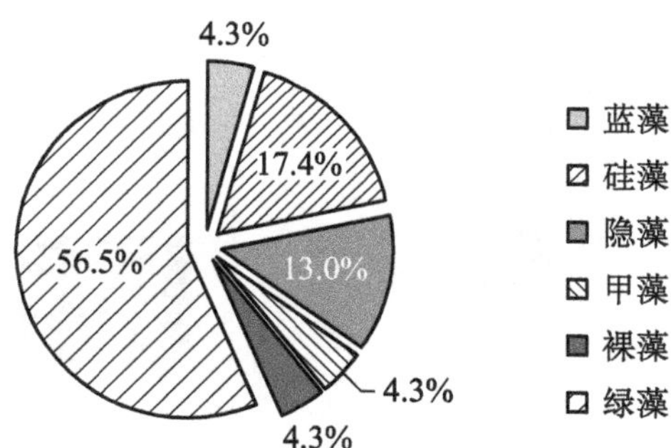

图 6－34　百家湖浮游植物种类组成

据优势度计算公式，得出百家湖浮游植物的优势种为隐藻、蓝隐藻、平裂藻和衣藻，优势度依次为 0.22、0.061、0.023 和 0.02（表 6－22）。在 2 个采样点中，隐藻和蓝隐藻均为优势种，隐藻百分比优势度分别为 51.7% 和 26.1%，蓝隐藻则为 18.9% 和 10.4%；除此之外，平裂藻、衣藻和集星藻在样点 2 也占据优势地位，其百分比优势度分别为 20.9%、10.4% 和 10.4%。

表 6－22　百家湖各点位及全湖浮游植物的主要优势种

采样点	优势种
全湖	隐藻、蓝隐藻、平裂藻和衣藻
样点 1	隐藻、蓝隐藻
样点 2	隐藻、平裂藻、衣藻、蓝隐藻、集星藻

百家湖浮游植物密度和生物量均较高，全湖密度平均值为 1.0×10^{7}cells/L，生物量则为 7.1mg/L。密度方面，样点 1 的浮游植物密度明显高于样点 2，平均值高达 1.4×10^{7}cells/L，样点 2 仅为 6.1×10^{6}cells/L。与密度分布相类似，样点 1 的生物量较高（11.5mg/L），为样点 2 浮游植物生物量的 4 倍之多。

在 2 个采样点中，隐藻对浮游植物总密度的贡献量均为最大，其占总密度的百分比分别为 71.1% 和 39.2%，其次为绿藻；生物量方面，隐藻对各个点位的贡献更大，分别为 86.3% 和 80.8%，绿藻次之。

根据上述调查结果，对百家湖水体内的藻类密度进行统计，结果表明，百家湖藻类密度平均为 1013.57 万 cells/L。

② 大型底栖动物

本次评估的两次野外调查共发现底栖动物 11 种，其中昆虫纲摇蚊科幼虫种类最多，有 4 种，其次是腹足纲 3 种、寡毛纲 2 种，蛭纲和甲壳纲种类较少，各 1 种。夏季和秋季物种组成差异较大（图 6－35），夏季共采集到 9 种，秋季采集到 5 种，夏季物种数显著高于秋季，原因可能是秋季部分种类已经羽化。

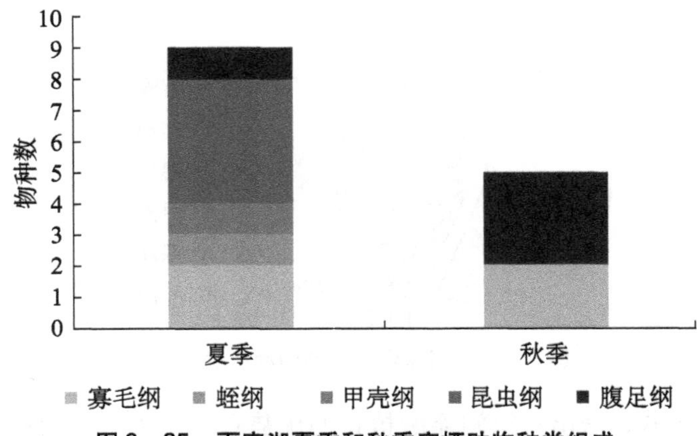

图 6－35　百家湖夏季和秋季底栖动物种类组成

底栖动物密度和生物量存在明显的季节变化（表 6－23），夏季和秋季总密度分别为 73ind/m^2 和 374ind/m^2，相差 4 倍。夏季密度优势种为铜锈环棱螺、德永雕翅摇蚊，密度分别为 16.7ind/m^2 和 10ind/m^2；秋季密度第一优势种为铜锈环棱螺，密度为 326.8ind/m^2，较其他物种密度高出很多，霍甫水丝蚓、苏氏尾鳃蚓密度分别为 26.7ind/m^2 和 13.3ind/m^2。

在生物量方面，夏季和秋季总生物量分别为 2.7g/m^2 和 482.4g/m^2，相差 177 倍。夏季生物量优势种为日本沼虾和铜锈环棱螺，生物量分别为 1.56g/m^2、1.06g/m^2。秋季生物量为铜锈环棱螺占据绝对优势，为 474.41g/m^2，占总生物量的 98.3%。两个季节密度和生物量的差异主要是由于铜锈环棱螺现存量的变化引起的。

表 6－23　百家湖夏季和秋季底栖动物各物种密度和生物量

纲	中文名	夏季		秋季	
		密度（ind/m^2）	生物量（g/m^2）	密度（ind/m^2）	生物量（g/m^2）
寡毛纲	霍甫水丝蚓	13.3	0.018	26.7	0.013
	苏氏尾鳃蚓	3.3	0.002	13.3	0.107
蛭纲	泽蛭属一种	3.3	0.009		
甲壳纲	日本沼虾	3.3	1.556		
昆虫纲	黄色羽摇蚊	3.3	0.068		
	德永雕翅摇蚊	10.0	0.004		
	叶二叉摇蚊	6.7	0.006		
	分离底栖摇蚊	13.3	0.006		

续表

纲	中文名	夏季		秋季	
		密度（ind/m^2）	生物量（g/m^2）	密度（ind/m^2）	生物量（g/m^2）
腹足纲	铜锈环棱螺	16.7	1.064	326.8	474.409
	方格短沟蜷			3.3	3.461
	大沼螺			3.3	4.423

采用 Shannon-Wiener 多样性指数（H）进行计算，计算公式见式（4－10），计算结果见表 6－24。

表 6－24　百家湖底栖动物多样性计算结果

监测季节	夏季		秋季	
监测点位	监测点 1	监测点 2	监测点 1	监测点 2
物种数	6	5	3	4
Shannon-Wiener 指数	1.61	1.52	0.49	0.46

2）九龙湖

① 浮游植物

本次调查共鉴定浮游植物 29 种，隶属于 5 门。其中绿藻种类最多，有 11 种，占总种数的 37.9%；其次是硅藻（8 种）和蓝藻（5 种），分别占总种数的 27.6% 和 17.2%（图 6－36）。

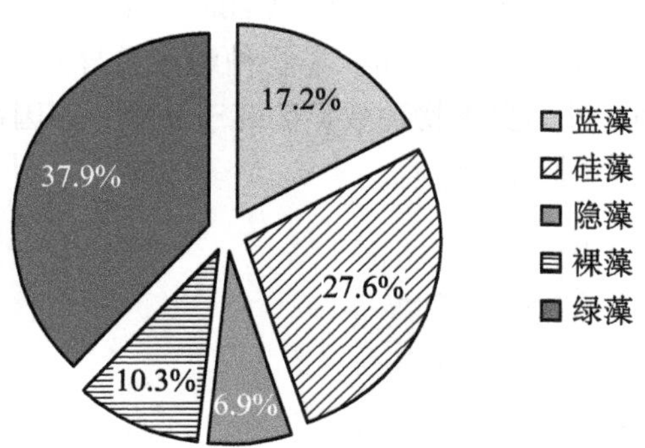

图 6－36　九龙湖浮游植物种类组成

根据优势度计算公式，得出九龙湖浮游植物的优势种为平裂藻、颤藻、栅藻和隐藻，优势度依次为 0.32、0.22、0.075 和 0.037（表 6－25）。在 2 个采样点中，平裂藻和颤藻均为优势种，平裂藻百分比优势度分别为 33.77% 和 31.04%，颤藻则为 29.85% 和 27.23%；除此之外，栅藻和隐藻分别在样点 1 和样点 2 占据优势地位，其百分比优势度分别为 15.5% 和 10.7%。

表 6-25　各点位及区域浮游植物的主要优势种

采样点	优势种
全湖	平裂藻、颤藻、栅藻和隐藻
样点 1	平裂藻、颤藻和栅藻
样点 2	平裂藻、颤藻和隐藻

九龙湖浮游植物密度和生物量均较高，全湖密度平均值为 1.1×10^{8}cells/L，生物量则为 7.8mg/L；密度方面，样点 1 的浮游植物密度明显低于样点 2，平均值高达 4.6×10^{7} cells/L，样点 2 则为 1.7×10^{8} cells/L。与密度分布相类似，样点 2 的生物量较高（10.4mg/L），为样点 1 浮游植物生物量的 2 倍之多。在 2 个采样点中，蓝藻对浮游植物总密度的贡献量均为最大，其占总密度的百分比分别为 54.1% 和 52.7%；此外，硅藻和隐藻对 2 个采样点位的浮游植物密度贡献也较大。生物量方面，绿藻对各个点位的贡献更大，分别为 51.7% 和 81.5%。

季节上，九龙湖浮游植物存在一定的变化，秋季密度较夏季有所上升，但生物量却存在一定程度的下降；全湖夏季浮游植物的密度和生物量分别为 6.5×10^{7} cells/L 和 9.5mg/L，秋季则分别为 1.5×10^{8} cells/L 和 6.0mg/L。然而，2 个采样点的季节变化趋势截然相反，秋季样点 1 浮游植物的密度较夏季有所降低，但生物量却增加 1.1mg/L 左右，这可能是由于单个生物量较大的硅藻和隐藻在秋季增多的缘故，但样点 2 的浮游植物密度则为秋季高于夏季。

② 大型底栖动物

两次调查共发现底栖动物 8 种，其中昆虫纲摇蚊科幼虫种类最多，有 5 种，其次是寡毛纲 2 种，蛭纲仅发现 1 种。夏季和秋季物种组成差异较大（图 6-37），夏季共采集到 8 种，秋季采集到 5 种，夏季物种数显著高于秋季，原因可能是秋季部分种类已经羽化。九龙湖调查未采集到软体动物。

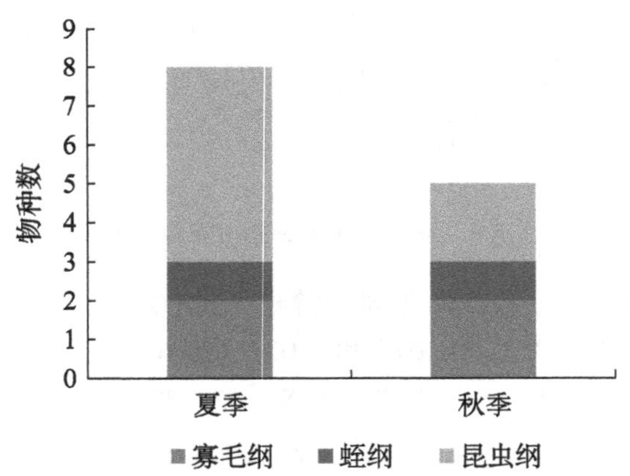

图 6-37　九龙湖夏季和秋季底栖动物种类组成

九龙湖底栖动物密度和生物量的季节变化相对较小，夏季和秋季总密度分别为

2264ind/m^{2}和 2931ind/m^2，相差 667ind/m^2。夏季密度优势种为中国长足摇蚊、霍甫水丝蚓、多巴小摇蚊（表 6－26），密度分别为 1414.0ind/m^2、483.6ind/m^2、236.8ind/m^2，秋季密度优势种未发生变化，仍为中国长足摇蚊和霍甫水丝蚓，密度分别为 2147.7ind/m^2、733.7ind/m^2，较其他物种密度高出很多。生物量方面，夏季和秋季总生物量分别为 3.21g/m^{2}和 3.93g/m^2，差异较小。夏季生物量优势种为中国长足摇蚊、霍甫水丝蚓、多巴小摇蚊，生物量分别为 2.42g/m^2、0.42g/m^2、0.12g/m^2。秋季生物量优势种仍为中国长足摇蚊和霍甫水丝蚓，分别为 3.32g/m^2、0.47g/m^2。

表 6－26　九龙湖夏季和秋季底栖动物各物种密度和生物量

纲	中文名	夏季		秋季	
		密度（ind/m^2）	生物量（g/m^2）	密度（ind/m^2）	生物量（g/m^2）
寡毛纲	霍甫水丝蚓	483.6	0.42	733.7	0.47
	苏氏尾鳃蚓	26.7	0.12	13.3	0.03
蛭纲	泽蛭属一种	6.7	0.03	23.3	0.10
昆虫纲	黄色羽摇蚊	3.3	0.04		
	中国长足摇蚊	1414.0	2.42	2147.7	3.32
	多巴小摇蚊	236.8	0.12	13.3	0.01
	花翅前突摇蚊	73.4	0.06		
	贝蠓属一种	20.0	0.01		

3）梅龙湖

① 浮游植物

两次调查共鉴定浮游植物 34 种，隶属于 6 门。其中绿藻种类最多，有 17 种，占总种数的 50.0%；其次是蓝藻门（7 种），占总物种数的 20.6%；硅藻门、裸藻门、隐藻门和甲藻门分别发现 4 种、3 种、2 种、1 种，物种数较少（图 6－38）。夏季和秋季的浮游植物物种数分别为 25 种和 21 种，物种数季节差异较小。夏季梅龙湖样点 1 和样点 2 物种数分别为 23 种和 19 种，秋季梅龙湖样点 1 和样点 2 物种数分别为 15 种和 19 种，各监测点物种数均以绿藻门最多，样点间物种数差异较小（图 6－38）。

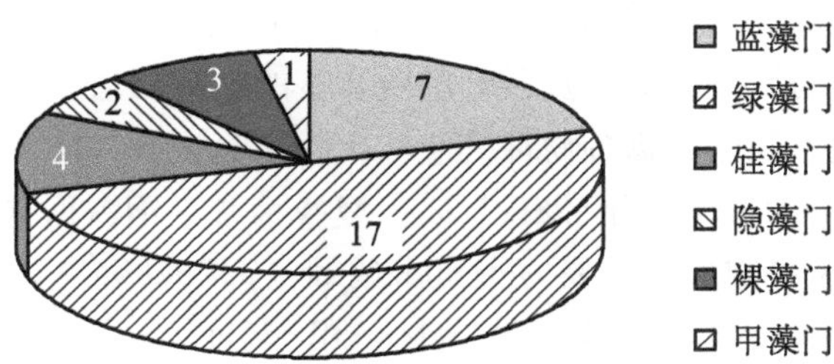

图 6－38　梅龙湖浮游植物种类组成

根据优势度计算公式，确定夏季和秋季浮游植物的优势种。夏季最主要的优势种为微囊藻和鱼腥藻，优势度指数分别为0.438和0.286，显著高于其他物种，其次是丝藻、单角盘星藻、颗粒直链藻和微芒藻，优势度分别为0.055、0.053、0.027、0.024。秋季优势种较为多样，共有优势种10种，主要优势种为平裂藻、席藻、颗粒直链藻、束丝藻，优势度分别为0.291、0.234、0.093、0.080。

空间差异方面，夏季样点1和样点2监测点总密度分别为3.71×10^7 cells/L和4.08×10^7 cells/L，均为蓝藻门和绿藻门占据优势，样点1和样点2蓝藻密度分别为2.42×10^7cells/L和3.33×10^7 cells/L，绿藻密度分别为1.14×10^7 cells/L和0.52×10^7 cells/L。秋季样点1和样点2总密度分别为2.49×10^7 cells/L和4.57×10^7 cells/L，均为蓝藻门和硅藻门占据优势，样点1和样点2蓝藻密度分别为1.77×10^7 cells/L和3.17×10^7 cells/L，硅藻密度分别为0.37×10^7 cells/L和0.69×10^7 cells/L。夏季和秋季总密度和优势类群差异较小。

生物量方面，夏季样点1和样点2总生物量分别为9.65mg/L和7.99mg/L，均为绿藻门占据优势，样点1和样点2绿藻生物量分别为6.51mg/L和3.83mg/L。秋季样点1和样点2总生物量分别为9.42mg/L和18.91mg/L，均以硅藻门、绿藻门和隐藻门占优，样点1和样点2硅藻生物量分别为4.83mg/L和9.61mg/L，绿藻生物量分别为1.99mg/L和2.53mg/L，隐藻生物量分别为2.17mg/L和5.41mg/L。总体而言，夏季和秋季总生物量未发生显著变化，但生物量的优势类群发生了转变，第一优势类群从夏季的绿藻门转变为秋季的硅藻门，这主要是藻类群落季节演替的结果。

结果表明，梅龙湖夏季样点1和样点2的Shannon-Wiener多样性指数分别为1.93和1.45，均值为1.69，秋季样点1和样点2该指数分别为2.03和2.19，均值为2.11，夏季低于秋季。空间差异方面，样点1和样点2的各多样性指数差异较小，表明湖泊内部浮游植物群落变化较小。

② 大型底栖动物

两次调查共发现底栖动物6种，其中寡毛纲2种，为霍甫水丝蚓和苏氏尾鳃蚓，昆虫纲摇蚊幼虫共发现4种，分别为黄色羽摇蚊、浅白雕翅摇蚊、红裸须摇蚊、中国长足摇蚊。夏季和秋季采集到的物种数分别为4种和5种（图6－39），种类组成未发生显著变化。现阶段调查发现的种类均为耐污能力较强的种类，这与湖泊的生境特征有关，梅龙湖现阶段底质多为淤泥，更适宜喜有机质丰富的种类栖息。

梅龙湖夏季和秋季底栖动物各物种密度和生物量见表6－27。梅龙湖夏季和秋季底栖动物总密度分别为363ind/m^{2}和528ind/m^2。夏季为寡毛纲占据绝对优势，其平均密度为347ind/m^2，夏季密度优势种主要为霍甫水丝蚓（337ind/m^2）。秋季则为寡毛纲和昆虫纲摇蚊幼虫共同占优，密度分别为292ind/m^{2}和236ind/m^2，密度优势种主要为霍甫水丝蚓（244ind/m^2）和红裸须摇蚊（200ind/m^2）。梅龙湖夏季和秋季底栖动物总生物量分别为0.646g/m^{2}和3.841g/m^2。夏季为寡毛纲占据绝对优势，其平均生物量为0.490g/m^2。

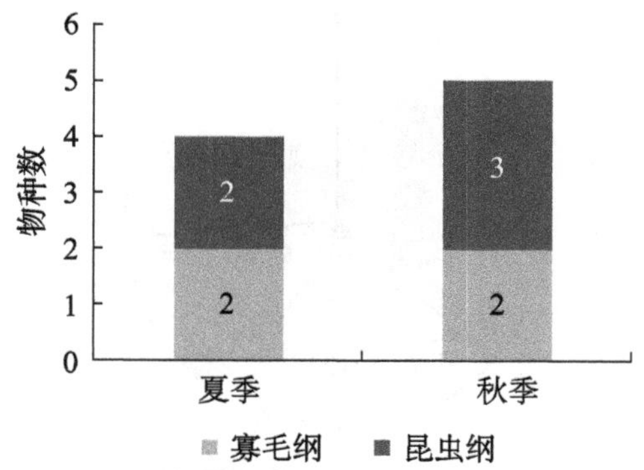

图6－39　梅龙湖夏季和秋季底栖动物种类组成

秋季则为昆虫纲摇蚊幼虫占据优势，其生物量为3.288g/m^2。夏季和秋季的生物量优势种与密度优势种类似。总体而言，夏季和秋季寡毛类的密度和生物量无显著变化，而昆虫纲摇蚊幼虫的密度和生物量为夏季显著低于秋季，这主要与摇蚊幼虫的生活史周年变化有关。

表6－27　梅龙湖夏季和秋季底栖动物各物种密度和生物量

纲	中文名	夏季		秋季	
		密度（ind/m^2）	生物量（g/m^2）	密度（ind/m^2）	生物量（g/m^2）
寡毛纲	苏氏尾鳃蚓	10.0	0.115	48.0	0.218
	霍甫水丝蚓	336.7	0.374	244.0	0.334
昆虫纲	黄色羽摇蚊			16.0	0.059
	浅白雕翅摇蚊	3.3	0.003		
	红裸须摇蚊	13.3	0.153	200.0	3.164
	中国长足摇蚊			20.0	0.065

梅龙湖夏季样点1和样点2的大型底栖动物Shannon-Wiener多样性指数分别为0.80和0.26，均值为0.53，秋季样点1和样点2该指数分别为1.01和1.26，均值为1.13，夏季低于秋季。

4）安基山水库

①浮游植物

本次调查共鉴定浮游植物19种，隶属于5门（图6－40）。其中绿藻门种类最多，有7种，占总种数的36.8%；其次是蓝藻门（5种）、硅藻门（3种）、隐藻门（3种），分别占总种数的26.3%和15.8%，裸藻门1种（图6－40）。

根据优势度计算公式，得出安基山水库浮游植物的优势种为微小平裂藻、尖尾蓝隐藻、啮蚀隐藻。在全湖的2个采样点中，微小平裂藻均为优势种。

密度和生物量方面，安基山水库浮游植物密度和生物量均较高，全湖密度平均值为

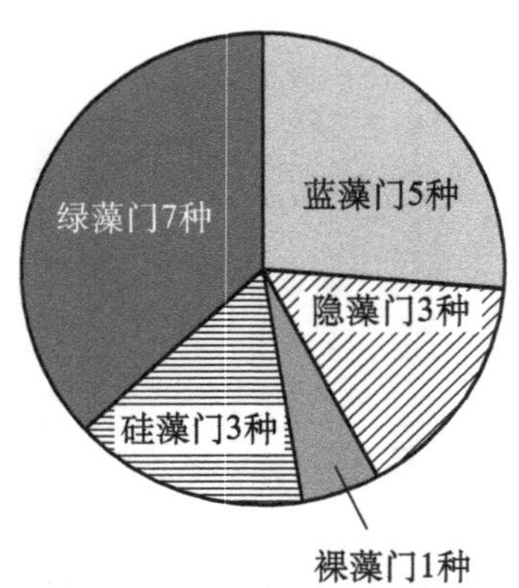

图 6-40　安基山水库浮游植物种类组成

5.01×10⁷ cells/L，生物量则为 3.41mg/L。密度方面，安基山样点 2 的浮游植物密度高于样点 1，平均值高达 5.21×10^7 cells/L，主要以蓝藻门（密度为 5.01×10^7）为主，占藻类总密度的 96.2%。与密度分布相类似，样点 2 的生物量较高（3.61mg/L）；对生物量贡献最高的是硅藻门和蓝藻门。在 2 个采样点中，蓝藻门对浮游植物总密度的贡献量均为最大，其占总密度的百分比分别为 96.6%，其次为硅藻门；生物量方面，硅藻门对各个点位的贡献更大，蓝藻门次之。

季节上，水库浮游植物存在一定的变化，秋季密度和生物量较夏季均有所下降；全湖夏季浮游植物的密度和生物量分别为 9.01×10^7 cells/L 和 6.32mg/L，秋季则分别为 1.01×10^7 cells/L 和 0.51mg/L。

经过计算，安基山水库夏季各监测点 Shannon-Wiener 多样性指数为 0.23～0.24，均值为 0.24，秋季 Shannon-Wiener 指数为 0.46～0.51，均值为 0.49，夏季略低于秋季。

② 大型底栖动物

两次调查在安基山水库共发现底栖动物 18 种，其中昆虫纲种类最多，有 8 种（摇蚊科幼虫 4 种，其他昆虫纲 4 种）；其次是腹足纲 4 种；其他为寡毛纲 3 种，甲壳纲 2 种，蛭纲 1 种（图 6-41）。

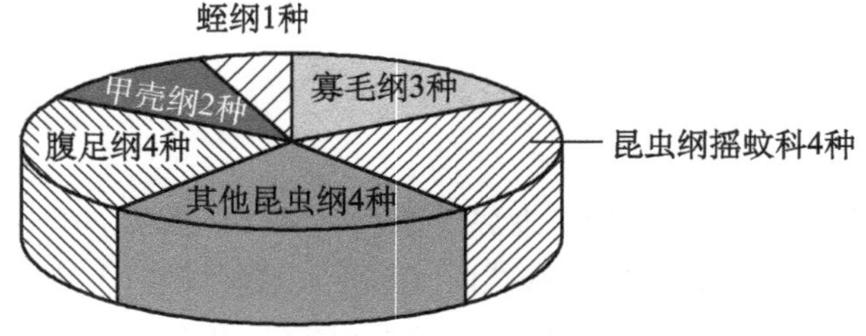

图 6-41　安基山水库底栖动物种类组成

底栖动物密度和生物量存在明显的季节变化，夏季和秋季总密度分别为 160.3ind/m² 和 180.6ind/m²，差异较小。夏季密度优势种为红裸须摇蚊和霍甫水丝蚓，密度分别为

85.0ind/m^2和18.3ind/m^2，秋季密度优势种为红裸须摇蚊和水丝蚓属，密度分别为90.0 ind/m^2和19.4ind/m^2。生物量方面，夏季和秋季总生物量分别为13.31g/m^2和9.36g/m^2。夏季和秋季生物量优势种均为铜锈环棱螺，生物量分别为11.97g/m^2和7.12g/m^2。

安基山水库夏季各监测点的大型底栖动物Shannon-Wiener多样性指数为0.86～2.10，均值为1.48；秋季Shannon-Wiener指数为0.41～2.16，均值为1.29。夏季略高于秋季。

5）横山水库

① 浮游植物

本次调查共鉴定浮游植物24种，隶属于6门。其中绿藻门种类最多，有9种，占总种数的37.5%；其次是硅藻门、裸藻门（各5种），均占总种数的20.8%；其他为蓝藻门2种、隐藻门2种、甲藻门1种（图6－42）。

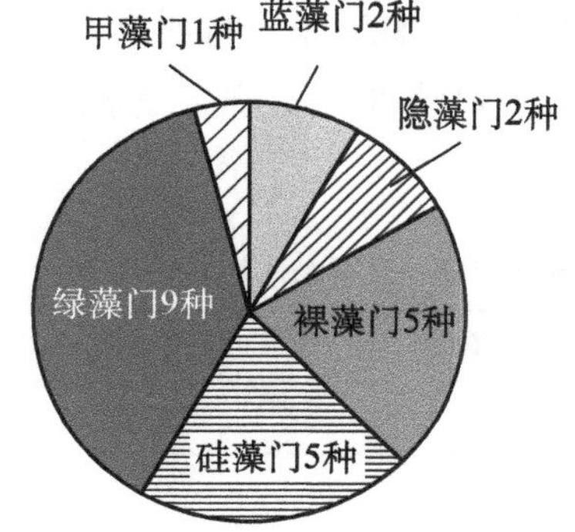

图6－42　横山水库浮游植物种类组成

根据优势度计算公式，得出横山水库浮游植物的优势种为水华微囊藻、啮蚀隐藻和扁鼓藻。在2个采样点中，水华微囊藻均为优势种。

横山水库浮游植物密度和生物量均较低，全湖密度平均值为3.38×10^4 cells/L，生物量则为0.07mg/L。密度方面，两点的浮游植物密度差异较小，但种类组成差异较大，样点1以绿藻门为优势，样点2以蓝藻门为优势。与密度分布不同，样点2生物量较高（0.1mg/L），以甲藻门为主。

季节上，横山水库浮游植物存在一定的变化，秋季密度较夏季有所下降，但生物量却存在一定程度的上升；全湖夏季浮游植物的密度和生物量分别为5.62×10^4 cell/L和0.05mg/L，秋季则分别为1.15×10^4 cell/L和0.09mg/L。

② 大型底栖动物

两次调查在横山水库共发现底栖动物6种，其中昆虫纲幼虫种类最多，有4种（摇蚊科幼虫2种，其他昆虫2种），其次是寡毛纲2种。底栖动物密度和生物量存在明显的季节变化，夏季和秋季总密度分别为235ind/m^2和250ind/m^2。夏季密度优势种为霍甫水丝蚓和红裸须摇蚊，密度分别为 185.0ind/m^{2}和 35ind/m^2，秋季密度优势种为霍甫水丝蚓和幽蚊属，密度分别为 180.0ind/m^{2}和 60ind/m^2。生物量方面，夏季和秋季总生物量分别为 0.55ind/m^{2}和 0.34g/m^2。

6.3.1.5 服务功能

服务功能评估指标包括水功能区水质达标率、水资源开发利用率、防洪指标和公众满意度指标等。

1）水功能区水质达标率

（1）百家湖

百家湖属特小型城市湖泊，其主导服务功能为景观娱乐，根据《江宁区水功能区区级划分及纳污能力核定》，百家湖目前尚未纳入江宁区水功能区划。本次评估主要根据《地表水环境质量标准》（GB 3838—2002），人体非直接接触的娱乐用水区，其水质目标一般为Ⅳ类。本次按照Ⅳ类水质的目标要求进行评价，选取主要指标评价百家湖水质状况，若水质达到Ⅳ类水质标准，则赋 90 分，若不达标，则根据超标指标和超标情况进行赋分。

表 6－28 百家湖水质评价结果

序号	指标	单位	监测值	评价结果
1	水温	℃	27.58	周平均最大温升≤1
2	pH		7.66	6～9
3	溶解氧	mg/L	8.01	≥3
4	总氮	mg/L	2.58	≤1.5
5	总磷	mg/L	0.18	≤0.1
6	氨氮	mg/L	1.176	≤1.5
7	高锰酸盐指数	mg/L	4.68	≤10
8	生化需氧量	mg/L	3.6	≤6

由表 6－28 可见，在 8 项指标中，总氮、总磷两项指标不能达到《地表水环境质量标准》（GB 3838—2002）的Ⅳ类水质标准，但两者超标均不严重。

（2）九龙湖

九龙湖湖区流域内并没有水功能区，但九龙湖为特小型城市湖泊，主导服务功能为景观娱乐，依据《地表水环境质量标准》（GB 3838—2002），选取 pH 值、氨氮、溶解氧、高锰酸盐指数、五日生化需氧量、化学需氧量、总磷、总氮等 8 个指标作为参评指标，根据评价结果，按达标指标占 8 个参评指标的比例评价水功能区达标指标，根据两次监测的结果，评价指标及结果见表 6－29。

表 6－29　九龙湖水质评价结果

序号	指标	单位	监测值	评价结果
1	pH 值		7.8625	Ⅳ类
2	氨氮	mg/L	1.105	Ⅳ类
3	溶解氧	mg/L	6.925	Ⅱ类
4	高锰酸盐指数	mg/L	4.65	Ⅲ类
5	五日生化需氧量	mg/L	3.525	Ⅲ类
6	化学需氧量	mg/L	28.95	Ⅳ类
7	总磷	mg/L	0.260878	Ⅴ类
8	总氮	mg/L	2.27552	Ⅴ类

由表 4－18 可见，在 8 项指标中，有 6 项指标能够达到《地表水环境质量标准》（GB 3838—2002）的Ⅳ类水质标准，其余 2 项指标达到Ⅴ类水质标准。

（3）梅龙湖

梅龙湖目前尚未纳入江宁区水功能区划。按照Ⅳ类水质的目标要求进行评价，选取主要指标评价梅龙湖水质状况，评价结果见表 6－30。

表 6－30　梅龙湖水质评价结果

序号	指标	单位	监测值	评价结果
1	水温	℃	16.16	周平均最大温升≤1
2	pH		7.93	6～9
3	溶解氧	mg/L	8.29	≥3
4	总氮	mg/L	2.81	≤1.5
5	总磷	mg/L	0.08	≤0.1
6	氨氮	mg/L	0.26	≤1.5
7	高锰酸盐指数	mg/L	4.0	≤10
8	生化需氧量	mg/L	3.1	≤6

由表 6－30 可见，在 8 项指标中，仅总氮 1 项指标不能达到《地表水环境质量标准》（GB 3838—2002）的Ⅳ类水质标准，且指标值超标不严重。

（4）安基山水库

根据《全国重要江河湖泊水功能区划（2011—2030 年）》《江苏省地表水（环境）功能区划》《江宁区水功能区划》，安基山水库为省级水功能区，区划范围为安基山水库水面，功能定位为饮用水源区，控制重点街镇为汤山街道，2020 年水质目标为Ⅲ类。现设有安基山水库（北纬 32°05′26″、东经 119°02′20″）1 个水质监测断面。水质评价结果见表 6－31。

表6-31　安基山水库水功能区水质评价结果

高锰酸盐指数（mg/L）		氨氮（mg/L）		总磷（mg/L）		达标情况
监测值	标准限值	监测值	标准限值	监测值	标准限值	
3.5	6	0.29	1	0.066	0.05	不达标
3	6	0.38	1	0.014	0.05	达标
5.6	6	0.3	1	0.027	0.05	达标
3.5	6	0.32	1	0.03	0.05	达标
4	6	0.35	1	0.09	0.05	不达标
4	6	0.08	1	0.041	0.05	达标
4	6	0.32	1	0.025	0.05	达标
4.3	6	0.19	1	0.018	0.05	达标
3.9	6	0.37	1	0.044	0.05	达标
4	6	0.11	1	0.031	0.05	达标
3	6	0.06	1	0.025	0.05	达标
3.3	6	0.29	1	0.018	0.05	达标

由表6-31可见，在3项指标中，2016年期间仅总磷1项指标有2次不能达到《地表水环境质量标准》（GB 3838—2002）的Ⅲ类水质标准，且指标值超标不严重。按频次法计算，2016年安基山水库水功能区达标率为83.3%。

（5）横山水库

横山水库目前尚未纳入江宁区水功能区划。横山水库目前是以防洪、灌溉为主结合水产养殖等综合利用的水库，水质标准按照最高要求来看，其水质目标一般为Ⅲ类。本次按照Ⅲ类水质的目标要求进行评价，选取主要指标评价横山水库水质状况，若水质达到Ⅲ类水质标准，则赋90分，若不达标，则根据超标指标和超标情况，进行赋值。横山水库水质评价结果见表6-32。

表6-32　横山水库水质评价结果

序号	指标	单位	监测值	评价结果
1	水温	℃	24.83	周平均最大温升≤1
2	pH		7.66	6~9
3	溶解氧	mg/L	8.84	≥5
4	总氮	mg/L	1.87	≤1.0
5	总磷	mg/L	0.029	≤0.2
6	氨氮	mg/L	0.11	≤1.0
7	高锰酸盐指数	mg/L	4.8	≤6
8	生化需氧量	mg/L	4.7	≤4

由表6-32可见，在8项指标中，总氮、总磷以及生化需氧量3项指标不能达到《地表水环境质量标准》（GB 3838—2002）的Ⅳ类水质标准，但三者超标均不严重。

2）水资源开发利用指标

（1）百家湖

百家湖为人工湖泊，除经三路撇洪沟外，无其他入湖河流，其水源补给主要来自降水和汛期雨洪水；其主导服务功能为景观娱乐，目前湖泊所在流域或湖区内部无水资源开发工程，湖泊虽然有少量市政取用水的供水，但总量不大，因此，本次评估不对水资源开发利用指标进行评估和计算。

（2）九龙湖

九龙湖为人工湖泊，无其他入湖河流，其水源补给主要来自降水；其主导服务功能为景观娱乐，目前湖泊所在流域或湖区内部无水资源开发工程，湖泊虽然有少量市政取用水的供水，但总量不大，因此，本次评估不对水资源开发利用指标进行评估和计算。

（3）梅龙湖

梅龙湖为人工湖泊，其主导服务功能为景观娱乐，目前湖泊所在流域或湖区内部无水资源开发工程，湖泊虽然有零星灌溉取用水，但总量不大，因此，本次评估不对水资源开发利用指标进行评估和计算。

（4）安基山水库

安基山水库有一条连通河流（七乡河），水源补给主要来自降水和上游句容来水；其主导服务功能为饮用水源区，江宁区实现长江供水后，该水库不再具备饮用水源地功能，因此，本次评估不对水资源开发利用指标进行评估和计算。

（5）横山水库

横山水库所在流域或湖区内部无水资源开发工程，湖泊虽然有零星灌溉取用水，但总量不大，因此，本次评估不对水资源开发利用指标进行评估和计算。

3）防洪指标

防洪指标主要包括防洪工程完好率和水库蓄泄能力两个分项指标。

（1）防洪工程完好率

① 百家湖

百家湖周边未建任何水闸，因此，防洪工程完好率主要指湖堤工程是否达到相应的防洪标准。由于百家湖无通湖河流，其防洪标准主要参考《南京城市防洪规划》中堤防标准和排涝河道的排涝标准，最终确定为50年一遇。根据现场调查和资料调研等相关成果，目前，百家湖堤岸均达到50年一遇标准。

② 九龙湖

九龙湖与牛首山河建有斗篷泵站，九龙湖片区雨水需通过雨水管道、河道收集后经泵站提升后排放至外河，因此，防洪工程完好率主要指泵站排水能力是否能够满足排涝需求。

③ 梅龙湖

梅龙湖周边未建任何水闸，因此，防洪工程完好率主要指湖堤工程是否达到相应的防洪标准。由于梅龙湖无通湖河流，其防洪标准主要参考《南京城市防洪规划》中堤防标准和排涝河道的排涝标准，最终确定为50年一遇。根据现场调查和资料调研等相关成果，目前，梅龙湖堤岸均达到50年一遇标准。

④ 安基山水库

安基山水库周边未建任何水闸，因此，防洪工程完好率主要指湖堤工程是否达到相应的防洪标准。安基山水库防洪标准主要参考《南京城市防洪规划》中堤防标准和排涝河道的排涝标准，最终确定为50年一遇。根据现场调查和资料调研等相关成果，目前，安基山水库堤岸均达到50年一遇标准。

⑤ 横山水库

2005年7月南京市水利局组织省、市有关专家，对横山水库进行了大坝鉴定，评定为三类坝。2009年9月由江苏省水利厅批复对横山水库进行除险加固，2009年12月开工建设，2010年9月全面竣工，工程总投资386万元。主要工程内容：坝体加固和防渗处理，迎水坡护坡加固及续建，背水坡整坡及增设排水设施；东函拆除，西函、虹吸函拆建；溢洪闸改建；增设必要的管理设备。目前，横山水库防洪工程均达到30年一遇标准。

（2）水库蓄泄能力

① 百家湖

当水深为2m时，百家湖现状蓄水量约96.7万m^3，由于近30年来，百家湖水面面积并未发生明显变化，湖泊淤积状况也并不严重，因此，规划水量按照现状蓄水量计算。按照式（4－15）计算百家湖的蓄泄能力，计算结果为100%。

② 九龙湖

斗篷泵站排水能力计算主要采用《水系统循环方案》中九龙湖片区防洪排涝核算结果，同时结合《南京城市防洪规划》中排涝标准及现场调查等相关结果，斗篷泵站设计流量的降低程度为0.09；由排涝模数法计算，泵站计算规模为11.49m^3/s，大于泵站现状规模10m^3/s，计算九龙湖的蓄泄能力，计算结果为0.9，基本满足排涝需求。

③ 梅龙湖

当水深为7m时，梅龙湖现状蓄水量约24.77万m^3，由于近30年来，梅龙湖水面面积并未发生明显变化，湖泊淤积状况也并不严重，因此，规划水量按照现状蓄水量计算。按照式（4－15）计算梅龙湖的蓄泄能力，计算结果为92%。

④ 安基山水库

由于近30年来，安基山水库水面面积并未发生明显变化，湖泊淤积状况也并不严重，因此，规划水量按照现状蓄水量计算。按照式（4－15）计算安基山水库的蓄泄能力，计算结果为100%。

⑤ 横山水库

近几十年来，横山水库水面面积并未发生明显变化，湖泊淤积状况也并不严重，因此，规划水量按照现状需水量计算。按照式（4－15）计算横山水库的蓄泄能力，计算结果为100%。

4）公众满意度指标

（1）百家湖

公众满意度调查主要通过发放公众调查表（表 4 – 20）的方法进行，重点调查湖泊周边居民以及从事环保和水利的专业人员，调查结果表明，公众满意度相对较高，达到 85%。

（2）九龙湖

公共满意度指标采用公众参与调查统计的方法进行。对九龙湖所在地区随机发放 100 份，收回 89 份。经统计，被调查人员中男性比例较高，以九龙湖周围的居民为主，重点调查了评价区域内从事环保和水利的相关人员，被调查者年龄在 15 ~ 60 岁之间，从事的职业有 10 种，可以认为本次调查人群较广泛，样本采集有效。

（3）梅龙湖

公众满意度调查主要通过发放公众调查表（表 4 – 20）的方法进行，重点调查湖泊周边居民以及从事环保和水利的专业人员，调查结果表明，公众满意度相对较高。

（4）安基山水库

公众满意度调查主要通过发放公众调查表（表 4 – 20）的方法进行，重点调查湖泊周边居民以及从事环保和水利的专业人员，调查结果表明，公众满意度相对较高。

（5）横山水库

公众满意度调查主要通过发放公众调查表（表 4 – 20）的方法进行，重点调查水库周边居民以及从事环保和水利的专业人员，调查结果表明，公众满意度相对较高，达到 90%。

6.3.2　江苏省湖库生态系统健康评估指标体系

6.3.2.1　湖库形态

湖库形态指标为入湖口门畅通率，该指标表征湖泊水体与入湖河流等自然生态系统的连通性。

（1）百家湖

百家湖周边仅有经三路撇洪沟与其连通，该撇洪沟目前尚未建设任何闸坝、泵站，湖泊周边部分雨洪水经由该撇洪沟进入百家湖，除此之外，百家湖不存在其他入湖或出湖河流。综上所述，由于经三路撇洪沟不存在人为阻隔，入湖口门畅通情况良好。

（2）九龙湖

与九龙湖连通的河道水系仅牛首山河一条，入口处设有泵站，因此与九龙湖连通的泵站仅斗篷泵站一个，由于缺乏相关数据，目前认为斗篷泵站连通状况为阻隔。

（3）梅龙湖

梅龙湖周边目前尚未建设任何闸坝、泵站，也不存在其他任何入湖或出湖河流。综上所述，认为梅龙湖入湖口门畅通情况良好。

（4）安基山水库

安基山水库周边目前尚未建设任何闸坝、泵站，有一条连通河流（七乡河），连通情况良好。综上所述，认为安基山水库入湖口畅通情况良好。

（5）横山水库

横山水库上游仅有撇洪沟与其相连通，该撇洪沟目前尚未建设任何闸坝、泵站，周边雨洪水经撇洪沟进入横山水库；横山水库下游与解溪河相连通，存在一定人为阻隔，但同时修建了无闸溢洪道，因此入库口门畅通情况较好。

6.3.2.2 水动力

水动力是指湖库水交换能力，反映了湖库水体交换的快慢程度。根据式（4－18），计算该指标，需要湖库容积和年度出湖库水量。湖库容积可根据湖库水位-面积-容积关系曲线，由现状水位查得。年度出湖库水量则通过计算湖库水面蒸发量、统计年度取水量、估算湖库与地下水交换量后确定。

1）百家湖

（1）湖泊容积

由于百家湖目前尚无水位监测资料，为确定百家湖现状水位，采用 Speed-tech 测深仪分别测定两个湖泊分区的平均水深，然后根据百家湖 DEM 确定湖底平均高程，最后，确定现状湖泊水位。百家湖平均水深测定时段与水生态调查同步，夏季、秋季各测量一次，最后计算得到百家湖平均水深为 1.6m；湖底平均高程采用面积加权平均法获得，其值为 6.0m（WGS 84 高程基准），因此百家湖现状湖泊水位为 7.6m，根据图 6－18 查得湖泊容积为 68.7 万 m^3。

（2）年度出湖水量

从水文循环的角度考虑，湖库水量支出项一般包括蒸散发、渗漏、出湖库径流等。对于百家湖而言，由于无通湖河流，其水量支出项主要为湖面蒸发和渗漏。由于百家湖地区地下水位较高，湖泊与地下水为双向补给关系，不是单向渗漏。目前缺乏百家湖地区地下水补给关系的相关资料，难以对百家湖与地下水之间的关系进行定量描述，根据南方地区城市湖泊与地下水关系已有研究成果，枯水期以百家湖补给地下水为主，丰水期则以地下水补给湖泊为主。

① 湖泊水面蒸发量

百家湖属藻型湖泊，湖泊内挺水植物和浮叶植物缺失，湖泊内景观以明水面景观为主，因此，本次评估按水面蒸发量计算。通常情况下，计算湖泊蒸散发可以采用 FAO 提出的计算方法，先计算参考蒸散发量 ET_0，然后再根据湖泊实际情况，确定调节系数，最终给出湖泊实际蒸散发量。

为此，本次评估收集了南京站（32°00′N、118°48′E）2013 年的逐日气象资料，包括平均温度、相对湿度、日照时数、平均风速、气压等，数据来源为中国气象科学数据共享服务网。经过计算，2013 年该地区参考蒸散发量为 695.7mm。根据 FAO 56，对于水深≤2m 的开放水体，其调节系数可取 1.05，据此，计算出 2013 年百家湖蒸发蒸腾量为 730.5mm。

为了验证本次评估的计算结果，收集了 2013 年水文年鉴，根据东山站（31°57′N、118°51′E）的统计结果，2013 年该站蒸发皿蒸发量为 895mm（601 型蒸发器），根据已有研究成果，E601 型蒸发器与大水体水面蒸发量之间的折算系数一般取 0.90～0.99，据此，百家湖水面蒸发量应介于 805.5mm 和 886mm 之间。

可见，采用 FAO 参考作物法计算的蒸散发量偏小，考虑到计算蒸散发量所选气象站与百家湖距离较远的事实，其代表性可能相对较差，因此本次评估主要基于 E601 型蒸发器蒸发量的统计结果，折算系数取 0.95，因此，湖泊蒸发量为 850.3mm。

由于百家湖水位年际年内变幅均比较小，一般不超过 0.5m，本次按照平均水位 7.6m（WGS 84 高程基准）计算，根据图 6－18 查得百家湖 2013 年年度平均水面面积为 0.61km^2。

根据百家湖水面面积和年均蒸散发量，最终计算得到其 2013 年蒸散发损失水量为 51.9 万 m^3。

② 生态环境用水量

根据江宁区水利局提供的资料，每年自百家湖中取用的市政取用水量约为 10 万 m^3/a，与汛期由经三路撇洪沟进入百家湖的多年平均雨洪水量相当。

③ 湖泊与地下水交换量

根据湖泊水量平衡，在湖泊蓄水量不变的条件下，百家湖多年平均渗漏水量约为 4 万 m^3/a，湖泊与地下水交换量取渗漏量的 10 倍，则为 40 万 m^3/a。

④ 年度出湖水量

百家湖年度出湖水量由水面蒸发量和生态环境取用水量两部分组成，以上计算结果表明，2013 年因湖泊水面蒸发损失的水量为 51.9 万 m^3；年度市政取用水量按照 10 万 m^{3}计算；通过地下水交换，交换的水量为 40 万 m^3。则百家湖年度出湖水量为 101.9 万 m^3。

（3）换水周期

根据湖泊容积和年度出湖水量的统计计算结果，按式（4－18）计算百家湖的换水周期为 0.67a。

2）九龙湖

根据九龙湖湖泊面积-水位关系曲线，现状湖泊容积为 18.0 万 m^3，湖泊面积为 0.89km^2。九龙湖区域年平均降雨量为 1106.5mm，2013 年降水量为 1072.9mm。湖泊年度蒸发量采用空气动力学方法、器测法两种方法计算。

空气动力学方法需要大量的气象数据，由中国气象科学数据共享服务网提供，分别计算南京站 2013 年逐日参考作物蒸发蒸腾量 ET_0，求得 2013 年蒸发量为 695.7mm，2013 年降水量 1072.9mm，由降水量减去蒸发量再乘以九龙湖湖泊面积得到年度入湖流量，折算得到的每日平均最低生态入湖补水流量为 0.01m^3/s，由湖泊现状容积除以每日最低生态入湖补水流量可得到以秒为单位的换水周期，折算为天数，则指标计算结果为：换水周期为197天，按照式（4－18）计算得到的湖水交换能力指标为0.54。

器测法适用于小范围内的水面蒸发量计算，本报告使用E601型蒸发皿测得，年平均水面蒸发量为846.97mm，数据来自九龙湖附近秦淮河东山蒸发站，需要进行折算得到实际自然蒸发量。通常E601型蒸发器与大水体水面蒸发值之间的折算系数为0.9～0.99，本报告折算系数取0.9，计算得到自然蒸发量为762.3mm。按照式（4－18）计算得到换水周期为215天，湖水交换能力为0.59。

综合以上两种计算方法，确定湖水交换能力为0.59。

3）梅龙湖

（1）湖泊容积

由于梅龙湖目前尚无水位监测资料，为确定梅龙湖现状水位，采用Speedtech测深仪分别测定两个湖泊分区的平均水深，然后根据梅龙湖DEM确定湖底平均高程，最后，确定现状湖泊水位。梅龙湖平均水深测定时段与水生态调查同步，夏季、秋季各测量一次，最后计算得到梅龙湖平均水深为2m，根据图6－23查得湖泊容积为24.77万m^3。

（2）年度出湖水量

从湖泊水文循环的角度考虑，湖泊水量支出项一般包括蒸散发、渗漏、出湖径流等。对于梅龙湖而言，由于无通湖河流，其水量支出项主要为湖面蒸发和渗漏。由于梅龙湖地区地下水位较高，湖泊与地下水为双向补给关系，不是单向渗漏。目前缺乏梅龙湖地区地下水补给关系的相关资料，难以对梅龙湖与地下水之间的关系进行定量描述，根据南方地区城市湖泊与地下水关系已有研究成果，枯水期以梅龙湖补给地下水为主，丰水期则以地下水补给湖泊为主。

① 湖泊水面蒸发量

梅龙湖属藻型湖泊，湖泊内挺水植物和浮叶植物缺失，湖泊内景观以明水面景观为主，因此，本次评估按水面蒸发量计算。通常情况下，计算湖泊蒸散发可以采用FAO提出的计算方法，先计算参考蒸散发量ET_0，然后再根据湖泊实际情况，确定调节系数，最终给出湖泊实际蒸散发量。

为此，本次评估收集了南京站（32°00′N、118°48′E）2013年的逐日气象资料，包括平均温度、相对湿度、日照时数、平均风速、气压等，数据来源为中国气象科学数据共享服务网。经过计算，2013年该地区参考蒸散发量为695.7mm。根据FAO 56，对于水深不超过2m的开放水体，其调节系数可取1.05，据此，计算出2013年梅龙湖蒸发蒸腾量为730.5mm。

为了验证本次评估的计算结果，收集了2013年水文年鉴，根据东山站（31°57′N、118°51′E）的统计结果，2013年该站蒸发皿蒸发量为895mm（601型蒸发器），根据已有研究成果，E601型蒸发器与大水体水面蒸发量之间的折算系数一般取0.90～0.99，据此，梅龙湖水面蒸发量应介于805.5mm和886mm之间。

可见，采用FAO参考作物法计算的蒸散发量偏小，考虑到计算蒸散发量所选气象站与梅龙湖距离较远的事实，其代表性可能相对较差，因此本次评估主要基于 E601 型蒸发器蒸发量的统计结果，折算系数取 0.95，因此，湖泊蒸发量为 850.3mm。

由于梅龙湖水位年际年内变幅均比较小，一般不超过 0.5m，本次按照平均水位 7m（WGS 84 高程基准）计算，根据图 6－23 查得梅龙湖 2013 年年度平均水面面积为 0.231km^2。

根据梅龙湖水面面积和年均蒸散发量，最终计算得到其 2013 年蒸散发损失水量为 19.64 万 m^3。

② 湖泊与地下水交换量

根据湖泊数量平衡，在湖泊蓄水量不变的条件下，梅龙湖多年平均渗漏水量约为 4 万 m^3/a，湖泊与地下水交换量取渗漏量的 10 倍，则为 40 万 m^3/a。

（3）换水周期

根据湖泊容积和年度出湖水量的统计计算结果，按式（4－18）计算梅龙湖的换水周期为 0.38a。

4）安基山水库

（1）水库容积

由于安基山水库目前尚无水位监测资料，为确定安基山水库现状水位，采用 Speedtech 测深仪分别测定两个湖泊监测点的平均水深，然后根据安基山水库 DEM 确定湖底平均高程，最后，确定现状湖泊水位。安基山水库平均水深测定时段与水生态调查同步，夏季、秋季各测量一次，最后计算得到安基山水库平均水深为 13.35m，根据图 6－26 查得湖泊容积为 722.7 万 m^3。

（2）年度出湖水量

从湖泊水文循环的角度考虑，湖泊水量支出项一般包括蒸散发、渗漏、出湖径流等。对于安基山水库而言，存在一条通湖河流（七乡河），其水量支出项主要为湖面蒸发、渗漏以及入七乡河。由于安基山水库地区地下水位较高，湖泊与地下水为双向补给关系，不是单向渗漏。目前缺乏安基山水库地区地下水补给关系的相关资料，难以对安基山水库与地下水之间的关系进行定量描述，根据南方地区城市湖泊与地下水关系已有研究成果，枯水期以安基山水库补给地下水为主，丰水期则以地下水补给湖泊为主。

① 湖泊水面蒸发量

安基山水库属藻型湖泊，湖泊内挺水植物和浮叶植物缺失，湖泊内景观以明水面景观为主，因此，本次评估按水面蒸发量计算。通常情况下，计算湖泊蒸散发可以采用 FAO 提出的计算方法，先计算参考蒸散发量 ET_0，然后再根据湖泊实际情况，确定调节系数，最终给出湖泊实际蒸散发量。

为此，本次评估收集了江宁地区参考蒸散发量为 1604.8mm。根据 FAO 56，对于水深≤2m 的开放水体，其实调节系数可取 1.05，据此，计算出 2015 年安基山水库蒸发蒸腾量为 1685.0mm。

为了验证本次评估的计算结果，收集了东山站（31°57′N、118°51′E）的统计结果，

2016年该站蒸发皿蒸发量为823.4mm（601型蒸发器），根据已有研究成果，E601型蒸发器与大水体水面蒸发量之间的折算系数一般取0.90～0.99，据此，安基山水库水面蒸发量应介于741.1mm和815.2mm之间。

可见，采用FAO参考作物法计算的蒸散发量偏大，考虑到收集江宁地区蒸散发量所选气象站与安基山水库距离较远的事实，其代表性可能相对较差，因此本次评估主要基于E601型蒸发器蒸发量的统计结果，折算系数取0.95，因此，湖泊蒸发量为782.2mm。

由于安基山水库水位年际年内变幅均比较小，一般不超过0.5m，本次按照平均水位68m（WGS 84高程基准）计算，根据图6－26查得安基山水库2016年年度平均水面面积为0.57km^2。

根据安基山水库水面面积和年均蒸散发量，最终计算得到其2016年蒸散发损失水量为44.6万m^3。

② 湖泊与地下水交换量

根据水库水量平衡，在水库蓄水量不变且不做专门防渗处理的条件下，去渗透系数为2×10^{-8}m/s，则安基山水库多年平均渗漏水量约为35.99万m^3/a，水库与地下水交换量近似于渗漏量，则为36万m^3/a。

（3）换水周期

根据湖泊容积和年度出库水量的统计计算结果，按式（4－18）计算安基山水库的换水周期为0.45a。

5）横山水库

（1）水库容积

由于横山水库目前尚无水位监测资料，为确定横山水库现状水位，采用Speedtech测深仪分别测定两个分区的平均水深，然后根据横山水库DEM确定湖底平均高程，最后，确定现状水库水位。横山水库平均水深测定时段与水生态调查同步，夏季、秋季各测一次，最后计算得到横山水库平均水深为6.03m；库底平均高程采用面积加权平均法获得，其值为79.09m（WGS 84高程基准），因此横山水库现状水位为85.12m，根据图6－29查得水库容积为172.27万m^3。

（2）年度出库水量

从水库水文循环的角度考虑，水库水量支出项一般包括蒸散发、渗漏、水库出库流量等。对于横山水库而言，下游与解溪河相连，其主要支出项为江宁足球训练中心草坪灌溉用水，由于横山水库地区地处山区，地下水位普遍较高，而水库下游地下水位较浅，基本为单向渗漏，目前缺乏横山水库地区地下水补给关系相关资料，难以对横山水库与地下水之间的关系进行定量描述。

① 水库水面蒸发量

横山水库内缺乏挺水植物和浮叶植物，水库内景观主要以明水面景观为主，因此，本次评估按水面蒸发量计算，通常情况下，计算水库蒸散发可采用FAO提出的计算方法，先计算参考蒸发量 ET_0，然后再根据水库实际情况，确定调节系数，最终给出水库实际蒸散发量。

为此，本次评估收集了东山逐日气象资料，包括平均温度、相对湿度、日照时数、平均风速、气压等，数据来源为中国气象科学数据共享服务网。经过计算，该地区多年平均参考蒸散发量为 844.5mm。

由于横山水库水位年际变幅比较小，一般不超过 0.5m，本次按照平均 85.12m（WGS 84 高程基准）计算，根据图 6－29 查得横山水库 2017 年年度平均水面面积为 0.28km^2。根据横山水库水面面积和年蒸散发量，最终计算得到其 2016 年蒸散发损失量为 23.6 万 m^3。

② 农业灌溉用水量

根据江宁水务局提供资料，水库设计灌溉面积 12 000 亩，实际灌溉面积 2200 亩。目前取用水情况主要为省福特宝足球发展中心草坪灌溉，取用水量为 17 万 m^3/a。

③ 水库与地下水交换量

根据水库水量平衡，在水库蓄水量不变的条件下，横山水库多年平均渗漏水量约为 2 万 m^3/a，水库与地下水交换量取渗漏量的 10 倍，则为 20 万 m^3/a。

④ 入解溪河水量

根据水库多年水面面积萎缩率近似为 0 可知，水库入库水量与出库水量基本持平，进而得到了横山水库入解溪河水量为 169.1 万 m^3/a。

⑤ 年度出库水量

横山水库出库水量由水面蒸发量、灌溉用水量和水库渗漏量三部分组成，以上计算结果表明，2016 年横山水库水面蒸发损失量为 23.6 万 m^3；年度灌溉用水量为 17 万 m^3；通过地下水交换，交换的地下水量为 20 万 m^3，进入解溪河的水量为 169.1 万 m^3。则横山水库年度出库水量为 229.7 万 m^3。

（3）换水周期

根据水库容积和年度出库水量的统计计算结果，按式（4－18）计算横山水库的换水周期为 0.75a。

6.3.2.3　湖库水质

1）百家湖

湖体水质方面采用的指标包括水质污染指数和富营养化指数。其中，水质污染指数选择总氮、总磷、氨氮和高锰酸盐指数四项指标；富营养化指数主要采用叶绿素 a 值表示。

（1）水质污染指数

依据 GB 3838—2002 中的 IV 类标准值和上述 4 项指标的实测值，按照式（4－19）计算水质污染指数，其结果为 1.03。

（2）富营养化指数

以湖体叶绿素 a 值反映评价湖区水体营养状况，其调查结果取调查年度内两个监测点的平均，为34.6μg/L，计算得到营养状态指数为$EI=62.3$。

2）九龙湖

（1）水质污染指数

按地表水环境质量评价标准中的Ⅳ类标准值，选择总氮、总磷、氨氮和高锰酸盐指数等4项指标，单项指标为实测浓度比上标准值，南北分区水质污染指数为4项指标的平均值，九龙湖水质污染指数赋分为九龙湖南北分区的指标赋分与评价湖泊分区面积对九龙湖湖泊面积的加权平均，评价结果见表6－33、表6－34。

表6－33　九龙湖水质浓度数据

分区	TN（mg/L）	TP（mg/L）	NH_3-N（mg/L）	COD_{Mn}（mg/L）
九龙湖1	2.48	0.26	1.14	28.5
九龙湖2	2.07	0.27	1.07	29.4

表6－34　水质污染指数指标健康程度评价表

分区	九龙湖1	九龙湖2
	水质污染指数	水质污染指数
TN	1.65	1.38
TP	2.6	2.7
NH_3-N	0.76	0.71
COD_{Mn}	0.95	0.98
平均水质污染指数	1.49	1.44

（2）富营养化指数

叶绿素a是水体初级生产力的重要指标，叶绿素a含量可以反映水体的生产力和富营养化水平。九龙湖叶绿素a检测结果及指标赋分见表6－35。

表6－35　湖泊富营养化指数指标健康程度评价表

分区	叶绿素a（mg/L）
九龙湖1	0.0284
九龙湖2	0.0295
九龙湖	0.0290

3）梅龙湖

（1）水质污染指数

依据GB 3838—2002中的Ⅳ类标准值和上述4项指标的实测值，按照式（4－19）计算水质污染指数，其结果为0.81。

（2）富营养化指数

以湖体叶绿素a值反映评价湖区水体营养状况，其调查结果取调查年度内两个监测点的平均，为47.1μg/L，计算得到营养状态指数为$EI=41$。

4）安基山水库

（1）水质污染指数

依据 GB 3838—2002 中的Ⅲ类标准值和上述4项指标的实测值，按照式（4－19）计算水质污染指数，其结果为0.47。

（2）富营养化指数

以湖体叶绿素a值反映评价湖区水体营养状况，其调查结果取调查年度内两个监测点的平均值，为52.0μg/L，计算得到营养状态指数为 $EI=66.8$。

5）横山水库

（1）水质污染指数

依据 GB 3838—2002 中的Ⅲ类标准值和上述4项指标的实测值，按照式（4－19）计算水质污染指数，其结果为1.454。

（2）富营养化指数

以水库叶绿素a值反映评价水库水体营养状况，其调查结果取调查年度内两个监测点的平均值，为74μg/L，计算得到营养状态指数为 $EI=44.6$。

6.3.2.4　水生生物

水生生物包括浮游植物生物结构和大型底栖动物多样性指数两个指标。

1）浮游植物生物结构

（1）百家湖

百家湖水生态调查结果表明，百家湖内浮游植物共有23种，隶属于6大门类（蓝藻、硅藻、隐藻、甲藻、裸藻和绿藻），优势物种为隐藻、蓝隐藻、平裂藻和衣藻，蓝藻仅发现1种。

通过查阅相关资料，百家湖历史上并无蓝藻暴发的相关记录，百家湖浮游植物类群较为丰富。

（2）九龙湖

由于九龙湖属小型湖泊，相关监测数据和研究成果很少，缺少相关的蓝藻密度数据，本项目考虑采用近似有害蓝藻密度数据替代典型灾害年密度值，在本次调查中，共调查采样4次，选取其中蓝藻密度最高的一次监测结果作为典型灾害年蓝藻密度值，最后赋分为52.4，计算结果详见表6－36。

表6－36　浮游生物结构指数健康程度评价表

湖泊	评估年蓝藻密度（cell/L）	有害蓝藻密度值（cell/L）	浮游生物结构
九龙湖	29 941 000	62 884 000	0.48

（3）梅龙湖

梅龙湖水生态调查结果表明，梅龙湖内浮游植物共有34种，隶属于6大门类（蓝藻、硅藻、隐藻、甲藻、裸藻和绿藻），夏季优势种为微囊藻和鱼腥藻，秋季优势种为平裂藻、席藻、颗粒直链藻、束丝藻。

通过查阅相关资料，梅龙湖历史上并无绿藻暴发的相关记录，表明梅龙湖浮游植物类群较为丰富。

（4）安基山水库

安基山水库水生态调查结果表明，水库内浮游植物共有 19 种，隶属于 5 大门类（蓝藻、硅藻、隐藻、裸藻和绿藻），优势种为微小平裂藻、尖尾蓝隐藻和藻啮蚀隐藻。

通过查阅相关资料，安基山水库历史上并无绿藻暴发的相关记录，表明安基山水库浮游植物类群较为丰富。

（5）横山水库

横山水库水生态调查结果表明，横山水库内浮游植物共有 24 种，隶属于 6 大门类（绿藻、硅藻、裸藻、蓝藻、隐藻和甲藻），优势物种为绿藻、硅藻、裸藻，甲藻仅发现 1 种。

通过查阅相关资料，横山水库浮游植物密度和生物量均较低，历史上并无藻类暴发的相关记录。

2）大型底栖动物生物多样性指数

（1）百家湖

本次评估采用 Shannon-Wiener 多样性指数（H）进行计算，计算公式见式（4－21），计算结果表明，监测点 1 和监测点 2 的 Shannon-Wiener 多样性指数（H）的年平均值分别为 1.05 和 0.99。

（2）九龙湖

本次调查共监测出 8 种底栖生物，采用 Shannon-Wiener 多样性指数（H）进行计算，结果表明，监测点 1 和监测点 2 的 Shannon-Wiener 多样性指数（H）的年平均值分别为 1.03 和 0.63。

（3）梅龙湖

本次评估采用 Shannon-Wiener 多样性指数（H）进行计算，计算结果表明，监测点 1 和监测点 2 的 Shannon-Wiener 多样性指数（H）的年平均值分别为 0.91 和 0.76。

（4）安基山水库

本次评估采用 Shannon-Wiener 多样性指数（H）进行计算，计算结果表明，监测点 1 和监测点 2 的 Shannon-Wiener 多样性指数（H）的年平均值分别为 0.91 和 0.76。

（5）横山水库

本次评估采用 Shannon-Wiener 多样性指数（H）进行计算，计算结果表明横山水库夏季和秋季的 Shannon-Wiener 多样性指数（H）的年平均值分别为 0.77 和 0.63。

6.3.2.5 社会服务功能

主要包括调蓄能力和水功能区水质达标率两个指标，其中蓄泄能力反映湖库防洪能力；水功能区水质达标率反映湖库水功能区水质情况。

1）蓄泄能力

（1）百家湖

百家湖入湖水量包括经三路撇洪沟排入的 10 万 m^3/a；出湖水量为渗漏水量 4 万 m^3/a；湖区降水量采用秦淮河东山站 2013 年降水量统计结果，为 918.4mm，湖泊面积按照 0.66 km^2计算，折合降水量为 60.6 万 m^3/a；蒸发量为 850.3mm，湖泊水面面积取 0.61km^2，折合蒸发水量为 51.9 万 m^3/a；市政取用水量为 10 万 m^3/a；可蓄水量取水深为 2m 时对应的可蓄水量，约为 96.7 万 m^3。根据式（4－22）进行计算，计算得到湖泊蓄泄能力为 0.17。

（2）九龙湖

依据《南京城市防洪规划》中排涝标准及现场调查等相关结果，斗篷泵站设计流量的降低程度为 0.09；由排涝模数法计算得出泵站计算规模为 11.49m^3/s，大于泵站现状规模 10m^3/s，计算九龙湖的蓄泄能力，计算结果为 0.9。

（3）梅龙湖

当水深为 7m 时，梅龙湖现状蓄水量约 24.77 万 m^3，由于近 30 年来，梅龙湖水面面积并未发生明显变化，湖泊淤积状况也并不严重，因此，规划水量按照现状蓄水量计算。按照式（4－22）计算梅龙湖的蓄泄能力，计算结果为 0.6。

（4）安基山水库

根据水库资料，通过计算，得到安基山水库蓄泄能力为 1.0。

（5）横山水库

横山水库为小（1）型水库，水库主要建筑物有土坝 1 座、涵洞 1 座、倒虹吸涵 1 座以及无闸溢洪道。入库水量主要为降水期雨洪水通过水库上游撇洪沟进入水库。水库水面面积按照 0.29km^2计算，折合降水量为 55.6 万 m^3/a，由撇洪沟进入水库水量约 229.7 万 m^3/a；蒸发量 844.5mm，湖泊水面面积取 0.28km^2，折合蒸发水量为 23.64m^3/a；灌溉用水量为 17 万 m^3/a；水库下游从解溪河出库流量约为 176 万 m^3/a；可蓄水量水深为 11.4m，对应的可蓄水量约为 38.48 万 m^3。根据式（4－22）进行计算，计算得到湖泊蓄泄能力为 1.0。

2）水功能区水质达标率

（1）百家湖

百家湖属特小型城市湖泊，其主导服务功能为景观娱乐，由于百家湖目前尚未纳入江宁区水功能区划，本次评估主要根据《水环境质量标准》（GB 3838—2002）进行评估，水质标准为Ⅳ类，参评指标及评价结果见表 6－28。

（2）九龙湖

九龙湖属特小型城市湖泊，其主导服务功能为景观娱乐，由于九龙湖目前尚未纳入江宁区水功能区划，本次评估主要根据《水环境质量标准》（GB 3838—2002）进行评估，水质标准为Ⅳ类，参评指标及评价结果见表 6－29。

（3）梅龙湖

梅龙湖属特小型城市湖泊，其主导服务功能为景观娱乐，由于梅龙湖目前尚未纳入江宁区水功能区划，本次评估主要根据《水环境质量标准》（GB 3838—2002）进行评估，水质标准为Ⅳ类，参评指标及评价结果见表6-30。

（4）安基山水库

安基山水库为省级水功能区，本次评估主要根据《水环境质量标准》（GB 3838—2002）进行评估，水质标准为Ⅲ类，参评指标及评价结果见表6-31。使用频次法进行评价，安基山水库水功能区2016年达标率为83.3%。

（5）横山水库

横山水库为防洪、灌溉、休闲、观光等综合功能为一体的生态型水库。由于水库目前尚未纳入江宁区水功能区划，本次评估主要根据《水环境质量标准》（GB 3838—2002）进行评估，水质标准为Ⅲ类，参评指标及评价结果见表6-32。

6.4 湖库生态系统健康评估赋分

6.4.1 国家一期试点评估指标体系

6.4.1.1 物理结构

湖库物理结构包括湖/库连通状况、湖/库萎缩状况和湖/库滨带状况3个指标。

1）湖/库连通状况

（1）百家湖

百家湖仅有一条撇洪沟与其连通，用于承接汛期湖泊集水区范围内的雨洪水，该撇洪沟目前尚未建设任何闸坝、泵站或其他阻水建筑物，因此不存在人为阻隔，畅通状况良好。按照断流阻隔时间计算，参考该指标的赋分标准，该指标的最终赋分为100分。

（2）九龙湖

根据6.3.2.1节的分析，认为九龙湖与牛首山河连通状况介于阻隔和严重阻隔之间，即断流时间为2个月，本项指标根据断流阻隔时间赋分为40分。

（3）梅龙湖

梅龙湖仅有一条撇洪沟与其连通，用于承接汛期湖泊集水区范围内的雨洪水，该撇洪沟目前尚未建设任何闸坝、泵站或其他阻水建筑物，因此不存在人为阻隔，畅通状况良好。按照断流阻隔时间计算，参考该指标的赋分标准，该指标的最终赋分为100分。

（4）安基山水库

安基山水库仅有一条河流（七乡河）与其连通，目前尚未建设任何闸坝、泵站或其他阻水建筑物，因此不存在人为阻隔，畅通状况良好。按照断流阻隔时间计算，参考该指标的赋分标准，该指标的最终赋分为100分。

（5）横山水库

横山水库目前建有输水涵洞以及无闸控制溢洪道，下游仅与解溪河相连通。根据实地调查了解情况，目前，横山水库承担 4000 亩灌溉用水。因此，横山水库水源补给项主要来自降水和汛期河流上游来水；而水量输出项主要是水库蒸发以及下游灌溉用水。

根据江宁区水利局提供的资料，每年自横山水库取用的灌溉用水与降水和汛期上游排入横山水库的多年平均雨洪水量相当。考虑到横山水库汛期雨水汇入和周边灌溉用水，在一定程度上加快了横山水库的换水周期，有利于维持水库健康。按照断流阻隔时间计算，参考该指标的赋分标准，该指标的最终赋分为 90 分。

2）湖/库萎缩状况

（1）百家湖

根据 2014 年 12 月 Google earth 影像资料和历史记录的百家湖面积资料，最终计算得到百家湖萎缩比例为 0。按照该指标赋分标准，赋分为 100 分。

（2）九龙湖

由于评价湖泊面积较小，相关的研究成果很少，所以缺乏九龙湖相关的面积数据，根据 Google earth 无偏移历史影像资料，在分辨率较高而能够使用的资料里，最早找到了 2003 年 9 月 21 日的遥感影像。其中，2003 年九龙湖湖泊面积为 0.840km^2，相应库容为 16.8 万 m^3；2014 年湖泊面积为 0.886km^2，相应库容为 18.0 万 m^3。根据现有资料，九龙湖湖泊面积从 2003 年到 2014 年并未萎缩，而且有一定程度的增长，因此本项评价指标取 0%，根据赋分标准，九龙湖湖泊面积萎缩状况评价赋分为 100 分。

（3）梅龙湖

根据 2015 年 7 月 Google earth 影像资料和 2005 年 1 月历史影像记录的梅龙湖面积资料，最终计算得到梅龙湖萎缩比例为 0。按照该指标赋分标准，湖泊萎缩比例小于 5%，因此，赋分为 100 分。

（4）安基山水库

根据 2017 年 8 月 23 日 Google earth 影像资料和 2005 年 9 月 13 日历史影像记录的安基山水库资料，最终计算得到安基山水库萎缩比例为 0。按照该指标赋分标准，湖泊萎缩比例小于 5%，因此，赋分为 100 分。

（5）横山水库

根据 2017 年 9 月 19 日 Google earth 影像资料和历史记录的横山水库水面面积资料，最终计算得到横山水库水面萎缩比例为 0。按照该指标赋分标准，水库水面萎缩比例在 5% 以内，该指标的最终赋分为 100 分。

3）湖/库滨带状况

（1）百家湖

湖岸带状况指标包括岸坡稳定性、湖岸带植被覆盖率和湖岸带人类活动干扰程度 3 项分指标，依据监测结果对 3 个分项指标进行赋分，然后根据 3 个分项指标的权重（岸坡稳定性权重为 0.25、湖岸带植被覆盖率权重为 0.5、湖岸带人工干扰程度权重为 0.25）对各监测点湖岸带状况进行赋分，结果见表 6－37。百家湖湖滨带状况最终赋分取 4 个采样点的平均值，为 60.8 分。

表6－37　百家湖各采样点湖岸带指标赋分结果

<table>
<tr><th rowspan="2">分指标</th><th rowspan="2">调查项目</th><th colspan="2">采样点1</th><th colspan="2">采样点2</th><th colspan="2">采样点3</th><th colspan="2">采样点4</th></tr>
<tr><th>监测结果</th><th>赋分</th><th>监测结果</th><th>赋分</th><th>监测结果</th><th>赋分</th><th>监测结果</th><th>赋分</th></tr>
<tr><td rowspan="5">岸坡稳定性</td><td>岸坡倾角</td><td>95</td><td rowspan="5">95</td><td>95</td><td rowspan="5">95</td><td>58.3</td><td rowspan="5">80.7</td><td>80</td><td rowspan="5">74.5</td></tr>
<tr><td>植被覆盖率（°）</td><td>95</td><td>95</td><td>90</td><td>90</td></tr>
<tr><td>岸坡高度（%）</td><td>95</td><td>95</td><td>75</td><td>37.5</td></tr>
<tr><td>基质状况（m）</td><td>95</td><td>95</td><td>90</td><td>75</td></tr>
<tr><td>坡脚冲刷情况</td><td>95</td><td>95</td><td>90</td><td>90</td></tr>
<tr><td rowspan="3">植被覆盖率</td><td>乔木植被覆盖率（%）</td><td>25</td><td rowspan="3">25</td><td>25</td><td rowspan="3">16.7</td><td>37.5</td><td rowspan="3">56.3</td><td>100</td><td rowspan="3">68.9</td></tr>
<tr><td>灌木植被覆盖率（%）</td><td>25</td><td>25</td><td>31.3</td><td>41.7</td></tr>
<tr><td>草本植被覆盖率（%）</td><td>25</td><td>0</td><td>100</td><td>65</td></tr>
<tr><td rowspan="10">人类活动干扰程度</td><td>湖岸硬性砌护</td><td>－5</td><td rowspan="10">70</td><td>－5</td><td rowspan="10">70</td><td>－5</td><td rowspan="10">80</td><td></td><td rowspan="10">75</td></tr>
<tr><td>沿岸建筑物（房屋）</td><td>－10</td><td>－10</td><td></td><td>－10</td></tr>
<tr><td>公路（或铁路）</td><td></td><td></td><td></td><td></td></tr>
<tr><td>垃圾填埋场或垃圾堆放</td><td></td><td></td><td></td><td></td></tr>
<tr><td>湖滨公园</td><td>－5</td><td>－5</td><td>－5</td><td>－5</td></tr>
<tr><td>公路</td><td>－5</td><td>－5</td><td>－5</td><td>－5</td></tr>
<tr><td>管道</td><td>－5</td><td>－5</td><td>－5</td><td>－5</td></tr>
<tr><td>农业耕种</td><td></td><td></td><td></td><td></td></tr>
<tr><td>畜牧养殖</td><td></td><td></td><td></td><td></td></tr>
<tr><td>渔业网箱养殖</td><td></td><td></td><td></td><td></td></tr>
<tr><td colspan="2">各采样点湖岸带指标得分</td><td colspan="2">53.8</td><td colspan="2">49.6</td><td colspan="2">68.3</td><td colspan="2">71.8</td></tr>
</table>

（2）九龙湖

分别对各监测点湖岸稳定性、植被覆盖率和人类活动干扰程度进行赋分。然后，根据上述分指标权重对各监测点湖岸带状况进行赋分，赋分结果见表6－38，九龙湖湖岸带健康赋分为3个河岸带监测点的平均值，为83分。

表6－38　湖滨带状况指标健康程度评价表

<table>
<tr><th rowspan="2">分指标</th><th rowspan="2">调查项目</th><th colspan="2">九龙湖a</th><th colspan="2">九龙湖b</th><th colspan="2">九龙湖c</th></tr>
<tr><th>监测结果</th><th>赋分</th><th>监测结果</th><th>赋分</th><th>监测结果</th><th>赋分</th></tr>
<tr><td rowspan="5">岸坡稳定性</td><td>斜坡倾角（°）</td><td>0</td><td rowspan="5">70</td><td>89</td><td rowspan="5">62.3</td><td>71.7</td><td rowspan="5">68.1</td></tr>
<tr><td>植被覆盖率（%）</td><td>87</td><td>97.6</td><td>94</td></tr>
<tr><td>斜坡高度（m）</td><td>98</td><td>75</td><td>75</td></tr>
<tr><td>基质</td><td>90</td><td>25</td><td>25</td></tr>
<tr><td>湖岸冲刷情况</td><td>75</td><td>25</td><td>75</td></tr>
<tr><td rowspan="4">植被覆盖率</td><td>乔木植被覆盖率（%）</td><td rowspan="4">70</td><td rowspan="4">71.4</td><td rowspan="4">94</td><td rowspan="4">100</td><td rowspan="4">85</td><td rowspan="4">100</td></tr>
<tr><td>灌木植被覆盖率（%）</td></tr>
<tr><td>草本植被覆盖率（%）</td></tr>
<tr><td>植被总覆盖率（%）</td></tr>
</table>

续表

分指标	调查项目	九龙湖 a		九龙湖 b		九龙湖 c	
		监测结果	赋分	监测结果	赋分	监测结果	赋分
人类活动干扰程度	湖岸硬性砌护	-5	78		85	-5	90
	沿岸建筑物（房屋）	-5					
	农业耕种			-10			
	湖滨公园	-2					
	管道	-5					
	公路	-5		-5		-5	
各调查点位湖岸带指标得分		72.7		86.8		89.5	

（3）梅龙湖

湖岸带状况指标包括岸坡稳定性、湖岸带植被覆盖率和湖岸带人类活动干扰程度3项分指标，依据监测结果对3个分项指标进行赋分，然后根据3个分项指标的权重对各监测点湖岸带状况进行赋分，结果见表6-39。梅龙湖湖滨带状况最终赋分取4个采样点的平均值，为79.7分。

表6-39　梅龙湖各采样点湖岸带指标赋分结果

分指标	调查项目	采样点1		采样点2		采样点3		采样点4	
		监测结果	赋分	监测结果	赋分	监测结果	赋分	监测结果	赋分
岸坡稳定性	岸坡倾角（°）	85	81	80	78.5	90	74	85	81
	植被覆盖率（%）	90		90		90		90	
	岸坡高度（m）	90		82.5		50		90	
	基质状况	50		50		50		50	
	坡脚冲刷情况	90		90		90		90	
植被覆盖率	乔木植被覆盖率（%）	10	77	0	90	15	95	10	85
	灌木植被覆盖率（%）	17		50		15		30	
	草本植被覆盖率（%）	50		40		60		45	
人类活动干扰程度	湖岸硬性砌护		75		65		75		80
	沿岸建筑物（房屋）			-10		-10		-10	
	公路（或铁路）	-5		-5		-5		-5	
	垃圾填埋场或垃圾堆放								
	湖滨公园	-5		-5		-5		-5	
	公路								
	管道					-5			
	农业耕种	-15		-15					
	畜牧养殖								
	渔业网箱养殖								
各采样点湖岸带指标得分		77.7		77.8		81.3		82	

（4）安基山水库

湖岸带状况指标包括岸坡稳定性、湖岸带植被覆盖率和湖岸带人类活动干扰程度3

项分指标，依据监测结果对3个分项指标进行赋分，然后根据3个分项指标的权重对各监测点湖岸带状况进行赋分，结果见表6-40。安基山水库湖滨带状况最终赋分取4个采样点的平均值，为71.4分。

表6-40　安基山水库各采样点湖岸带指标赋分结果

分指标	调查项目	采样点1		采样点2		采样点3		采样点4	
		监测结果	赋分	监测结果	赋分	监测结果	赋分	监测结果	赋分
岸坡稳定性	岸坡倾角（°）	90		75		90		90	
	植被覆盖率（%）	90		75		90		75	
	岸坡高度（m）	90	77	75	78	75	84	90	84
	基质状况	25		90		75		75	
	坡脚冲刷情况	90		75		90		90	
植被覆盖率	乔木植被覆盖率（%）	25		25		50		50	
	灌木植被覆盖率（%）	100	67	75	50	100	75	75	58
	草本植被覆盖率（%）	75		50		75		50	
人类活动干扰程度	湖岸硬性砌护								
	沿岸建筑物（房屋）	-10				-10		-10	
	公路（或铁路）	-5		-5		-5		-5	
	垃圾填埋场或垃圾堆放								
	湖滨公园		85		95		70		70
	公路								
	管道								
	农业耕种					-15		-15	
	畜牧养殖								
	渔业网箱养殖								
各采样点湖岸带指标得分		74		68.25		76		67.5	

（5）横山水库

湖岸带状况指标包括岸坡稳定性、湖岸带植被覆盖率和湖岸带人类活动干扰程度3项分指标，依据监测结果对3个分项指标进行赋分，然后根据3个分项指标的权重对各监测点湖岸带状况进行赋分，结果见表6-41。横山水库湖滨带状况最终赋分取4个采样点的平均值，为63.9分。

表6-41　横山水库各采样点湖岸带指标赋分结果

分指标	调查项目	采样点1		采样点2		采样点3		采样点4	
		监测结果	赋分	监测结果	赋分	监测结果	赋分	监测结果	赋分
岸坡稳定性	岸坡倾角（°）	75		90		95		95	
	植被覆盖率（%）	90		90		25		25	
	岸坡高度（m）	25	61	90	77	95	79	95	81
	基质状况	25		25		90		95	
	坡脚冲刷情况	90		90		90		95	

续表

分指标	调查项目	采样点 1		采样点 2		采样点 3		采样点 4	
		监测结果	赋分	监测结果	赋分	监测结果	赋分	监测结果	赋分
植被覆盖率	乔木植被覆盖率（%）	10	75	20	95	10	25	10	25
	灌木植被覆盖率（%）	95		95		10		15	
	草本植被覆盖率（%）	50		55		25		20	
人类活动干扰程度	湖岸硬性砌护		80		65	-5	70	-5	70
	沿岸建筑物（房屋）	-10		-10		-10		-10	
	公路（或铁路）	-10		-10		-10		-10	
	垃圾填埋场或垃圾堆放								
	湖滨公园								
	公路								
	管道					-5		-5	
	农业耕种			-15					
	畜牧养殖								
	渔业网箱养殖								
各采样点湖岸带指标得分		72.75		83		49.75		50.25	

6.4.1.2　水文水资源

水文水资源包括最低生态水位满足程度和入湖流量变异程度两个指标。

1）最低生态水位满足程度

（1）百家湖

根据计算，百家湖最低生态水位为 6.5m（WGS 84 高程基准）。根据目前掌握的资料，百家湖现状湖泊水位约 7.6m，年际水位波动不大，多在 0.5m 以内，因此，年内日平均水位多在最低生态水位以上，根据表 4－9 中的赋分标准，当年内 365 日日均水位高于最低生态水位时，将该项指标赋 90 分。

（2）九龙湖

根据本次调查数据，采样点九龙湖 1、九龙湖 2 两次监测水位分别为 8.3m、8.3m，9.4m、9.5m，比较九龙湖最低生态水位 7m，九龙湖湖泊最低生态水位满足程度赋分为 90 分。

（3）梅龙湖

根据计算，梅龙湖最低生态水位为 7m（WGS 84 高程基准）。根据目前掌握的资料，梅龙湖现状湖泊水位年际水位波动不大，多在 0.5m 以内，因此，年内日平均水位多在最低生态水位以上，根据表 4－9 中的赋分标准，当年内 365 日日均水位高于最低生态水位时，将该项指标赋 90 分。

（4）安基山水库

根据计算，安基山水库最低生态水位为 47m（WGS 84 高程基准）。根据目前掌握的资料，安基山水库现状湖泊水位年际水位波动不大，多在 0.5m 以内，因此，年内日平均水位多在最低生态水位以上，根据表4－9中的赋分标准，当年内365日日均水位高于最低生态水位时，将该项指标赋90分。

（5）横山水库

根据计算，横山水库最低生态水位为77m（WGS 84高程基准）。根据目前掌握的资料，横山水库现状水位约85.12m，年际水位波动不大，多在0.5m以内，因此，年内日平均水位多在最低生态水位以 上，根据表4－9中的赋值标准，当年内365日日均水位高于最低生态水位时，将该项指标赋90分。

2）入库流量变异程度

（1）百家湖

经三路撇洪沟目前尚未建设闸坝、泵站等水利工程，撇洪沟上游也无水资源开发利用要求，汛期雨洪水达到一定规模后，即可沿撇洪沟进入百家湖。不同水文年，由于降水等方面的差异，沿撇洪沟进入百家湖内的雨洪水量可能不同，但都属于自然水文节律的波动过程。因此，本次评估认为百家湖撇洪沟的入湖径流量与天然入湖径流基本一致，入湖流量变异程度很小，该指标赋分为100分。

（2）九龙湖

九龙湖是近十几年来通过人工挖掘逐渐形成的，之前九龙湖与牛首山河水系并未连通，经过城市发展改造，修建斗篷泵站与牛首山河连通，九龙湖片区为圩区，泵站的主要作用是将片区内雨水排放至牛首山河，汛期根据实际降雨量打开泵站排水，非汛期泵站处于关闭状态，因此斗篷泵站并未影响九龙湖的天然入湖径流状况。入湖流量变异程度反应环湖河流入湖实测月径流量与天然月径流过程的差异，结合九龙湖实际状况，水源补给项主要来自降水，而输出项主要是湖泊水面蒸发。因此，入湖流量变异程度赋分为85分。

（3）梅龙湖

梅龙湖目前尚未建设闸坝、泵站等水利工程，也无水资源开发利用要求，不同水文年，由于降水等方面的差异，进入梅龙湖内的雨洪水量可能不同，但都属于自然水文节律的波动过程。因此，本次评估认为梅龙湖的入湖径流量与天然入湖径流基本一致，入湖流量变异程度很小，该指标赋分为100分。

（4）安基山水库

安基山水库目前尚未建设闸坝、泵站等水利工程，也无水资源开发利用要求，不同水文年，由于降水等方面的差异，进入安基山水库内的雨洪水量可能不同，但都属于自然水文节律的波动过程。因此，本次评估认为安基山水库的入库径流量与天然入湖径流基本一致，入库流量变异程度很小，该指标赋分为100分。

（5）横山水库

横山水库上游撇洪沟目前尚未建设闸坝、泵站等水利工程，撇洪沟上游也无水资源开发利用要求，汛期雨洪水利用达到一定规模后，即可沿撇洪沟进入横山水库。不同水文年，由于降水等方面的差异，沿撇洪沟进入横山水库的雨洪水量可能不同，但都属于自然水文节律的波动过程。因此，本次评估认为横山水库的入库径流量与天然入库径流基本一致，入库流量变异程度很小，该指标赋分为 100 分。

6.4.1.3　水质

1）富营养状况

（1）百家湖

根据百家湖两个样点的水质监测结果（表 6－28），按照表 4－11 分别对总磷、总氮、叶绿素 a、高锰酸盐指数和透明度等指标赋分，结果见表 6－42。

表 6－42　百家湖富营养状况赋分表

	总磷	总氮	叶绿素 a	高锰酸盐指数	透明度
监测点 1 赋分	68	71.1	62.4	51.7	90
监测点 2 赋分	67	71.5	62	50.9	85

根据表 6－42 的赋分结果，按照式（4－7）计算两个监测点位的营养状况指数，并选择健康状况相对较差的指数值，按照表 4－12 中的标准对百家湖富营养状况赋分，为 31.6 分。

（2）九龙湖

氮、磷都是水体中植物生长不可或缺的营养盐之一，叶绿素 a 含量可以反映水体的生产力和富营养化水平。总氮是水中各种形态无机和有机氮的总量，目前常被用来表示水体受营养物质污染的程度，九龙湖总氮含量为 2.26mg/L；总磷是指水体中各种形态磷的总和，是淡水富营养化的重要限制性指标，九龙湖总磷含量为 0.26mg/L。

根据赋分标准，九龙湖高锰酸盐指数得分为 51 分；百家湖、九龙湖的 TN、TP、叶绿素 a、高锰酸盐指数监测结果及指标赋分情况分别见表 6－43、表 6－44。

表 6－43　富营养化指标监测结果

地区	TN（mg/L）	TP（mg/L）	叶绿素 a（μg/L）	高锰酸盐指数	透明度
九龙湖 1	2.48	0.26	0.0284	4.7	0.2
九龙湖 2	2.07	0.27	0.0295	4.6	0.2
九龙湖	2.26	0.26	0.0290	4.65	0.2
赋分	70.8	71.5	60.7	51.7	90

表 6－44　九龙湖富营养化指标赋分

地区	*EI*	赋分
九龙湖	68	10

（3）梅龙湖

根据梅龙湖两个样点的水质监测结果（表 6－30），按照表 4－11 分别对总磷、总氮、叶绿素 a、高锰酸盐指数和透明度等指标赋分，结果见表 6－45。

表 6 - 45　梅龙湖富营养状况赋分表

	总磷	总氮	叶绿素 a	高锰酸盐指数
监测点 1 赋分	56	72	64	50
监测点 2 赋分	60	72.2	67	50

根据表 6 - 45 的赋分结果，按照式（4 - 7）计算两个监测点位的营养状况指数，并选择健康状况相对较差的指数值，按照表 4 - 12 的标准对梅龙湖富营养状况赋分，为 39 分。

（4）安基山水库

根据安基山水库两个样点的水质监测结果（表 6 - 31），按照表 4 - 11 分别对总磷、总氮、叶绿素 a、高锰酸盐指数和透明度等指标赋分，结果见表 6 - 46。

表 6 - 46　安基山水库富营养状况赋分表

	总磷	总氮	叶绿素 a	高锰酸盐指数
监测点 1 赋分	30	50	66.8	42.5
监测点 2 赋分	16	60	66.8	75

根据表 6 - 46 的赋分结果，按照式（4 - 7）计算两个监测点位的营养状况指数，并选择健康状况相对较差的指数值，按照表 4 - 12 的标准对安基山水库富营养状况赋分，为 $EI = 47.3$，赋分为 65。

（5）横山水库

根据横山水库两个样点的水质监测结果（表 6 - 32），按照表 4 - 11 分别对总磷、总氮、叶绿素 a、高锰酸盐指数和透明度等指标赋分，结果见表 6 - 47。

表 6 - 47　横山水库富营养状况赋分表

	总磷	总氮	叶绿素 a	高锰酸盐指数	透明度
监测点 1 赋分	45	66.8	62.4	43.2	90
监测点 2 赋分	47	62.4	62	45.2	85

根据表 6 - 47 的赋分结果，按照式（4 - 7）计算两个监测点位的营养状况指数，并选择健康状况相对较差的指数值，按照表 4 - 12 的标准对横山水库营养状况赋分，结果为 42.8 分。

2）耗氧有机物污染状况

（1）百家湖

根据高锰酸盐指数、化学需氧量、BOD_5和氨氮的水质监测结果（表 6 - 28），按照表 4 - 13 进行赋分，结果见表 6 - 48。

表 6 - 48　百家湖耗氧有机物污染状况赋分表

	高锰酸盐指数	COD	BOD_5	氨氮
监测点 1 赋分	51.7	56.7	80	56.5
监测点 2 赋分	50.9	64	76	49.4

按式（4－8）分别计算两个监测点的耗氧有机物污染状况赋分，并按照赋分平均值作为最终赋分，结果为60.7分。

（2）九龙湖

对九龙湖耗氧有机物污染状况进行评估，该指标赋分为各分区赋分乘以各自对应的面积权重，根据GB 3838—2002标准确定高锰酸钾指数、化学需氧量、五日生化需氧量、氨氮赋分，耗氧有机物污染状况监测结果见表6－49。

表6－49　耗氧有机物污染状况指标监测结果

	高锰酸盐指数（mg/L）	化学需氧量（mg/L）	五日生化需氧量（mg/L）	氨氮（mg/L）	耗氧有机物
九龙湖1	4.7	28.5	3.45	1.14	
九龙湖2	4.6	29.4	3.6	1.07	
九龙湖	4.65	28.99	3.53	1.10	
赋分	73.5	33.6	80	54	60.3

（3）梅龙湖

根据高锰酸盐指数、化学需氧量、BOD_5和氨氮的水质监测结果（表6－30），按照表4－13进行赋分，结果见表6－50。

表6－50　梅龙湖耗氧有机物污染状况赋分表

	高锰酸盐指数	COD_{cr}	BOD_5	氨氮
监测点1赋分	80	98	96	94
监测点2赋分	80	97	88	92

按式（4－8）分别计算两个监测点的耗氧有机物污染状况赋分，并按照赋分平均值作为最终赋分，结果为90.5分。

（4）安基山水库

根据高锰酸盐指数、化学需氧量、BOD_5和氨氮的水质监测结果（表6－31），按照表4－13进行赋分，结果见表6－51。

表6－51　安基山水库耗氧有机物污染状况赋分表

	高锰酸盐指数	COD	BOD_5	氨氮
监测点1赋分	95	100	100	96.6
监测点2赋分	81	100	100	89.7

按式（4－8）分别计算两个监测点的耗氧有机物污染状况赋分，并按照赋分平均值作为最终赋分，结果为95.3分。

（5）横山水库

根据高锰酸盐指数、化学需氧量、BOD_5和氨氮的水质监测结果（表6－32），按照表4－13进行赋分，结果见表6－52。

表 6-52　横山水库耗氧有机物污染状况赋分表

	高锰酸盐指数	COD	BOD_5	氨氮
监测点 1 赋分	91.2	100	96	97
监测点 2 赋分	92.3	93.5	95	94

按照式（4-8）分别计算两个监测点的耗氧有机物污染状况赋分，并按照赋分平均值作为最终赋分，结果为 94.8 分。

3）DO 水质状况

（1）百家湖

根据表 6-28 中的监测结果，按照表 4-14 中的赋分标准对百家湖两个监测点的 DO 水质状况进行赋分，结果为 100 分。

（2）九龙湖

通过对九龙湖测定的 DO 值，对 6、7 两个月份及南北分区取平均值，比较发现九龙湖南溶解氧含量稍高于九龙湖北，评价结果达到标准值，赋分 92.4 分，DO 监测结果见表 6-53。

表 6-53　DO 监测结果及指标赋分

地区	DO 平均值（mg/L）	DO 指标赋分
九龙湖 1	6.9	92
九龙湖 2	6.95	92.6
九龙湖	6.93	92.4

（3）梅龙湖

根据表 6-30 中的监测结果，按照表 4-14 中的赋分标准对梅龙湖两个监测点的 DO 水质状况进行赋分，结果为 100 分。

（4）安基山水库

根据表 6-31 中的监测结果，按照表 4-14 中的赋分标准对安基山水库两个监测点的 DO 水质状况进行赋分，结果为 100 分。

5）横山水库

根据表 6-32 中的监测结果，按照表 4-14 中的赋分标准对横山水库两个监测点的 DO 水质状况进行赋分，结果为 100 分。

6.4.1.4　水生态

1）藻类密度

（1）百家湖

百家湖监测点 1 的藻类密度为 1.422×10^7 cells/L；监测点 2 的藻类密度为 6.05×10^6 cells/L。根据两个监测点的藻类密度和赋分标准，按照藻类密度赋分标准，取两个监测点的平均值作为该指标的最终赋分，为 29.8 分。

(2) 九龙湖

根据监测点的藻类密度和标准赋分，结果见表6－54。九龙湖藻类密度赋分为5.65分，总体健康状况较差，监测断面藻类密度很高，7月份两个点位赋分基本为0分。

表6－54　九龙湖藻类密度监测结果及指标赋分

		九龙湖1	九龙湖2	九龙湖藻类密度指标赋分
7月	藻类密度（万个/L）	4803.2	8168.6	
	赋分	0.8	0	5.65
10月	藻类密度（万个/L）	2449	2417.4	
	赋分	10.68	11.1	

(3) 梅龙湖

梅龙湖监测点1的藻类密度为3.71×10^7cells/L，监测点2的藻类密度为4.08×10^7cells/L。根据两个监测点的藻类密度和赋分标准，按照藻类密度赋分标准，取两个监测点的平均值作为该指标的最终赋分，结果为4.4分。

(4) 安基山水库

安基山水库监测点1的藻类密度为4.82×10^7cells/L，监测点2的藻类密度为5.21×10^7cells/L。根据两个监测点的藻类密度和赋分标准，按照藻类密度赋分标准，取两个监测点的平均值作为该指标的最终赋分，结果为4.6分。

(5) 横山水库

横山水库全湖藻类密度平均值为3.38×10^4cells/L，秋季密度较夏季有所下降，夏季藻类密度为5.62×10^4cells/L，秋季藻类密度为1.15×10^4cells/L。根据监测的藻类密度和赋分标准，按照藻类密度赋分标准，该指标的最终赋分为95分。

2) 大型底栖动物生物多样性

(1) 百家湖

根据百家湖大型底栖动物生物多样性计算结果，按照生物多样性赋分标准（表4－26）对两个监测点进行赋分，并取其平均值作为该指标的最终赋分，结果为20分。

(2) 九龙湖

本次调查共监测出8种底栖动物，根据上一章提到的指标计算方法，分别计算两个分区的Shannon-Wiener指数，计算结果见表6－55。

表6－55　九龙湖大型底栖动物结构指数健康程度评价表

		九龙湖1	九龙湖2	九龙湖大型底栖动物多样性指数赋分
7月	Shannon-Wiener 指数	0.73	1.32	
	赋分	29.2	46.4	32.9
10月	Shannon-Wiener 指数	0.61	0.64	
	赋分	24.4	25.6	

（3）梅龙湖

根据梅龙湖大型底栖动物生物多样性计算结果，按照底栖动物生物多样性赋分标准（表4－26）对两个监测点进行赋分，并取其平均值作为该指标的最终赋分，结果为34分。

（4）安基山水库

根据安基山水库大型底栖动物生物多样性计算结果，按照底栖动物生物多样性赋分标准（表4－26）对两个监测点进行赋分，并取其平均值作为该指标的最终赋分，结果为45分。

（5）横山水库

根据横山水库大型底栖动物生物多样性计算结果，按照生物多样性赋分标准（表4－26）对两个监测点进行赋分，并取其平均值作为该指标的最终赋分，结果为24.6分。

6.4.1.5 服务功能

根据水功能区水质达标率、防洪指标和公众满意度指标进行评价，并分别进行赋分。

1）水功能区水质达标率

（1）百家湖

由表6－28可见，在8项指标中，总氮、总磷两项指标不能达到《地表水环境质量标准》（GB 3838—2002）的Ⅳ类水质标准，其余6项指标则均达到了Ⅳ类水质标准。考虑到上述标准对湖泊的总氮、总磷指标要求较高的实际情况，以及这两项指标超标并不算严重的事实，该指标赋分为55分。

（2）九龙湖

依据地表水水域环境功能和保护目标，九龙湖主要功能目标为娱乐用水，按功能高低将九龙湖划分为Ⅳ类水。根据评价结果，按达标指标占八个参评指标的比例评价水功能区达标指标，根据两次监测的结果，评价指标及结果见表6－56。

表6－56 九龙湖水质评价结果

序号	指标	单位	监测值	评价结果
1	pH值		7.86	Ⅳ类
2	氨氮	mg/L	1.11	Ⅳ类
3	溶解氧	mg/L	6.93	Ⅱ类
4	高锰酸盐指数	mg/L	4.65	Ⅲ类
5	五日生化需氧量	mg/L	3.525	Ⅲ类
6	化学需氧量	mg/L	28.95	Ⅳ类
7	总磷	mg/L	0.26	Ⅴ类
8	总氮	mg/L	2.28	Ⅴ类

由表6－56可见，在8项指标中，有6项指标能够达到《地表水环境质量标准》（GB 3838—2002）的Ⅳ类水质标准，两项指标为Ⅴ类水质，考虑到水环境质量标准对湖泊的总氮、总磷指标要求较高的实际情况，以及这两项指标超标并不算严重的事实，该指标赋分为50分。

（3）梅龙湖

由表 6－30 可见，在 8 项指标中，仅总氮 1 项指标不能达到《地表水环境质量标准》（GB 3838—2002）的Ⅳ类水质标准，其余 7 项指标则均达到了Ⅳ类水质标准。考虑到上述标准对湖泊的总氮指标要求较高的实际情况，以及这一项指标超标并不算严重的事实，该指标赋分为 80 分。

（4）安基山水库

由表 6－31 可见，采用频次法进行评价，安基山水库水功能区达标率为 83.3%，该指标赋分为 83.3 分。

（5）横山水库

由表 6－32 可见，在 8 项指标中，总氮、总磷及生化需氧量 3 项指标不能达到《地表水环境质量标准》（GB 3838—2002）的Ⅲ类水质标准，其余 5 项指标则均达到Ⅲ类水质标准。考虑到上述标准对湖泊的总氮、总磷及生化需氧量指标要求较高的实际情况，以及这两项指标超标均并不严重的事实，该指标赋分为 55 分。

2）防洪指标

防洪指标包括防洪工程完好率和湖库蓄泄能力两个指标，二者权重分别为 0.3 和 0.7。

（1）防洪工程完好率

① 百家湖

根据现状调查与资料调研成果，百家湖周边堤岸已基本达到 50 年一遇标准，防洪工程完好率约 95%，因此赋分为 100 分。

② 九龙湖

防洪工程完好率主要采用《水系统循环方案》中九龙湖片区防洪排涝核算结果，同时结合《南京城市防洪规划》中排涝标准及现场调查等相关结果，九龙湖周边堤岸已基本达到 50 年一遇标准，防洪工程完好率约 93%，因此赋分为 90 分。

③ 梅龙湖

根据现状调查与资料调研成果，除部分土质堤防不达标外，大部分堤岸已基本达到 30～50 年一遇标准，防洪工程完好率约 90%，因此赋分为 75 分。

④ 安基山水库

根据现状调查与资料调研成果，安基山水库周边堤岸已基本达到 30 年一遇标准，防洪工程完好率约 90%，因此赋分为 75 分。

⑤ 横山水库

根据现状调查与资料调研结果，横山水库已达到 30 年一遇防洪标准，防洪工程完好率 95% 以上，因此赋分为 100 分。

（2）湖库蓄泄能力

① 百家湖

百家湖的蓄泄能力的计算结果为 1.0，按照表 4－27 中的评价标准，该指标最终赋分为100分。

根据防洪工程完好率和湖泊蓄泄能力两个分项指标得分以及分项权重，最终得到防洪指标赋分为100分。

② 九龙湖

按照公式计算九龙湖的蓄泄能力，计算结果为0.9，基本满足排涝需求。按照表4－27中的评价标准，该指标最终赋分为90分。

根据防洪工程完好率和湖泊蓄泄能力两个分项指标得分以及分项权重，最终得到防洪指标赋分为87分。

③ 梅龙湖

梅龙湖的蓄泄能力的计算结果为92%，按照表4－27中的评价标准，该指标最终赋分为85分。

根据防洪工程完好率和湖泊蓄泄能力两个分项指标得分以及分项权重，最终得到防洪指标赋分为82分。

④ 安基山水库

安基山水库的蓄泄能力的计算结果为100%，按照表4－27中的评价标准，该指标最终赋分为100分。

根据防洪工程完好率和湖泊蓄泄能力两个分项指标得分以及分项权重，最终得到防洪指标赋分为92.5分。

⑤ 横山水库

横山水库的蓄泄能力计算结果为1.0，按照表4－27中的评价标准，该指标最终赋分为100分。

根据防洪工程完好率和湖泊蓄泄能力两个分项指标得分以及分项权重，最终得到防洪指标赋分为100分。

3）公众满意度指标

（1）百家湖

本次评估公众满意度相对较高，最高为100分，最低为45分，通过加权平均得出公众满意度指标赋分为80分。

（2）九龙湖

在回收的有效调查表中，公众总体评估赋分最高为100分，最低为50分，通过加权平均得出公众满意度指标赋分为75分。

（3）梅龙湖

本次评估公众满意度相对较高，最高为100分，最低为50分，通过加权平均得出公众满意度指标赋分为85分。

（4）安基山水库

本次评估公众满意度相对较高，最高为100分，最低为55分，通过加权平均得出公众满意度指标赋分为90分。

（5）横山水库

本次评估公众满意度相对较高，最高为 98 分，最低为 56 分，通过加权平均得出公众满意度指标赋分为 90 分。

6.4.2　江苏省评估指标体系

6.4.2.1　湖泊形态

（1）百家湖

湖泊形态指标为入湖口门畅通率。百家湖周边仅有经三路撇洪沟与其连通，该撇洪沟目前尚未建设任何闸坝、泵站，湖泊周边部分雨洪水经由该撇洪沟进入百家湖，除此之外，百家湖不存在其他入湖或出湖河流。综上，由于经三路撇洪沟不存在人为阻隔，入湖口门畅通情况良好，根据指标赋分标准，该指标的最终赋分为 100 分。

（2）九龙湖

与九龙湖连通的河道水系仅牛首山河一条，入口处设有泵站，因此与九龙湖连通的泵站仅斗篷泵站一个，由于缺乏相关数据，目前认为斗篷泵站连通状况为阻隔（断流时间为 2 个月），即入湖口门畅通率为 83.3%，本项指标赋分为 83.3 分。

（3）梅龙湖

梅龙湖周边目前尚未建设任何闸坝、泵站，湖泊周边部分降雨进入梅龙湖，除此之外，梅龙湖不存在其他入湖或出湖河流。综上，湖泊不存在人为阻隔，入湖口门畅通情况良好，根据指标赋分标准，该指标的最终赋分为 100 分。

（4）安基山水库

安基山水库周边目前尚未建设任何闸坝、泵站，湖泊周边部分降雨进入安基山水库，存在一条连通河流（七乡河）。综上，湖泊不存在人为阻隔，入湖口门畅通情况良好，根据指标赋分标准，该指标的最终赋分为 100 分。

（5）横山水库

横山水库上游仅有撇洪沟与其相连通，该撇洪沟目前尚未建设任何闸坝、泵站，周边雨洪水经撇洪沟进入横山水库；横山水库下游与解溪河相连通，存在一定人为阻隔，但同时修建了无闸溢洪道，因此入库口门畅通情况较好。该指标的最终赋分为 90 分。

6.4.2.2　水动力

（1）百家湖

根据湖泊容积和年度出湖水量的统计计算结果，按式（4－18）计算百家湖的换水周期为 0.67a，经过指标归一化，得到该指标标准化后的值为 0.18，根据表 4－22 中的评价标准，该指标赋分为 82 分。

（2）九龙湖

综合空气动力学方法和器测法结算结果，最终确定湖水交换能力为 0.59，根据表 4－22 中的评价标准，该指标赋分为 41 分。

（3）梅龙湖

根据湖泊容积和年度出湖水量的统计计算结果，按式（4－18）计算梅龙湖的换水周期为0.38a，经过指标归一化，根据表4－22中的评价标准，该指标赋分为62分。

（4）安基山水库

根据湖泊容积和年度出湖水量的统计计算结果，按式（4－18）计算安基山水库的换水周期为0.45a，经过指标归一化，根据表4－22中的评价标准，该指标赋分为45分。

（5）横山水库

根据水库容积和年度出库水量的统计计算结果，按式（4－18）计算横山水库的换水周期为0.74a，经过指标归一化后，根据表4－22中的评价标准，该指标赋分为40分。

6.4.2.3 湖体水质

湖体水质方面采用的指标包括水质污染指数和富营养化指数。其中，水质污染指数选择总氮、总磷、氨氮和高锰酸盐指数4项指标；富营养化指数主要采用叶绿素a值表示。

1）水质污染指数

① 百家湖

依据GB 3838—2002中的Ⅳ类标准值和上述4项指标的实测值，按照式（4－19）计算水质污染指数，其结果为1.03。根据表4－23中的评价标准，该指标最终赋分为58.8分。

② 九龙湖

依据GB 3838—2002中的Ⅳ类标准值和上述4项指标的实测值，按照式（4－19）计算水质污染指数，其结果为1.47。根据表4－23中的评价标准，该指标最终赋分为41.5分。

③ 梅龙湖

依据GB 3838—2002中的Ⅳ类标准值和上述4项指标的实测值，按照式（4－19）计算水质污染指数，其结果为0.81。根据表4－23中的评价标准，该指标最终赋分为68分。

④ 安基山水库

依据GB 3838—2002中的Ⅲ类标准值和上述4项指标的实测值，按照式（4－19）计算水质污染指数，其结果为0.47。根据表4－23中的评价标准，该指标最终赋分为81.2分。

⑤ 横山水库

依据GB 3838—2002中的Ⅲ类标准值和上述4项指标的实测值，按照式（4－19）计算水质污染指数，其结果为0.73。根据表4－23中的评价标准，该指标最终赋分为

46 分。

（2）富营养化指数

① 百家湖

以湖体叶绿素 a 值反映评价湖区水体营养状况，其调查结果取调查年度内两个监测点的平均值，为 34.6μg/L，计算得到营养状态指数为 $EI=62.3$，根据表 4－24 中的赋分标准，赋分为 31.6 分。

② 九龙湖

九龙湖叶绿素 a 含量调查结果取调查年度内两个监测点的平均值，为 29.0μg/L，计算得到营养状态指数为 $EI=62.3$，根据表 4－24 中的赋分标准，赋分为 60.8 分。

③ 梅龙湖

以湖体叶绿素 a 值反映评价湖区水体营养状况，其调查结果取调查年度内两个监测点的平均值，为 47.1μg/L，计算得到营养状态指数为 $EI=55.5$，根据表 4－24 中的赋分标准，赋分为 65.5 分。

④ 安基山水库

以湖体叶绿素 a 值反映评价湖区水体营养状况，其调查结果取调查年度内两个监测点的平均值，为 52.0μg/L，计算得到营养状态指数为 $EI=66.8$，根据表 4－24 中的赋分标准，赋分为 66.8 分。

⑤ 横山水库

以湖体叶绿素 a 值反映评价湖区水体营养状况，其调查结果取调查年度内两个监测点的平均值，为 74μg/L，计算得到营养状态指数为 $EI=62.3$，根据表 4－24 中的赋分标准，赋分为 31.6 分。

6.4.2.4　水生生物

水生生物包括浮游植物生物结构和大型底栖动物多样性指数两个指标。

（1）浮游植物生物结构

① 百家湖

通过查阅相关资料，百家湖历史上并无蓝藻暴发的相关记录，表明百家湖浮游植物类群较为丰富，根据表 4－25 中的赋分标准，该项指标赋分为 95 分。

② 九龙湖

九龙湖由于缺少相关的蓝藻密度数据，考虑采用近似有害蓝藻密度数据替代典型灾害年密度值，本次选取 4 次调查中蓝藻密度最高的一次监测结果作为典型灾害年蓝藻密度值，根据表 4－25 中的赋分标准，最后赋分为 52.4 分。

③ 梅龙湖

梅龙湖同样考虑采用近似有害蓝藻密度数据替代典型灾害年密度值，本次选取 4 次调查中蓝藻密度最高的一次监测结果作为典型灾害年蓝藻密度值，根据表 4－25 中的赋分标准，最后赋分为 85 分。

④ 安基山水库

根据浮游植物健康指标监测结果，蓝藻密度值为 5.01×10^7，由于安基山水库历史上未发生过蓝藻灾害，根据表 4－25 中的赋分标准，最后赋分为 95 分。

⑤ 横山水库

通过查阅相关资料，横山水库历史上并无蓝藻暴发的相关记录，横山水库浮游植物类群较低，根据表 4－25 中的赋分标准，该项指标赋分为 95 分。

（2）大型底栖动物生物多样性指数

① 百家湖

本次评估两个监测点大型底栖动物生物多样性指数的计算结果分别为 1.05 和 0.99，根据表 4－26 中的赋分标准，该指标最终得分为 20 分。

② 九龙湖

本次调查共监测出 8 种底栖动物，本次评估两个监测点大型底栖动物生物多样性指数的计算结果分别为 0.67 和 0.98，根据表 4－26 中的赋分标准，该指标最终得分为 32.9 分。

③ 梅龙湖

本次评估两个监测点大型底栖动物生物多样性指数的计算结果分别为 0.91 和 0.76，根据表 4－26 中的赋分标准，该指标最终得分为 34 分。

④ 安基山水库

本次评估两个监测点大型底栖动物生物多样性指数的计算结果分别为 0.63 和 2.13，根据表 4－26 中的赋分标准，该指标最终得分为 47.6 分。

⑤ 横山水库

本次评估两个监测点大型底栖动物生物多样性指数的计算结果分别为 0.77 和 0.63，根据表 4－26 中的赋分标准，该指标最终得分为 24.6 分。

6.4.2.5 社会服务功能

主要包括蓄泄能力和水功能区水质达标率两个指标，其中蓄泄能力反映湖泊防洪能力，水功能区水质达标率反映湖泊供水能力。

（1）蓄泄能力

① 百家湖

通过计算，得到百家湖的蓄泄能力为 1.0，根据表 4－27 中的赋分标准，该项指标赋分为 100 分。

② 九龙湖

九龙湖的蓄泄能力的计算结果为 0.9，按照表 4－27 中的评价标准，该指标最终赋分为 90 分。

③ 梅龙湖

通过计算，得到梅龙湖的蓄泄能力为 0.6，根据表 4－27 中的赋分标准，该项指标赋分为 80 分。

④ 安基山水库

通过计算，得到安基山水库的蓄泄能力为 1.0，根据表 4－27 中的赋分标准，该项指标赋分为 100 分。

⑤ 横山水库

通过计算，得到横山水库的蓄泄能力为 1.0，根据表 4－27 中的赋分标准，该项指标赋分为 100 分。

（2）水功能区水质达标率

① 百家湖

在 8 项指标中，总氮、总磷两项指标不能达到《地表水环境质量标准》（GB 3838—2002）的Ⅳ类水质标准，但两者超标均不严重，据此该项指标赋分为 55 分。

② 九龙湖

在 8 项指标中，有 6 项指标能够达到《地表水环境质量标准》（GB 3838—2002）的Ⅳ类水质标准，两项指标为Ⅴ类水质，考虑到 GB 3838—2002 中对湖泊的总氮、总磷指标要求较高的实际情况，以及这两项指标超标并不算严重的事实，该指标赋分为 50 分。

③ 梅龙湖

在 8 项指标中，仅总氮 1 项指标不能达到《地表水环境质量标准》（GB 3838—2002）的Ⅳ类水质标准，且超标均不严重，据此该项指标赋分为 80 分。

④ 安基山水库

根据《地表水环境质量标准》（GB 3838—2002）的Ⅲ类水质标准，2016 年水功能区达标率为 83.3%，据此该项指标赋分为 46 分。

⑤ 横山水库

在 8 项指标中，总氮、总磷及生化需氧量 3 项指标不能达到《地表水环境质量标准》（GB 3838—2002）的Ⅲ类水质标准，但三者超标均不严重，据此该项指标赋分为 55 分。

6.5　湖泊生态系统健康评估结果及问题诊断

6.5.1　国家一期试点评估指标体系

在指标赋分的基础上，采用层次分析法对指标层和属性层分别赋权，通过一致性检验，最终确定各指标的权重值，获得各河流生态系统健康评估指标的赋分值和权重值。

（1）百家湖

根据百家湖 5 个属性层 13 个健康评估指标的最终赋分和权重值，计算得到百家湖的健康评分为 64.9 分，可知百家湖健康状况处于“良”，各指标的赋分值和权重值见表 6－57。

采用雷达图表示，分别给出百家湖 5 个属性层的健康状况评价结果，如图 6－43 所示。

表 6-57　国家一期试点指标赋分和权重计算结果

准则层	指标层	指标	计算监测值及评价结果			指标层赋分	指标层权重	准则层赋分	准则层权重	湖泊健康指数
物理结构	河湖连通状况	阻隔时间（月）	0			100	0.4	88.24	0.2	64.9
	湖泊萎缩状况	湖泊面积（km^2）	2003 年	0.66		100	0.3			
			2014 年	0.66						
	湖滨带状况	岸坡稳定性	0.25（权重）	86.3（赋分）		60.8	0.3			
		植被覆盖率	0.5（权重）	41.7（赋分）						
		人工干扰程度	0.25（权重）	73.8（赋分）						
水文水资源	最低生态水位满足程度	最低生态水位 6.5m				90	0.7	93	0.3	
	入湖流量变异系数	<0.05				100	0.3			
水质	富营养状况	透明度	0.28m	87.5（赋分）	EI =62.3					
		TN	2.26mg/L	71.3（赋分）		31.6	取最小值	31.6	0.25	
		TP	0.15mg/L	67.5（赋分）						
		叶绿素	0.0346μg/L	62.2（赋分）						
		高锰酸盐指数	4.42mg/L	51.3（赋分）						
	耗氧有机物污染状况	高锰酸盐指数	4.42mg/L	51.3（赋分）		60.7				
		化学需氧量	20.02mg/L	60.35（赋分）						
		五日生化需氧量	3.43mg/L	78（赋分）						
		氨氮	0.86mg/L	53（赋分）						
	DO 水质状况	DO 平均值（mg/L）		10.07		100				
水生态	藻类密度	藻类密度（万个/L）		1013.57		29.8	0.4	23.92	0.15	
	大型底栖动物生物多样性指数	Shannon-Wiener 指数		1.02		20	0.6			
社会服务功能	水功能区达标指标	总磷	Ⅴ类	共 8 项	2 项不达标	55	0.3	78.5	0.1	
		总氮	Ⅴ类							
	防洪指标	防洪工程达标率 95% 以上；蓄泄能力 1.0				100	0.3			
	公众满意度指标	加权平均				80	0.4			

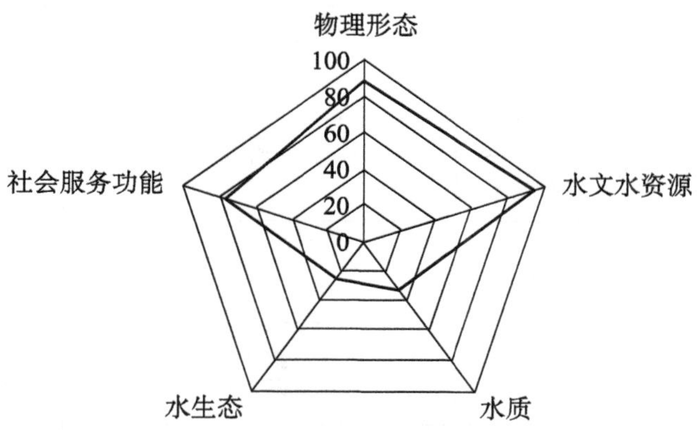

6－43　百家湖健康评估结果雷达图（国家一期试点指标）

由图6－43可见，百家湖物理形态、水文水资源和社会服务功能三个属性层分数较高，而水质和水生态属性层的健康状况较差，这主要是由于百家湖富营养化较为严重，湖泊内浮游植物密度较大，大型底栖动物生物多样性较低所致。

（2）九龙湖

根据九龙湖5个属性层13个健康评估指标的最终赋分和权重值，计算得到百家湖的健康评分，为52分，可知百家湖健康状况处于“中”，各指标的赋分值和权重值见表6－58。

采用雷达图表示，分别给出九龙湖5个属性层的健康状况评价结果，如图6－44所示。

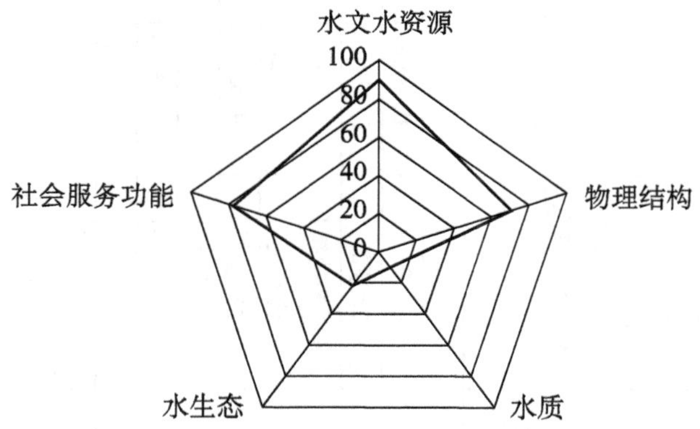

图6－44　九龙湖健康评估结果雷达图（国家一期试点指标）

由图6－44可见，九龙湖物理形态、水文水资源和社会服务功能三个属性层分数较高，而水质和水生态属性层的健康状况较差，分别为10分和22分，这主要是由于九龙湖富营养化较为严重，湖泊内浮游植物密度较大，大型底栖动物生物多样性较低所致。

（3）梅龙湖

根据梅龙湖5个属性层13个健康评估指标的最终赋分和权重值，计算得到梅龙湖的健康评分，为68.1分，可知梅龙湖健康状况处于“良”。各指标的赋分值和权重值见表6－59。

表 6-58　九龙湖国家指标体系健康指数计算表

准则层	指标层	指标	计算监测值及评价结果			指标层赋分	指标层权重	准则层赋分	准则层权重	湖泊健康指数
物理结构	河湖连通状况	阻隔时间（月）	2			40	0.4	70.9	0.2	52.0
	湖泊萎缩状况	湖泊面积（km^2）	2003 年	0.84		100	0.3			
			2014 年	0.89						
	湖滨带状况	岸坡稳定性	0.25（权重）	66.8（赋分）		83	0.3			
		植被覆盖率	0.5（权重）	90.5（赋分）						
		人工干扰程度	0.25（权重）	84.3（赋分）						
水文水资源	最低生态水位满足程度	最低生态水位 7m				90	0.7	88.5	0.3	
	入湖流量变异系数					85	0.3			
水质	富营养状况	TN	2.26mg/L	70.8（赋分）	$EI=68$	10	取最小值	10	0.25	
		TP	0.26mg/L	71.5（赋分）						
		叶绿素	0.029μg/L	60.7（赋分）						
		高锰酸盐指数	4.65mg/L	51.7（赋分）						
		透明度	0.2m	90（赋分）						
	耗氧有机物污染状况	高锰酸盐指数	4.65mg/L	73.5（赋分）		60.25				
		化学需氧量	28.99mg/L	33.6（赋分）						
		五日生化需氧量	3.53mg/L	80（赋分）						
		氨氮	1.1mg/L	54（赋分）						
	DO 水质状况	DO 平均值（mg/L）		6.93		92.4				
水生态	藻类密度	藻类密度（万个/L）		4459.6		5.65	0.4	22	0.15	
	大型底栖生物结构指数	Shannon-Wiener 指数		0.83		32.9	0.6			
社会服务功能	水功能区达标指标	总磷	V类	共 8 项	2 项不达标	50	0.3	72	0.1	
		总氮	V类							
	防洪指标	蓄泄能力为 0.9				90	0.3			
	公众满意度指标	加权平均				75	0.4			

表 6－59　国家一期试点指标赋分和权重计算结果

准则层	指标层	指标	计算监测值及评价结果			指标层赋分	指标层权重	准则层赋分	准则层权重	湖泊健康指数
物理结构	河湖连通状况	阻隔时间（月）	0			100	0.4	94.2	0.2	68.1
	湖泊萎缩状况	湖泊面积（km^2）	2005 年	0.37		100	0.3			
			2015 年	0.37						
	湖滨带状况	岸坡稳定性	0.25（权重）	78.6（赋分）		80.6	0.3			
		植被覆盖率	0.5（权重）	86.8（赋分）						
		人工干扰程度	0.25（权重）	70.0（赋分）						
水文水资源	最低生态水位满足程度	7m				90	0.7	93	0.3	
	入湖流量变异系数	<0.05				100	0.3			
水质	富营养状况	TN	2.85mg/L	72.1（赋分）	*EI* =61.4	39	取最小值	39	0.25	
		TP	0.09mg/L	58（赋分）						
		叶绿素	0.0471μg/L	65.5（赋分）						
		高锰酸盐指数	4.0mg/L	50（赋分）						
	耗氧有机物污染状况	高锰酸盐指数	4.0mg/L	80（赋分）		90.5				
		化学需氧量	15.3mg/L	97.5（赋分）						
		五日生化需氧量	3.2mg/L	92（赋分）						
		氨氮	0.27mg/L	93（赋分）						
	DO 水质状况	DO 平均值（mg/L）	8.29			100				
水生态	藻类密度	藻类密度（万个/L）	3895.0			4.4	0.4	22	0.15	
	大型底栖生物结构指数	Shannon-Wiener 指数	0.83			34	0.6			
社会服务功能	水功能区达标指标	总氮	V类	共 8 项	1 项不达标	80	0.3	82.6	0.1	
	防洪指标	防洪工程完好率得 75 分；湖泊蓄泄能力得 85 分				82	0.3			
	公众满意度指标	加权平均				85	0.4			

根据梅龙湖5个属性层13个健康评估指标的最终赋分和权重值，计算得到梅龙湖的健康评分，为68.1分，可知梅龙湖健康状况处于“良”。各指标的赋分值和权重值见表6－59。

采用雷达图形式，分别给出梅龙湖5个属性层的健康状况评价结果，如图6－45所示。

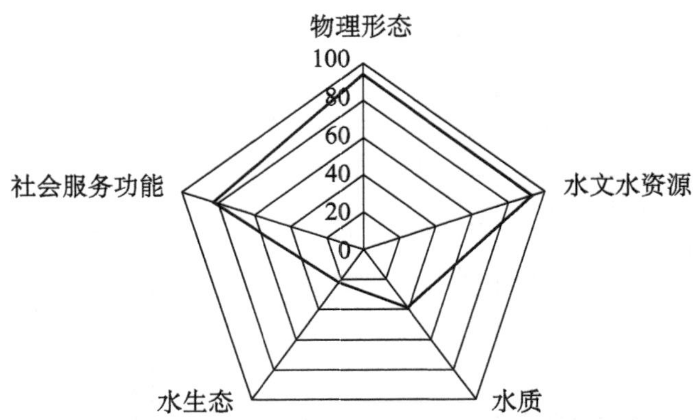

6－45 梅龙湖健康评估结果雷达图（国家一期试点指标）

由图6－45可见，梅龙湖物理形态、水文水资源和社会服务功能三个属性层分数较高，而水质和水生态属性层的健康状况较差，这主要是由于梅龙湖富营养化较为严重，湖泊内浮游植物密度较大，大型底栖动物生物多样性较低所致。

（4）安基山水库

根据安基山水库5个属性层13个健康评估指标的最终赋分和权重值，计算得到安基山水库的健康评分，为75.8分，可知安基山水库健康状况处于“良”。各指标的赋分值和权重值见表6－60。

采用雷达图形式，分别给出安基山水库5个属性层的健康状况评价结果，如图6－46所示。

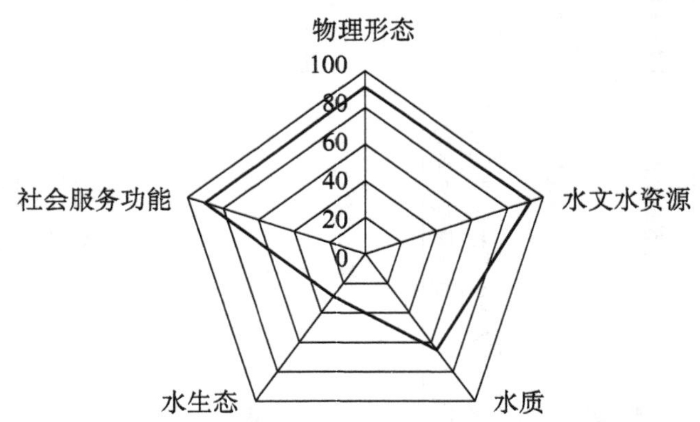

图6－46 安基山水库健康评估结果雷达图（国家一期试点指标）

表 6 -60　国家一期试点指标赋分和权重计算结果

准则层	指标层	指标	计算监测值及评价结果			指标层赋分	指标层权重	准则层赋分	准则层权重	湖泊健康指数
物理结构	河湖连通状况	阻隔时间（月）	0			100	0.4	91.4	0.2	75.8
	湖泊萎缩状况	湖泊面积（km^2）	2005 年	100		0.3	0.3			
			2017 年	0.57						
	湖滨带状况	岸坡稳定性	0.25（权重）	71.44		0.3	0.3			
		植被覆盖率	0.5（权重）	62.5（赋分）						
		人工干扰程度	0.25（权重）	80（赋分）						
水文水资源	最低生态水位满足程度	47m				90	0.7	93	0.3	
	入湖流量变异系数	<0.05				100	0.3			
水质	富营养状况	TN	0.75mg/L	65（赋分）	EI =47.3	65	取最小值	65	0.25	
		TP	0.017mg/L	23（赋分）						
		叶绿素	0.052μg/L	66.8（赋分）						
		高锰酸盐指数	3.2mg/L	58.8（赋分）						
	耗氧有机物污染状况	高锰酸盐指数	3.2mg/L	88（赋分）		95.3				
		化学需氧量	<15mg/L	100（赋分）						
		五日生化需氧量	2.15mg/L	100（赋分）						
		氨氮	0.27mg/L	93.2（赋分）						
	DO 水质状况	DO 平均值（mg/L）	13.07			100				
水生态	藻类密度	藻类密度（万个/L）	5020			4.6	0.4	22	0.15	
	大型底栖动物生物多样性指数	Shannon-Wiener 指数	1.38			45	0.6			
社会服务功能	水功能区达标率	83.3%				83.3	0.3	90.1	0.1	
	防洪指标	防洪工程完好率得 75 分；湖泊蓄泄能力得 100 分				92.5	0.3			
	公众满意度指标	加权平均				90	0.4			

由图 6-46 可见，安基山水库物理形态、水文水资源和社会服务功能三个属性层分数较高，而水质和水生态属性层的健康状况较差，这主要是由于安基山水库富营养化较为严重，湖泊内浮游植物密度较大，大型底栖动物生物多样性较低所致。

（5）横山水库

根据横山水库 5 个属性层 13 个健康评估指标的最终赋分和权重值，计算得到横山水库的健康评分，为 71.7 分，可知横山水库健康状况处于“良”。各指标的赋分值和权重值见表 6-61。

采用雷达图表示，分别给出横山水库 5 个属性层的健康状况评价结果，如图 6-47 所示。

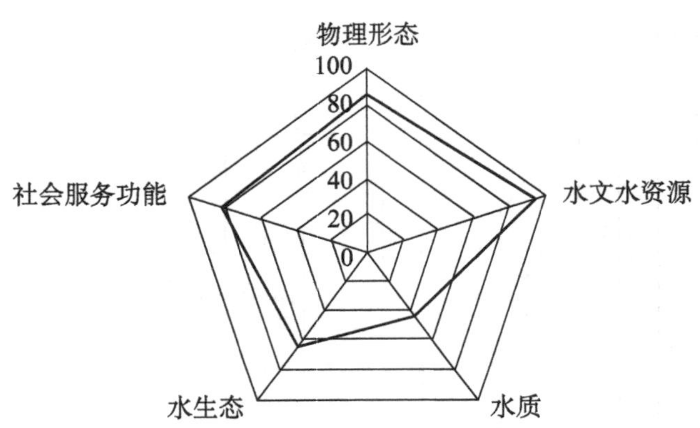

图 6-47　横山水库健康评估结果雷达图（国家一期试点指标）

由图 6-47 可见，横山水库物理形态、水文水资源和社会服务功能三个属性层分数较高，而水质和水生态层的健康状况较差，这主要是由于横山水库富营养化程度较高，大型底栖动物生物多样性较低所致。

6.5.2　江苏省指标体系

（1）百家湖

在指标赋分的基础上，采用 AHP 法对指标层和属性层分别赋权，通过一致性检验，最终确定各指标的权重值，各指标的赋分值和权重值见表 6-62。

根据百家湖 4 个属性层 7 个健康评估指标的最终赋分和权重值，计算得到百家湖的健康评分，为 66.9 分，可知百家湖健康状况处于“良”。

采用雷达图形式，分别给出百家湖 8 个指标层的健康状况评价结果，如图 6-48 所示。

由图 6-48 可见，百家湖入湖口门畅通率、湖水交换能力、浮游植物生物结构、蓄泄能力 4 个指标分数较高，而其余 4 个指标相对较差，尤其是大型底栖动物生物多样性指标，赋分仅为 20 分，这主要是由于百家湖富营养化程度较高、水质较差，使得底栖动物以耐污型物种为主，生物多样性较低。

表6－61 国家一期试点指标赋分和权重计算结果

准则层	指标层	指标	计算监测值及评价结果			指标层赋分	指标层权重	准则层赋分	准则层权重	湖泊健康指数
物理结构	河湖连通状况	阻隔时间（月）	0			90	0.4	85.17	0.2	71.7
	湖泊萎缩状况	湖泊面积（km^2）	2008年	0.28		100	0.3			
			2016年	0.28						
	湖滨带状况	岸坡稳定性	0.25（权重）	74.5（赋分）		63.9	0.3			
		植被覆盖率	0.5（权重）	55（赋分）						
		人工干扰程度	0.25（权重）	71.25（赋分）						
水文水资源	最低生态水位满足程度	最低生态水位77m				90	0.7	93	0.3	
	入湖流量变异系数	<0.05				100	0.3			
水质	富营养状况	透明度	0.28m	87.5（赋分）	*EI* =60.9					
		TN	1.68mg/L	64.6（赋分）		42.8	取最小值	42.8	0.25	
		TP	0.04mg/L	46（赋分）						
		叶绿素	0.074μg/L	62.3（赋分）						
		高锰酸盐指数	3.51mg/L	44.2（赋分）						
	耗氧有机物污染状况	高锰酸盐指数	3.51mg/L	91.75（赋分）		94.87				
		化学需氧量	6.58mg/L	96.75（赋分）						
		五日生化需氧量	3.04mg/L	95.5（赋分）						
		氨氮	0.17mg/L	95.5（赋分）						
	DO水质状况	DO平均值（mg/L）		10.07		100				
水生态	藻类密度	藻类密度（万个/L）		3.38		95	0.4	52.76	0.15	
	大型底栖生物结构指数	Shannon-Wiener指数		0.7		24.6	0.6			
社会服务功能	水功能区达标指标	总磷	Ⅲ类	共8项	3项不达标	55	0.3	82.5	0.1	
		生化需氧量	Ⅲ类							
		总氮	Ⅲ类							
	防洪指标	防洪工程达标率95%以上；蓄泄能力1.0				100	0.3			
	公众满意度指标	加权平均				90	0.4			

表 6 – 62　江苏省指标赋分和权重计算结果

评价指标	指标	指标评价结果		指标赋分	权重	湖泊健康指数
入湖口门畅通率	阻隔时间（月）	0		100	0.085	66.9
	入湖口门畅通率	100%				
湖水交换能力	湖泊容积（万 m^3）	68.7	换水周期 245 天	82	0.108	
	最低生态入湖补水流量（m^3/s）	0				
水质污染指数	TN（mg/L）	1.5	水质污染指数 1.03	58.8	0.140	
	TP（mg/L）	0.1				
	NH_3-N（mg/L）	1.5				
	COD_{Mn}（mg/L）	30				
富营养化指数	叶绿素 a（μg/L）	34.6	*EI* = 62.3	31.6	0.121	
浮游生物结构	评估年藻类密度（万个/L）	1013.57	0.1	95	0.124	
	有害蓝藻密度值（万个/L）	101				
大型底栖动物生物多样性指数	Shannon-Wiener 指数		1.02	20	0.123	
蓄泄能力	蓄泄能力		0.17	100	0.150	
水功能区水质达标率	总磷	Ⅴ类	共 8 项，2 项不达标	55	0.150	
	总氮	Ⅴ类				

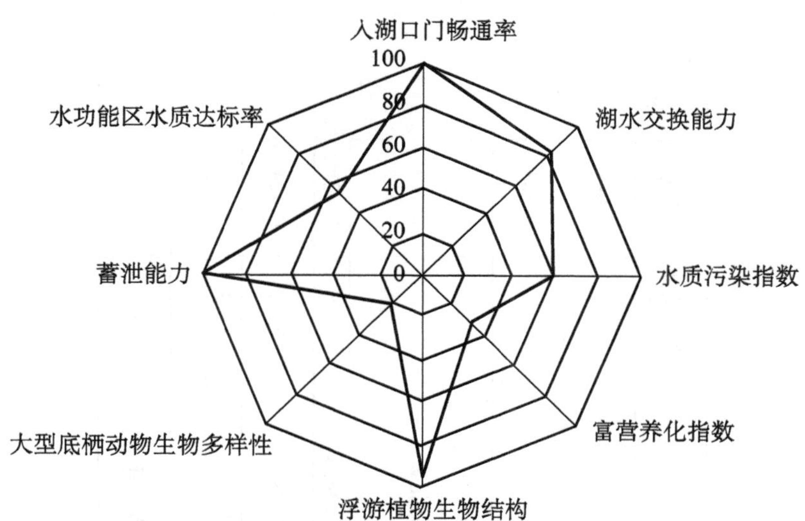

图6-48　百家湖健康评估结果雷达图（江苏省指标）

（2）九龙湖

在指标赋分的基础上，采用AHP法对指标层和属性层分别赋权，通过一致性检验，最终确定各指标的权重值，各指标的赋分值和权重值见表6-63。

根据九龙湖4个属性层7个健康评估指标的最终赋分和权重值，计算得到九龙湖的健康评分，为66.9分，可知九龙湖健康状况处于“中”。

采用雷达图形式，分别给出九龙湖8个指标层的健康状况评价结果，如图6-49所示。

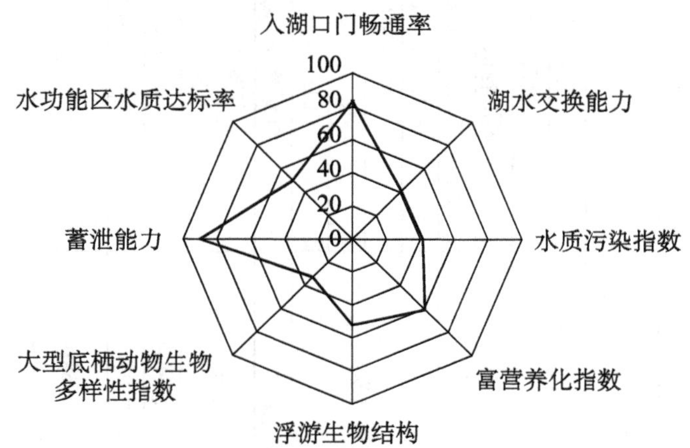

图6-49　九龙湖江苏省指标体系评价结果

（3）梅龙湖

在指标赋分的基础上，采用AHP法对指标层和属性层分别赋权，通过一致性检验，最终确定各指标的权重值，各指标的赋分值和权重值见表6-64。

表 6－63　九龙湖江苏省指标体系健康指数计算表

评价指标	指标	指标评价结果		指标赋分	权重	湖泊健康指数
入湖口门畅通率	阻隔（月）	2		83.3	0.085	56.2
	入湖口门畅通率	83.30%				
湖水交换能力	湖泊容积（万 m^3）	18	换水周期 215 天	41	0.108	
	最低生态入湖补水流量（m^3/s）	0.0106				
水质污染指数	TN（mg/L）	1.5	水质污染指数 1.47	41.5	0.140	
	TP（mg/L）	0.1				
	NH_3-N（mg/L）	1.5				
	COD_{Mn}（mg/L）	30				
富营养化指数	叶绿素 a（μg/L）	29	$EI=34.5$	60.8	0.121	
浮游生物结构	评估年蓝藻密度（万个/L）	2994.1	0.48	52.4	0.124	
	“有害”蓝藻密度值（万个/L）	6288.4				
大型底栖动物生物多样性指数	Shannon-Wiener 指数		0.83	32.9	0.123	
蓄泄能力	蓄泄能力		0.9	90	0.150	
水功能区水质达标率	总磷	V类	共 8 项	50	0.150	
	总氮	V类				

表 6－64　江苏省指标赋分和权重计算结果

评价指标	指标	指标评价结果		指标赋分	权重	湖泊健康指数
入湖口门畅通率	阻隔时间（月）	0		100	0.085	71.4
	入湖口门畅通率	100%				
湖水交换能力	湖泊容积（万 m^3）	24.77	换水周期 0.38a	62	0.108	
	年度出湖水量（万 m^3/a）	64.64				
水质污染指数	TN（mg/L）	2.81	水质污染指数 0.81	68	0.140	
	TP（mg/L）	0.08				
	NH_3-N（mg/L）	0.26				
	COD_{Mn}（mg/L）	4.0				
富营养化指数	叶绿素 a（μg/L）	47.1	*EI* = 55.5	65.5	0.121	
浮游生物结构	评估年藻类密度（万个/L）	1013.57	0.1	85	0.124	
	有害蓝藻密度值（万个/L）	101				
大型底栖动物生物多样性指数	Shannon-Wiener 指数		0.84	34	0.123	
蓄泄能力	蓄泄能力		60%	80	0.150	
水功能区水质达标率	总氮	V类	共 8 项，1 项不达标	80	0.150	

根据梅龙湖4个属性层7个健康评估指标的最终赋分和权重值，计算得到梅龙湖的健康评分，为71.4分，可知梅龙湖健康状况处于“良”。

采用雷达图形式，分别给出梅龙湖8个指标层的健康状况评价结果，如图6－50所示。

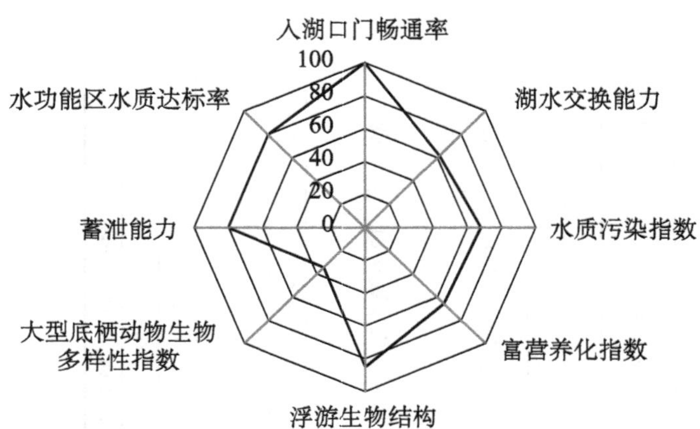

图6－50　梅龙湖健康评估结果雷达图（江苏省指标）

由图6－50可见，梅龙湖入湖口门畅通率、湖水交换能力、浮游植物生物结构、蓄泄能力4个指标分数较高，而其余4个指标相对较差，尤其是大型底栖动物生物多样性指标，赋分仅为34分，这主要是由于梅龙湖富营养程度较高、水质较差，使得底栖动物以耐污型物种为主，生物多样性较低。

（4）安基山水库

在指标赋分的基础上，采用AHP法对指标层和属性层分别赋权，通过一致性检验，最终确定各指标的权重值，各指标的赋分值和权重值见表6－65。

根据安基山水库4个属性层7个健康评估指标的最终赋分和权重值，计算得到安基山水库的健康评分，为70.8分，可知安基山水库健康状况处于“良”。

采用雷达图形式，分别给出安基山水库8个指标层的健康状况评价结果，如图6－51所示。

由图6－51可见，安基山水库入湖口门畅通率、水质污染指数、浮游植物生物结构、蓄泄能力4个指标分数较高，而其余4个指标相对较差，尤其是大型底栖动物生物多样性指标和湖水交换能力，这主要是由于安基山水库富营养程度较高、水质较差，使得底栖动物以耐污型物种为主，生物多样性较低。

（5）横山水库

在指标赋分的基础上，采用AHP法对指标层和属性层分别赋权，通过一致性检验，最终确定各指标的权重值，各指标的赋分值和权重值见表6－66。

表 6－65　江苏省指标赋分和权重计算结果

评价指标	指标	指标评价结果		指标赋分	权重	湖泊健康指数
入湖口门畅通率	阻隔时间（月）	0		100	0.085	70.8
	入湖口门畅通率	100%				
湖水交换能力	湖泊容积（万 m^3）	722.7	换水周期 0.45a	45	0.108	
	年度出湖水量（万 m^3/a）	1606				
水质污染指数	TN（mg/L）	0.75	水质污染指数 0.47	81.2	0.140	
	TP（mg/L）	0.017				
	NH_3-N（mg/L）	0.27				
	COD_{Mn}（mg/L）	3.2				
富营养化指数	叶绿素 a（μg/L）	52	*EI*＝66.8	66.8	0.121	
浮游生物结构	评估年藻类密度（万个/L）	5020	0.05	95	0.124	
	有害蓝藻密度值（万个/L）					
大型底栖动物生物多样性指数	Shannon-Wiener 指数		1.38	47.6	0.123	
蓄泄能力	蓄泄能力		100%	90	0.150	
水功能区水质达标率	83.3%			46	0.150	

表6－66　江苏省指标赋分和权重计算结果

评价指标	指标	指标评价结果		指标赋分	权重	湖泊健康指数
入湖口门畅通率	阻隔时间（月）	0		90	0.085	60.3
	入湖口门畅通率	90%				
湖水交换能力	水库容积（万 m^3）	172.3	换水周期274天	40	0.108	
	最低生态入湖补水流量（m^3/s）	0				
水质污染指数	TN（mg/L）	1.68	水质污染指数1.35	46	0.140	
	TP（mg/L）	0.04				
	NH_3-N（mg/L）	0.17				
	COD_{Mn}（mg/L）	3.51				
富营养化指数	叶绿素a（μg/L）	74	*EI*＝62.3	31.6	0.121	
浮游生物结构	评估年藻类密度（万个/L）	3.38	0.1	95	0.124	
	有害蓝藻密度值（万个/L）	0.3				
大型底栖动物生物多样性指数	Shannon-Wiener指数		0.73	24.6	0.123	
蓄泄能力	蓄泄能力		1.0	100	0.150	
水功能区水质达标率	总磷	Ⅲ类	共8项，3项不达标	55	0.150	
	生化需氧量	Ⅲ类				
	总氮	Ⅲ类				

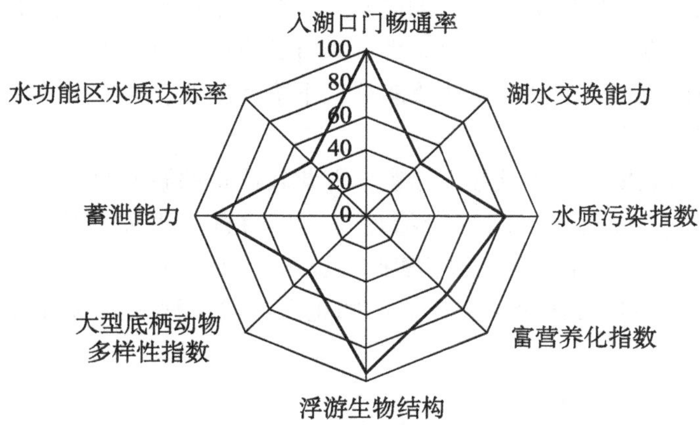

图 6－51　安基山水库健康评估结果雷达图（江苏省指标）

根据横山水库 4 个属性层和 7 个健康评估指标的最终赋分和权重值，计算得到横山水库的健康评分，为 60.3 分，可知横山水库健康状况处于“良”。

采用雷达图形式，分别给出横山水库 8 个指标的健康状况评价结果，如图 6－52 所示。

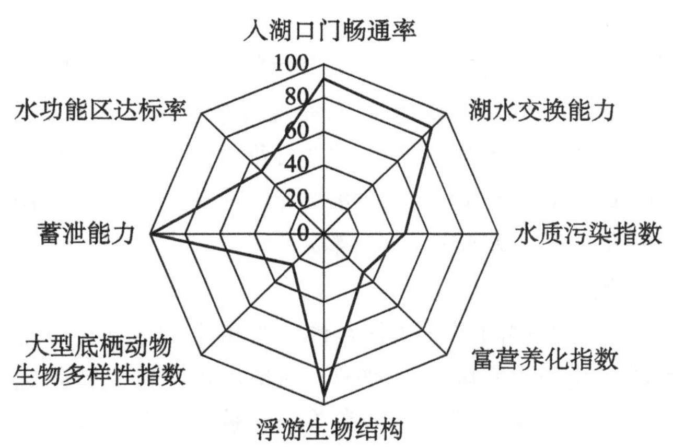

图 6－52　横山水库健康评价结果雷达图（江苏省指标）

结果表明，横山水库最终赋分 60.3 分，健康状况处于“良”。由于横山水库富营养化程度较高，水质指标赋分较低，大型底栖动物多样性较差，是导致横山水库健康状况差的主要原因。

6.6　湖泊生态系统健康保障对策和措施

6.6.1　百家湖

自 2012 年百家湖综合治理工程启动以来，通过湖底清淤、排水改造和雨污分流、微生物治理、人工设置曝气装置、定期监测水质等综合措施，百家湖综合治理已取得阶段性成效。但由于湖泊生态修复的复杂性，维持百家湖健康，未来需要着力解决湖泊富营养化及其导致的湖泊水质恶化、生物多样性下降等问题。

（1）底泥清淤工程

大量研究成果表明，底泥疏浚对于富营养化较严重的湖泊而言，是一种治理内源污染的有效途径之一。经过百家湖综合治理工程，目前，百家湖完成雨污分流工程建设，外源污染已基本得到控制。根据掌握的资料，目前百家湖尚未系统实施底泥清淤工程。因此，以减少内源污染负荷为目的的生态清淤工程成为当前湖泊富营养化治理的首选措施。

（2）水生植物恢复措施

大型水生植物作为湖泊生态系统的初级生产者，是系统中关键构成要素之一。其对湖泊生态系统的结构和功能都有显著影响。大型水生植物不仅是氧气和能量的主要生产者，也是湖泊生态系统中食物链和能量流动的基础环节。其形成的复杂生境能够为生活在湖泊和湖滨带的动物提供食物和庇护所。国内外大量研究成果表明，大型水生植物能够有效吸附水中的悬浮物质，提高水体透明度，增加水体中溶解氧含量；吸收固定底泥和水中的营养盐，并向水体释放化感物质以抑制浮游植物的生长；减少或避免底泥的再悬浮，减缓湖泊富营养化过程等。

野外调查结果表明，目前百家湖大型水生植物中，挺水植物和浮叶植物总体缺失，沉水植物生物多样性也比较低。可结合美化景观等功能要求，在湖滨带水深不超过 1m 的区域人工种植芦苇、香蒲、水葱、慈姑、再力花、荷花等大型挺水植物；在水深不超过 0.5m 的区域种植狐尾藻、眼子菜、金鱼藻等沉水植物；并在湖滨水深不超过 0.3m 的区域种植睡莲、荇菜、菱、水鳖等浮叶植物。

（3）生态护岸措施

湖滨带在涵养水源、蓄洪防旱、净化水体、维持生物多样性等方面有重要作用。目前百家湖周边大多数岸线均已实施硬性砌护，造成湖泊水陆交错带整体缺失，少数岸线虽实施了生态护岸工程，但湖滨带植被种类单一，普遍缺乏自然湖泊水陆交错带的湿生植物。

未来治理过程中，可结合景观娱乐等功能要求，在满足城市建设用地要求和防洪要求的前提下，尽量提高湖泊生态护岸率，并在实施生态护岸工程的岸线的陆域范围内近水带适当补植本地湿生植物。植被类型可选择蓼属的两栖蓼、红蓼，毛茛属的毛茛、石龙芮等，酸模属的酸模叶蓼、羊蹄等。

（4）生物操控措施

基于鱼类的“下行效应”，Shapiro 等提出了生物操控理论，试图通过重建生物群落以得到一个有利的响应，借此减少湖泊中藻类生物量，保持水质清澈并提高生物多样性。已有大量的研究成果表明，在湖内放置适当的水生动物可以有效去除水体中富余的营养物质，如蚌类可以滤食悬浮的藻类以及有机碎屑，提高湖水的透明度；螺蛳摄食固着藻类，同时分泌促絮凝物质，可以净化水体；放养鲢、鳙等滤食性鱼类则可通过对浮游藻类的滤食，限制其光合作用的水平，以此来有效控制水体中有机物质的补充。

生态调查结果表明，百家湖浮游植物密度和生物量均较高，优势种为隐藻、蓝隐藻等耐有机污染藻类。在未来治理过程中，可以在藻类大量繁殖期间（夏季为主）向百家湖中人工投放鲢、鳙等鱼类，投放模式、投放密度等可在围隔实验的基础上确定，以期获得良好的除藻效果。

6.6.2　九龙湖

目前江宁区关于九龙湖的综合治理工作正在逐步开展中，通过雨污分流改造、九龙湖污水截流工程及委托中国市政工程中南设计研究总院有限公司做的《江宁开发区殷巷及九龙湖片区水环境综合整治工程——水循环系统方案》等综合措施，九龙湖的综合治理正在逐步完善中，预计水循环系统工程完成后，云台山河、九龙湖片区到牛首山河水系得以贯通，大大改善九龙湖水体流动更新，增强水体动力。但由于湖泊生态修复的复杂性，未来仍需着力解决九龙湖湖泊富营养化导致的水质恶化及生物多样性下降等问题。根据健康评价结果和问题诊断结果，有针对性地提出相应的健康保障对策措施。

（1）雨污分流工程及排水达标区建设

根据《水循环系统方案》里的调查结果并结合实地考察，九龙湖沿线共有 7 座有污水下河的检查井，均在进行污水截流处理，部分排口正在施工，预计 2015 年 11 月底实施完成，外源污染的有效控制将大大改善九龙湖的水质状况。

（2）底泥清淤工程

由于污染物的排放，湖泊底泥厚度不断增加而减少湖泊的调蓄容量，同时底泥的内源污染释放也影响水质。大量研究成果表明，底泥疏浚对于富营养化较严重的湖泊而言，是一种有效治理内源污染的有效途径。根据目前收集的资料，九龙湖尚未系统实施底泥清淤工程。因此，以减少内源污染负荷为目的的生态清淤工程将成为当前湖泊富营养化治理的首选措施。

（3）开展湿地生态系统恢复工程，保护生物多样性

对生态功能退化严重的区域，通过生物和工程措施逐步恢复其生态功能，为丰富多样的水生动植物创造良好的生境。同时要严禁湖滨带开垦农田、严禁生活污水直接排入湖泊水域，本次现场调研显示，在湖滨带附近有正在建设中的小型污水处理厂，建成之后生活污水将经污水处理厂处理，达标之后再排入九龙湖。同时积极开展九龙湖区域生物治污工程，可在九龙湖湖滨带培植芦苇、小叶浮萍等挺水植物，芦苇本身具有较强的抗污去污能力，其错综复杂的根部生境对污染物的拦截、吸附作用也很大。

（4）加强九龙湖生态环境监控，持续开展九龙湖健康评估

为保障湖泊健康，有必要开展九龙湖生态环境长期监控。九龙湖生态环境监控需从点上监测向面上监测发展，从定时监测向连续监测发展，加强监测点位的规划和站网布设优化。监控内容包括湖泊形态、水动力、水质与生态四个方面，重点开展水质、水生

生态观测。在九龙湖分区定期开展包括浮游植物和水生高等植物，浮游动物、底栖动物及鱼类等水生生物群落定期观测，掌握其动态变化情况。结合江宁区环境管理工作实际情况，持续开展九龙湖健康评估。

（5）引导公众参与，促进信息公开

充分利用电视、广播、报纸和网络等新闻媒介，发挥其舆论监督和导向作用，增强企业社会责任意识，形成全社会共同推动九龙湖健康维护及综合治理工作的良好社会氛围。加强宣传教育力度，将九龙湖健康保护有关内容列入流域地区学校教育内容，增强公众环境忧患意识，倡导节约资源、保护环境和绿色消费的生活方式，形成保护九龙湖健康的良好风尚。

应发挥公众的监督作用，并强制实施信息共享和披露。政府有关部门要认真执行有关环保等政策法规、建设项目审批、环保案件处理等政务公告制度，建立信息发布制度，对涉及公众用水和环境权益的重大问题，要履行听证会、论证会程序。推进企业环境信息披露。对健康评估的结果，要及时通报有关部门和公众，维护广大公众环境知情权、参与权和监督权，调动广大群众参与治污的积极性。

6.6.3 梅龙湖

鉴于湖泊生态修复的复杂性，为长期有效维持梅龙湖健康，未来需要着力解决湖泊富营养化及其导致的湖泊水质恶化、生物多样性下降等问题。

（1）底泥清淤工程

大量研究成果表明，底泥疏浚对于富营养化较严重的湖泊而言，是一种治理内源污染的有效途径之一。经过梅龙湖综合治理工程，目前，梅龙湖完成雨污分流工程建设，外源污染已基本得到控制。根据掌握的资料，目前梅龙湖尚未系统实施底泥清淤工程。因此，以减少内源污染负荷为目的的生态清淤工程成为当前湖泊富营养化治理的首选措施。

（2）水生植物恢复措施

大型水生植物作为湖泊生态系统的初级生产者，是系统中关键构成要素之一。其对湖泊生态系统的结构和功能都有显著影响。大型水生植物不仅是氧气和能量的主要生产者，也是湖泊生态系统中食物链和能量流动的基础环节。其形成的复杂生境，能够为生活在湖泊和湖滨带的动物提供食物和庇护所。国内外大量研究成果表明，大型水生植物能够有效吸附水中的悬浮物质，提高水体透明度，增加水体中溶解氧含量；吸收固定底泥和水中的营养盐，并向水体释放化感物质以抑制浮游植物的生长；减少或避免底泥的再悬浮，减缓湖泊富营养化过程等。

野外调查结果表明，目前梅龙湖大型水生植物中，挺水植物和浮叶植物总体缺失，沉水植物生物多样性也比较低。可结合美化景观等功能要求，在湖滨带水深不超过 1m 的区域人工种植芦苇、香蒲、水葱、慈姑、再力花、荷花等大型挺水植物；在水深不超过 0.5m 的区域种植狐尾藻、眼子菜、金鱼藻等沉水植物；并在湖滨水深不超过 0.3m

的区域种植睡莲、荇菜、菱、水鳖等浮叶植物。

（3）生态护岸措施

湖滨带在涵养水源、蓄洪防旱、净化水体、维持生物多样性等方面有重要作用。目前梅龙湖周边大多数岸线均已实施硬性砌护，造成湖泊水陆交错带整体缺失，少数岸线虽实施了生态护岸工程，但湖滨带植被种类单一，普遍缺乏自然湖泊水陆交错带的湿生植物。

未来治理过程中，可结合景观娱乐等功能要求，在满足城市建设用地要求和防洪要求的前提下，尽量提高湖泊生态护岸率，并在实施生态护岸工程的岸线的陆域范围内近水带适当补植本地湿生植物。植被类型可选择蓼属的两栖蓼、红蓼，毛茛属的毛茛、石龙芮等，酸模属的酸模叶蓼、羊蹄等。

（4）生物操控措施

基于鱼类的“下行效应”，Shapiro 等提出了生物操控理论，试图通过重建生物群落以得到一个有利的响应，借此减少湖泊中藻类生物量，保持水质清澈并提高生物多样性。已有大量的研究成果表明，在湖内放置适当的水生动物可以有效去除水体中富余的营养物质，如蚌类可以滤食悬浮的藻类以及有机碎屑，提高湖水的透明度；螺蛳摄食固着藻类，同时分泌促絮凝物质，可以净化水体；放养鲢、鳙等滤食性鱼类则可通过对浮游藻类的滤食，限制其光合作用的水平，以此来有效控制水体中有机物质的补充。

生态调查结果表明，梅龙湖浮游植物密度和生物量均较高，优势种多为耐有机污染藻类。在未来治理过程中，可以在藻类大量繁殖期间（夏季为主）向梅龙湖中人工投放鲢、鳙等鱼类，投放模式、投放密度等可在围隔实验的基础上确定，以期获得良好的除藻效果。

6.6.4　安基山水库

鉴于湖泊生态修复的复杂性，为长期有效维持安基山水库健康，未来需要着力解决湖泊富营养化及其导致的湖泊水质恶化、生物多样性下降等问题。

（1）农村生活污水处理工程

根据流域内村庄布局、人口规模、地形条件、现有治理设施等，综合考虑农村生活污水收集模式，采取集中式和分散式处理相结合的方式。对于人口密集且建有污水排放基础设施的居民居住区，主要采用管道和排水沟渠；原有农村采取合流制排放污水和采取截留式合流制收集污水；对于人口分散的村庄，采用边沟和自然沟渠输送。

对于污水处理，村庄布局相对集中的，采用接触氧化-人工湿地（生态塘）工艺处理方式，充分利用湿地的吸附、拦截、吸收、降解作用，实现对污水的深度处理，确保污水达标排放；村庄布局分散、人口规模小、地形条件复杂的，建造卫生厕所进行处理，例如三格化粪池、三联式沼气池厕所、节水型高压水冲式厕所等。

（2）生活垃圾处理处置工程

根据调查，安基山水库沿岸固体废弃物主要为农村生活垃圾，处理仍停留在较落后的水平，固体废弃物的收集仍采用混合收集的方式，然后转运至垃圾填埋场，采用卫生填埋的方式实现垃圾处置。此种方式垃圾收集不充分，很多弃于各类水体中，且混合收集浪费人力、财力，消耗填埋场的有限空间，因此需要对安基山流域村庄设置新的农村垃圾收集处理模式。例如分类回收，根据垃圾的不同成分及处理方式，在源头对生活垃圾进行分类收集。

（3）底泥清淤工程

大量研究成果表明，底泥疏浚对于富营养化较严重的湖泊而言，是一种治理内源污染的有效途径之一。从现状来看，安基山水库的某些生物指标、物理指标都存在一定的问题，影响了水体的健康。例如底泥中的 N、P 值略高，因此需要实施底泥清淤工程，恢复水体健康，达到“水清”的目的。清淤是一项较为复杂的工程，既要保证清除淤泥中的大部分有害物质，也要保留一定厚度的淤泥层，给底栖动物、微生物提供生存条件，达到生态平衡。目前最常用的中小河道清淤技术有排干清淤、水下清淤和环保清淤。

（4）入库口及库湾浅水区生态系统修复工程

在安基山水库入库口及近岸浅水区水深 2m 左右的库湾处开展生态系统恢复工程，用沉水植物与部分浮水植物构建季节交替群落，重构退化的水生生态系统，保障水生生态系统的稳定性及持续保持性。浅水生态系统的主要功能有：保持物种多样性，拦截和过滤物质流，有利于水生生物、鱼类的繁育，稳定毗邻的生态系统，净化水体等。

（5）水源涵养工程

根据水源涵养林、水源涵养草状况，实施生态保护工程。水源涵养林是水库生态环境的重要保护屏障，具有涵养水源、调节径流、控制土壤侵蚀、减少面源污染等一系列功能。目前水库周围的水源涵养林基本上保护较好，重点是加强管理和维持现状，但主要入库河流两侧水源涵养林仍需要加强建设。入库河流两侧水源涵养林种植以乔、灌、草相结合的方式进行，主要乔木种类以杉木、松木、楠木、福建柏、木荷为主，初植密度 1000 株/km^2。灌木以柑橘、茶叶、龙眼为主，草本以黑麦草、苏丹草、狗牙根等为主。水源涵养林种植宽度为 50～100m。

（6）生物操控措施

基于鱼类的“下行效应”，Shapiro 等提出了生物操控理论，试图通过重建生物群落以得到一个有利的响应，借此减少湖泊中藻类生物量，保持水质清澈并提高生物多样性。已有大量的研究成果表明，在湖内放置适当的水生动物可以有效去除水体中富余的营养物质，如蚌类可以滤食悬浮的藻类以及有机碎屑，提高湖水的透明度；螺蛳摄食固着藻类，同时分泌促絮凝物质，可以净化水体；放养鲢、鳙等滤食性鱼类则可通过对浮游藻类的滤食，限制其光合作用的水平，以此来有效控制水体中有机物质的补充。

生态调查结果表明，安基山水库浮游植物密度和生物量均较高，优势种多为耐有机污染藻类。在未来治理过程中，可以在藻类大量繁殖期间（夏季为主）向安基山水库中人工投放鲢、鳙等鱼类，投放模式、投放密度等可在围隔实验的基础上确定，以期获得良好的除藻效果。

6.6.5　横山水库

自2010年水库进行除险加固后，横山水库的治理已取得阶段性成效。但由于水库生态修复的复杂性，维持横山水库健康，未来需要着力解决水库富营养化导致的水库水质恶化及生物多样性下降的问题。

（1）底泥清淤工程

大量研究成果表明，底泥疏浚对于富营养化较严重的湖泊而言，是一种治理内源污染的有效途径之一。根据掌握的资料，目前横山水库尚未系统实施底泥清淤工程。因此，以减少内源污染负荷为目的的生态清淤工程成为当前水库富营养化治理的首选措施。

严格控制水库上、下游河岸带的开发与利用，减轻人类活动对河岸的人为干扰，加强河岸带的保护与治理，继续加大对水库上下游的违法建筑的监管力度。同时，积极开展横山水库的生态清淤工作，减少清淤工作对水库岸带物理结构的破坏，加强水库的生态恢复。

（2）水生植物恢复措施

大型水生植物作为湖泊生态系统的初级生产者，是系统中关键构成要素之一。其对湖泊生态系统的结构和功能都有显著影响。大型水生植物不仅是氧气和能量的主要生产者，也是湖泊生态系统中食物链和能量流动的基础环节。其形成的复杂生境，能够为生活在湖泊和湖滨带的动物提供食物和庇护所。国内外大量研究成果表明，大型水生植物能够有效吸附水中的悬浮物质，提高水体透明度，增加水体中溶解氧含量；吸收固定底泥和水中的营养盐，并向水体释放化感物质以抑制浮游植物的生长；减少或避免底泥的再悬浮，减缓湖泊富营养化过程等。

野外调查结果表明，目前横山水库大型水生植物中，挺水植物和浮叶植物总体缺失，沉水植物生物多样性也比较低。可结合美化景观等功能要求，在湖滨带水深不超过1m的区域人工种植芦苇、香蒲、水葱、慈姑、再力花、荷花等大型挺水植物；在水深不超过0.5m的区域种植狐尾藻、眼子菜、金鱼藻等沉水植物；并在湖滨水深不超过0.3m的区域种植睡莲、荇菜、菱、水鳖等浮叶植物。加强水生生物多样性的监测管理，加强野外定位监测网络站点的建设，进行水生生物分类与编目，建立水生生物多样性数据库和水体污染指示种，构建水生生物多样性生态群落结构特征系统，为本流域水生生物多样性的研究提供基础数据。

（3）生态护岸措施

库岸带在涵养水源、蓄洪防旱、净化水体、维持生物多样性等方面有重要作用。目前横山水库库岸带植被种类单一，普遍缺乏自然湖泊水陆交错带的湿生植物。未来治理过程中，可结合景观娱乐等功能要求，在满足城市建设用地要求和防洪要求的前提下，尽量提高湖泊生态护岸率，并在实施生态护岸工程的岸线的陆域范围内近水带适当补植本地湿生植物，植被类型可选择蓼属的两栖蓼、红蓼，毛茛属的毛茛、石龙芮等，酸模属的酸模叶蓼、羊蹄等。

（4）生物操控措施

基于鱼类的“下行效应”，Shapiro 等提出了生物操控理论，试图通过重建生物群落以得到一个有利的响应，借此减少湖泊中藻类生物量，保持水质清澈并提高生物多样性。已有大量的研究成果表明，在湖内放置适当的水生动物可以有效去除水体中富余的营养物质，如蚌类可以滤食悬浮的藻类以及有机碎屑，提高湖水的透明度；螺蛳摄食固着藻类，同时分泌促絮凝物质，可以净化水体；放养鲢、鳙等滤食性鱼类则可通过对浮游藻类的滤食，限制其光合作用的水平，以此来有效控制水体中有机物质的补充。

参考文献

[1] Anderson J R. State of the Rivers Project, Report 1. Development and validation of the methodology. Department of primary industries, Queensland.

[2] An K G, Park S S, Shin J Y. An evaluat ion of a river health using the index of biological in tegrity along with relations to chemical and habitat conditions. Environment Internat ional, 2002, 28: 411 –420.

[3] Astin L E. Developing biological indicators from diverse data: ThePotomac basin-wide index of benthic integrity (B-IBI) . Ecological indicators, 2007, 7: 895 –908.

[4] Barbour M T, Stribling J B, Verdonschot P F M. The Multihabitat approach of USEPA's rapid bioassessment protocols: benthic macroinvertebrates. Limnetica, 2006, 25 (3): 839 –850.

[5] Barrett G. Vegetation communities on the shores of a salt lake in semi-arid Western Australia. Journal of Arid Environments, 2006, 67: 77 –89.

[6] Beyene A, Addis T, Kifle D, et al. comparative study of diatoms and macro-invertebrates as indicators of severe water pollution: case study of the Kebena and Akaki in Addis Abaa, Ethiopia. Ecological indicators, 2009, 9; 381 –392.

[7] Boon P J, Wilkinson J, Martin J. The Application of SERCON (System for evaluating rivers for conservation) to a selection of rivers in Britain. Aquatic Conservation: Marine and Freshwater Ecosystems, 1998, 8: 597 –616.

[8] Brierley G J, Cohen T, Fryirs K, et al. Post-European changes to the fluvial geomorphology of Bega catchment, Australia: implications for river ecology. Freshwater Biology, 1999, 41: 839 –848.

[9] Brierley G, Reid H, Fryirs K, et al. What are we monitoring and why? Using geomorphic principles to frame eco-hydrological assessment of river condition. Science of The Total Environment, 2010, 408: 2025 –2033.

[10] Catherine O K. Vegetation patterns resulting from spatial and temporal variability in hydrology, soils, and trampling in an isolated basin marsh, NewHampshire, USA. Wet-

lands, 2005, 25 (2): 239 -251.

[11] Carballo R, Cancela J J, Iglesias G, et al. WFD Indicators and definition of the ecological status of rivers. Water Resour Manage, 2009, 23: 2231 -2247.

[12] Carpenter S R. Regime shifts in lake ecosystems: Pattern and variation. Oldendorf/Luhe, Germany: International ecology institute, 2003.

[13] Clayton J, Edwards T. Aquatic plants as environmental indicators of ecological condition in New Zealand lakes. Hydrobiologia, 2006, 570: 147 -151.

[14] Connorl K J, Gabor S. Breeding waterbird wetland habitat availability and response to water-level management in Saint John River floodplain wetlands, New Brunswick. Hydrobiologia, 2006, 567: 169 -181.

[15] Coops H, Vulink J T, van Nes E H. Managed water levels and the expansion of emergent vegetation along a lakeshore. Limnologica, 2004, 34: 57 -64.

[16] Davies N M, Norris R H, Thoms M C. Prediction and assessment of local stream habitat features using large-scale catchment characteristics. Freshwater Biology, 2000, 45: 343 -369.

[17] Dhuru S, Patankar P, Desai I, et al. Structure and Dynamics of Rotifer Community in a Lotic Ecosystem, 2015, 1: 67 -92.

[18] Fairweather P G. State of environmental indicators of river health: exploring the metaphor. Freshwater Biology, 1999, 41, 221 -234.

[19] Fryirs K. Guiding principles for assessing geomorphic river condition: Application of a framework in the Bega catchment, South Coast, New South Wales, Australia. Catena, 2003, 53: 17 -52.

[20] Growns I, Rourke M, Gilligan D. Toward river health assessment using species distributional modeling. Ecological Indicators, 2013, 29: 138 -144.

[21] Habersack H M. Theriver-scaling concept (RSC): a basis for ecological assessments. Hydrobiologia, 2000, 422/423: 49 -60.

[22] Han Jeong Ho, Kim Bomchul, Kim Chulgoo, et al. Ecosystem health evaluation of agricultural reservoirs using multi-metric lentic ecosystem health assessment (LEHA) model. Paddy and Water Environment, 2014, 12 (1): 7 -18.

[23] Hudson J, Schindler D W, Taylor W. Phosphate concentrations in lakes. Nature, 2000, 406: 504 -506.

[24] Huisman J, van Oostveen P, Weissing F J. Critical depth and critical turbulence: two different mechanisms for the development of phytoplankton blooms. Limnology and Oceanography, 1999, 44: 1781 -1787.

[25] Jia Y T, Chen Y F. River health assessment in a large river: Bioindicators of fish population. Ecological Indicators, 2013, 26: 24 -32.

[26] Kalff J. Limnology: Inland water ecosystems. Upper Saddle River, NJ: Prentice Hall. 2002.

[27] Kamp U, Binder W, Holzl K. River habitat monitoring and assessment in Germany. Environment monitor assessment, 2007, 127: 209 –226.

[28] Karr J K. Assessments of biotic integrity using fish communities. Fisheries (Bethesda), 1981 (6): 21 –27.

[29] Karr J R. Defining and measuring river health. Freshwater Biology, 1999, 41: 221 – 234.

[30] Karr J R, Chu E W. Sustaining living rivers. Hydrobiologia, 2000, 422/423: 1 –14.

[31] Kennard M J, Artington A H, Pusey B J, et al. Are alien fish a reliable indicator of river health? Freshwater Biology, 2005, 50: 174 –193.

[32] Kennard M J, Harch B D, Pusey B J, et al. Accurately defining the reference condition for summary biotic metrics: a comparison of four approaches. Hydrobiologia, 2006, 572: 151 –170.

[33] Kennard M J, Pusey B J, Artington A H, et al. Development and application of a predictive model of freshwater fish assemblage composition to evaluate river health in eastern Australia. Hydrobiologia, 2006, 572: 33 –57.

[34] Kleynhans C J. A qualitative procedure for the assessment of the habitat integrity status of the Luvuvhu River (Limpopo system, South Africa). Journal of Aquatic Ecosystem Health, 1996, 5: 41 –54.

[35] Ladson A R, White L J, Doolan J A, et al. Development and testing of an index of stream condition of waterway management in Australia. Freshwater Biology, 1999, 41: 453 –468.

[36] Leigh C, Stubbington R, Sheldon F, et al. Hyporheic invertebrates as bioindicators of ecological health in temporary rivers: A meta-analysis. Ecological Indicators, 2013, 32: 62 –73.

[37] Likens G E. Lake Ecosystem Ecology: A global perspective. Academic Press, 2010.

[38] Meyer J L. Stream health: incorporating the human dimension to advance stream ecology. Journal of the North American Benthological Society, 1997, 16: 439 –447.

[39] Mwinyihija M, Mecharg A, Dawson J, et al. An ecotoxicological approach to assessing the impact of tanning industry effluent on river health. Archives of Environmental Contamination and Toxicology. 2006, 50: 316 –324.

[40] Norris R H, Thomas M C. What is river health? Freshwater Biology, 1999, 41: 197 – 209.

[41] Oberdorff T, Pont D, Hugueny B, et al. Development and validation of a fish-based index for the assessment of ‘river health’ in France. Freshwater Biology, 2002, 47:

1720 -1734.

[42] O'Sullivan P E, Reynolds C S. The lakes handbook, Volume 1 Limnology and Limnetic Ecology. Blackwell Publishing, 2003.

[43] Pinto U, Maheshwari B. A framework for assessing river health in peri-urban landscapes. Ecohydrology & Hydrobiology, 2014, 14 (2): 121 -131.

[44] Qadir A, Malik R N. Assessment of an index of biological integrity (IBI) to quantify the quality of two tributaries of riverChenab, Sialkot, Pakistan. Hydrobiologia, 2009, 621: 127 -153.

[45] Raven P J, Holmes N T H, Dawson F H, et al. Quality assessment using river habitat survey data. Aquatic Conservation: Marine and Freshwater Ecosystems, 1998, 8: 477 -499.

[46] Reynolds CS. Ecology of Phytoplankton. Cambridge, UK: Cambridge University Press. 2006.

[47] Robert C, Petersen J R. The RCE: A riparian, Cannel, and environmental inventory for small streams in the agricultural landscape. Freshwater biology, 1992, 27: 295 -306.

[48] Scardi M, Cataudella S, Dato P D, et al. An expert system based on fish assemblages for evaluating the ecological quality of streams and rivers. Ecological Informatics, 2008, 3: 55 -63.

[49] Schofield N J, Davies P E. Measuring the health of our rivers. Water, 1996, 5 -6 (23): 39 -43.

[50] Scrimgeour, G J, Wicklum D. Aquatic ecosystem health and integrity: Problem and potential solution. Journal of North American Benthlogical Society, 1996, 15 (2): 254 -261.

[51] Sedell J R, Richey J E, Swanson F J. The river continuum concept: A basis for the expected ecosystem behavior of very large rivers? D P Dodge [ed] Proceedings of the international large river symposium, 1989, 106: 49 -55.

[52] Stoddard. Environmental monitoring and assessment program (EMAP) western streams and rivers statistical summary. EPA 620/R-05/006. U. S. Environmental Protection Agency, Washington, DC, 2005.

[53] Sudaryanti S, Trihadiningrum Y, Hart B T, et al. Assessment of the biological health of the Brantas River, East Java, Indonesia using the Australian River Assessment System (AUSRIVAS) methodology. Aquatic Ecology, 2001, 35: 135 -146.

[54] Suren A M, Scarsbrook M R, Snelder T H. Urban stream habitat assessment survey protocol. NIWA Consultancy Report No MFE70503 (CH206). 1996.

[55] Tiner R W. Remotely-sensed indicators for monitoring the general condition of "natural

habitat" in watersheds: An application for Delaware's Nanticoke River watershed. Ecological Indicators, 2004, 4: 227 -243.

[56] Torress L, Nilsen E, Grove R, et al. Health status of Largescale Sucker (Catostomus macrocheilus) collected along an organic contaminant gradient in the lower Columbia River, Oregon and Washington, USA. Science of The Total Environment, 2014, 484: 353 -364.

[57] Townsend C R, Tipa G, Teirney L D, et al. Development of a tool to facilitate participation of Maori in the management of stream and river health. Ecohealth, 2004, 1: 184 - 195.

[58] Townsend P A. Relationships between vegetation patterns and hydroperiod on the Roanoke River Floodplain, North Carolina. Plant Ecology, 2001, 156: 43 -58.

[59] Vugteveen P, Leuven R S E W, Huijbregts M A J, et al. Redefinition and elaborati on of river ecosystem health: perspective for river management. Hydrobiologia, 2006, 565: 289 -308.

[60] Wetzel R G. Limnology, 3rd edtion. New York: Academic Press. 2001.

[61] Wetzel RG. Limnology, Lake and River Ecosystems. San Diego: Academic Press. 2001.

[62] Wright J F, Furse M T, Moss D. River classification using invertebrates: RIVPACS application. Aquatic Conservation: Marine and Freshwater Ecosystems, 1998, 8: 617 - 631.

[63] Wright J F, Sutcliffe D W, Furse M T. Assessing the biological quality of fresh waters: RIVPACS and other techniques. Ambleside: The Freshwater Biological Association, 2000: 1 -24.

[64] Xu F L, Zhao Z Y, Zhan W, et al. An ecosystem health index methodology (EHIM) for lake ecosystem health assessment. Ecological modeling, 2005, 188: 327 -339.

[65] XU F, Yang Z F, Chen B, et al. Impact of submerged plants on ecosystem health of the plant-dominated Baiyangdian Lake, China. Ecological Modelling, 2013, 252: 167 - 175.

[66] Xu S G, Liu Y Y. Assessment for river health based on variable fuzzy set theory. Water Resources, 2014, 41 (2): 218 -224.

[67] Zhang L L, Liu J L, Yang Z F, et al. Integrated ecosystem health assessment of a macrophyte-dominated lake. Ecologicalmodeling, 2013, 252: 141 -152.

[68] 卞锦宇，耿雷华，方瑞．河流健康评价体系研究［J］．中国农村水利水电，2010，9：39 -42.

[69] 常学礼，吕世海，叶生星，等．辉河湿地国家自然保护区生态系统健康评价［J］．环境科学学报，2010，30（9）：1905 -1911.

[70] 车越，吴阿娜，曹敏，等．河流健康评价的时空特征及参照基线探讨［J］．长江

流域资源与环境，2011，20（6）：761－767.
[71] 陈静生．河流水质原理及中国河流水质［M］．北京：科学出版社，2006.
[72] 程南宁．健康太湖的概念和内涵分析［J］．水利发展研究，2011，10：50－53.
[73] 崔保山，杨志峰．湿地生态系统健康研究进展［J］．生态学杂志，2001，20（3）：31－36.
[74] 崔保山，赵翔，杨志峰．基于生态水文学原理的湖泊最小生态需水量计算［J］．生态学报，2005，25（7）：1788－1795.
[75] 窦鸿身，王苏民．中国湖泊志［M］．北京：科学出版社，1998.
[76] 董哲仁．河流生态系统研究的理论框架［J］．水利学报，2009，40（2）：129－137.
[77] 董哲仁，张爱静，张晶．河流生态状况分级系统及其应用［J］．水利学报，2013，44（10）：1233－1238.
[78] 范立民，吴伟，胡庚东，等．五里湖生态系统健康评价初探［J］．中国农学通报，2012，28（2）：195－199.
[79] 冯彦，何大明，杨丽萍．河流健康评价的主评指标筛选［J］．地理研究，2012，31（3）：389－398.
[80] 傅柏杰．地理学综合研究的途径与方法：格局与过程耦合［J］．地理学报，2014，69（8）：1052－1059.
[81] 高永胜，王浩，王芳．河流健康生命评价指标体系的构建［J］．水科学进展，2007，18（2）：252－257.
[82] 耿雷华，刘恒，钟华平，等．健康河流的评价指标和评价标准［J］．水利学报，2006，37（3）：253－258.
[83] 郭建威，黄薇．健康长江评价方法初探［J］．长江科学院院报，2008，25（4）：1－4.
[84] 郝利霞，孙然好，陈利顶．海河流域河流生态系统健康评价［J］．环境科学，2014，35（10）：3692－3701.
[85] 侯思琰，石维，高红．半干旱地区河流生态健康评价指标体系研究［C］．中国环境科学学会2009年学术年会论文集（第一卷），武汉，2009.
[86] 胡春宏，张治昊．黄河下游复式河道滩槽分流特征研究［J］．水利学报，2013，44（1）：1－9.
[87] 胡会峰，徐福留，赵臻彦，等．青海湖生态系统健康评价［J］．城市环境与城市生态，2003，16（3）：71－75.
[88] 胡志新，胡维平，谷孝鸿，等．太湖湖泊生态系统健康评价［J］．湖泊科学，2005，17（3）：256－262.
[89] 黄凯，郭怀成，刘永，等．河岸带生态系统退化机制及其恢复研究进展［J］．应用生态学报，2007，18（6）：1373－1382.

[90] 姜加虎，王苏民．中国湖泊分类系统研究 [J]．水科学进展，1998，9 (2)：170－175.
[91] 金小娟，陈进．河流健康评价的尺度转换问题初探 [J]．长江科学院院报，2010，27 (3)：1－11.
[92] 金鑫，郝彩莲，严登华，等．河流健康及其综合评价研究——以承德市武烈河为例 [J]．水利水电技术，2012，43 (1)：38－43.
[93] 金占伟，李向阳，林木隆，等．健康珠江评价指标体系研究 [J]．人民珠江，2009，1：20－22.
[94] 冷辉，张凤太，王腊梅，等．湖泊形态健康内涵及其集对分析评价——以大纵湖为例 [J]．河海大学学报（自然科学版)，2012，40 (5)：514－519.
[95] 李国英．维持河流健康生命——以黄河为例 [J]．中国水利，2005，21：24－27.
[96] 李丽娟，姜德娟，李九一，等．土地利用/覆被变化的水文效应研究进展 [J]．自然资源学报，2007，22 (2)：211－224.
[97] 李明阳，徐海根．生物入侵对物种及遗传资源影响的经济评估 [J]．南京林业大学学报（自然科学版)，2005，29 (2)：98－102.
[98] 李文朝．浅水湖泊生态系统的多稳态理论及其应用 [J]．湖泊科学，1997，9 (2)：97－104.
[99] 李向阳，林木隆，杨明海．健康珠江的内涵 [J]．人民珠江，2007，5：1－3.
[100] 李扬，王冬梅，信忠保．漓江水陆交错带植被与土壤空间分异规律 [J]．农业工程学报，2013，29 (6)：121－128.
[101] 梁宝成，高芬，程伍群．白洋淀污染物时空变化规律及其对生态系统影响的探讨 [J]．南水北调与水利科技，2007，5 (5)：48－50.
[102] 廖静秋，曹晓峰，汪洁，等．基于化学与生物复合指标的流域水生态系统健康评价—以滇池为例 [J]．环境科学学报，2014，34 (7)：1845－1852.
[103] 刘昌明，刘晓燕．河流健康理论初探 [J]．地理学报，2088，63 (7)：683－692.
[104] 刘红玉，李兆富，白云芳．饶力河流域东方白鹳生境质量变化景观模拟 [J]．生态学报，2006，26 (12)：4007－4013.
[105] 刘红玉，李兆富，李晓民．小三江平原湿地东方白鹳（*Ciconia boyciana*）生境丧失的生态后果 [J]．生态学报，2007，27 (7)：2678－2683.
[106] 刘红玉，吕宪国，张世奎，等．三江平原流域湿地景观破碎化过程研究 [J]．应用生态学报，2005，16 (2)：289－296.
[107] 刘吉峰，吴怀河，宋伟．中国湖泊水资源现状与演变分析 [J]．黄河水利职业技术学院学报，2008，20 (1)：1－4.
[108] 刘倩，董增川，徐伟，等．基于模糊物元模型的滦河河流健康评价 [J]．水电能源科学，2014，(9)：47－50.

[109] 刘晓黎，黄文政，张洪波，等．基于断面水情的河流健康评价研究［J］．西安理工大学学报，2008，24（1）：62－66.
[110] 刘晓燕．河流健康理念的若干科学问题［J］．人民黄河，2008，30（10）：1－5.
[111] 刘晓燕，张原峰．健康黄河的内涵及其指标［J］．水利学报，2006，37（6）：649－655.
[112] 刘孝盈，吴保生，于琪洋，等．水库淤积影响及其对策研究［J］．泥沙淤积，2011，6：37－40.
[113] 刘永，郭怀成，戴永立，等．湖泊生态系统健康评价方法研究［J］．环境科学学报，2004，24（4）：723－729.
[122] 刘振乾，王建武，骆世明，等．基于水生态因子的沼泽安全阈值研究——以三江平原沼泽为例［J］．应用生态学报，2002，13（12）：1610－1614.
[114] 卢媛媛，邬红娟，吕晋，等．武汉市浅水湖泊生态系统健康评价［J］．环境科学与技术，2006，29（9）：66－68.
[115] 卢志娟，裴洪平，汪勇．西湖生态系统健康评价初探［J］．湖泊科学，2008，20（6）：802－805.
[116] 马荣华，杨桂山，段洪涛，等．中国湖泊的数量、面积与空间分布［J］．中国科学：地球科学，2011，41（3）：394－401.
[117] 倪晋仁，高晓薇．河流综合分类及其生态特征分析 I：方法［J］．水利学报，2011，42（9）：1009－1016.
[118] 彭勃，王化儒，王瑞玲，等．黄河下游河流健康评估指标体系研究［J］．水生态学杂志，2014，35（6）：81－87.
[119] 秦伯强，高光，朱广伟，等．湖泊富营养化及其生态系统响应［J］．科学通报，2013，58（10）：855－864.
[120] 任黎，杨金艳，相欣奕．湖泊生态系统健康评价指标体系［J］．河海大学学报（自然科学版），2012，40（1）：100－103.
[121] 史小丽，秦伯强．长江中下游地区湖泊的演化及生态特性［J］．宁波大学学报（理工版），2007，20（2）：221－226.
[122] 孙小玲，蔡庆华，李凤清，等．河流健康综合评价指数法的改进及其在昌江的应用［J］．生态与农村环境学报，2011，27（6）：98－103.
[123] 孙雪岚，胡春宏．河流健康评价指标体系初探［J］．泥沙研究，2007，4：21－27.
[124] 唐涛，蔡庆华，刘健康．河流生态系统健康及其评价［J］．应用生态学报，2002，13（9）：1191－1194.
[125] 王备新，杨莲芳，胡本进，等．应用底栖动物完整性指数 B－IBI 评价溪流健康［J］．生态学报，2005，25（6）：1481－1490.
[126] 王光谦，翟媛．河流健康的内涵及其影响因素［J］．河南水利与南水北调，2007，3：1－2.

[127] 王宏伟，张伟，杨丽坤，等．中国河流健康评价体系［J］．河北大学学报（自然科学版），2011，31（6）：668－672.

[128] 王珺，裴元生，杨志峰．营养盐对白洋淀草型富营养化的驱动与限制［J］．中国环境科学，2010，30（增刊）：7－13.

[129] 王立群，陈敏建，戴向前，等．松辽流域湿地生态水文结构与需水分析［J］．生态学报，2008，28（6）：2894－2899.

[130] 王淑英，王浩，高永胜，等．河流健康状况诊断指标和标准［J］．自然资源学报，2011，26（4）：591－598.

[131] 汪阳，钱汪洋，朱琳．基于GIS的洪泽湖湖泊生态系统健康分区评价［J］．水资源与水工程学报，2011，22（4）：124－127.

[132] 王中根，李宗礼，刘昌明，等．河湖水系连通的理论探讨［J］．自然资源学报，2011，16（3）：523－529.

[133] 文伏波，韩其为，许炯心，等．河流健康的定义与内涵［J］．水科学进展，2007，18（1）：140－150.

[134] 文科军，马劲，吴丽萍，等．城市河流生态健康评价体系构建研究［J］．水资源保护，2008，24（2）：50－60.

[135] 吴阿娜，杨凯，车越，等．河流健康状况的表征及其评价［J］．水科学进展，2005，16（4）：602－608.

[136] 吴炳方，罗治敏．基于遥感信息的流域生态系统健康评价——以大宁河流域为例［J］．长江流域资源与环境，2007，16（1）：102－106.

[137] 吴东浩，朱玉东，王玉，等．太湖健康评价体系的分析与比较［J］．中国农村水利水电，2013，2：21－23.

[138] 许继军，陈进，金小娟．健康长江评价区划方法和尺度探讨［J］．长江科学院院报，2011，28（10）：49－58.

[139] 严登华，何岩，王浩，等．生态水文过程对水环境影响研究评述［J］．水科学进展，2005，16（5）：747－752.

[140] 燕华云，贾绍凤．青海湖水量平衡分析与水资源优化配置研究［J］．2003，15（1）：35－40.

[141] 杨桂山，马荣华，张路，等．中国湖泊现状及面临的重大问题与保护策略［J］．湖泊科学，2010，22（6）：799－810.

[142] 杨志峰，崔保山，黄国和，等．黄淮海地区湿地水生态过程、水环境效应及生态安全调控［J］．地球科学进展，2006，21（11）：1119－1126.

[143] 尹连庆，韩忠阁，龙源．衡水湖湿地生态系统健康评价［J］．环境科学与管理，2009，34（11）：136－140.

[144] 张光生，谢锋，梁小虎．水生生态系统健康的评价指标和评价方法［J］．中国农学通报，2010，26（24）：334－337.

[145] 张红叶，蔡庆华，唐涛，等．洱海流域湖泊生态系统健康综合评价与比较［J］．中国环境科学，2012，32（4）：715－720.
[146] 张杰，蔡德所，曹艳霞，等．评价漓江健康的RIVPACS预测模型研究［J］．湖泊科学，2011，23（1）：73－79.
[147] 张士峰，贾绍凤．海河流域水量平衡与水资源安全问题研究［J］．自然资源学报，2003，18（6）：684－691.
[148] 张远，赵瑞，渠晓东．辽河流域河流健康综合评价方法研究［J］．中国工程科学，2013，15（3）：11－18.
[149] 张哲，潘英姿，陈晨，等．基于GIS的洞庭湖区生态系统健康评价［J］．环境工程技术学报，2012，2（1）：36－43.
[150] 张祖陆，梁春玲，管延波．南四湖湖泊湿地生态健康评价［J］．中国人口·资源与环境，2008，18（1）：180－184.
[151] 赵进勇，孙东亚，董哲仁．河流地貌多样性修复方法［J］．水利水电技术，2007，38（2）：78－87.
[152] 郑江丽，邵东国，王龙，等．健康长江指标体系综合评价研究［J］．南水北调与水利科技，2007，5（4）：61－63.
[153] 钟华平，刘恒，耿雷华．怒江水电梯级开发的生态环境累积效应［J］．水电能源科学，2008，26（1）：52－59.
[154] 朱卫红，曹光兰，李莹，等．图们江流域河流生态系统健康评价［J］．生态学报，2014，34（14）：3969－3977.
[155] 朱茵，孟志勇，阚叔愚．用层次分析法计算权重［J］．北方交通大学学报，1999，23（5）：119－122.